# 煤矿开采技术及安全管理

焦长军　吴守峰　李泽卿　主编

吉林科学技术出版社

图书在版编目（CIP）数据

煤矿开采技术及安全管理 / 焦长军，吴守峰，李泽卿主编．-- 长春：吉林科学技术出版社，2021.6

ISBN 978-7-5578-8134-4

Ⅰ．①煤… Ⅱ．①焦… ②吴… ③李… Ⅲ．①煤矿开采－安全管理 Ⅳ．① TD82

中国版本图书馆CIP数据核字(2021)第102752号

## 煤矿开采技术及安全管理
MEIKUANG KAICAI JISHU JI ANQUAN GUANLI

| 主　　编 | 焦长军　吴守峰　李泽卿 |
|---|---|
| 出 版 人 | 宛　霞 |
| 责任编辑 | 冯　越 |
| 封面设计 | 李　宝 |
| 制　　版 | 张　凤 |
| 幅面尺寸 | 185mm×260mm |
| 开　　本 | 16 |
| 字　　数 | 340 千字 |
| 页　　数 | 246 |
| 印　　张 | 15.375 |
| 印　　数 | 1-1500 册 |
| 版　　次 | 2021 年 6 月第 1 版 |
| 印　　次 | 2022 年 1 月第 2 次印刷 |
| 出　　版 | 吉林科学技术出版社 |
| 发　　行 | 吉林科学技术出版社 |
| 地　　址 | 长春市福祉大路 5788 号 |
| 邮　　编 | 130118 |

发行部电话/传真　0431—81629529　　81629530　　81629531
　　　　　　　　　　　　　　　　　81629532　　81629533　　81629534

储运部电话　0431—86059116
编辑部电话　0431—81629518

| 印　　刷 | 保定市铭泰达印刷有限公司 |
|---|---|
| 书　　号 | ISBN 978-7-5578-8134-4 |
| 定　　价 | 65.00 元 |

版权所有　翻印必究　举报电话：0431—81629508

# 前 言

煤炭作为我国社会经济发展的主要能源之一，在社会需求不断增加的今天，其开采力度也在逐渐增加。随着煤炭资源开采时间的不断增加，我国的浅层煤炭资源日益枯竭，为了满足社会对煤炭的需求，煤炭企业需加大煤矿的深部开采力度。但是，在深部煤矿开采过程中，地幔温度会随着开采深度的增加而升高，容易导致地质热害，而地质热害现象会影响煤矿开采设备的正常运行。因此，对煤矿开采地质热害治理技术进行深入分析与研究，对提高煤矿深部开采效率有着重要的意义。

随着煤矿采掘机械化、开采规模、开采强度和深度的加大，煤矿地质灾害防治问题显得尤为突出，更为重要的是一个大型、高度机械化的煤矿如果发生矿井地质灾害其社会影响和经济损失将是巨大的。煤矿矿井地质灾害复杂多样，在煤炭开采过程中，断层、陷落柱、含水层(体)、岩浆岩、采空区、煤层结构变化等是不可忽视的灾害性地质异常体，它们破坏了煤层的连续性，严重降低机械化采煤的效率，甚至可以引发透水，瓦斯突出等事故，给煤矿的安全生产带来威胁。

目前，煤矿产业在社会国民经济体系中占据了重要地位，煤矿开采期间所需要的人力及物力相对较多，同时其存在的安全隐患也较大。因此，确保煤矿开采人员的生命安全显得尤为重要。本书主要论述了现代煤矿开采的基本理论知识，探讨了现代煤矿开采的新技术，通过对现代煤矿安全培训的管理进行研究，系统性地梳理了现代煤矿安全管理体系等内容。本书旨在为煤矿安全生产管理人员复训提供一定的技术参考，对强化煤矿开采安全化管理具有一定的指导意义。

# 目 录

## 第一章 矿井地质与矿图基本知识 ········································· 1
### 第一节 地球概述 ··································································· 1
### 第二节 地质作用 ··································································· 7
### 第三节 地质构造 ··································································· 8
### 第四节 煤层的赋存情况 ······················································· 14
### 第五节 煤矿常用地质图件 ··················································· 19
### 第六节 煤炭资源/储量计算与管理 ······································· 30

## 第二章 煤矿开采的基本概念 ·············································· 41
### 第一节 煤田开发的概念 ······················································· 41
### 第二节 矿山井巷名称和井田内划分 ····································· 42
### 第三节 矿井生产的基本概念 ··············································· 45
### 第四节 采煤方法的概念和分类 ············································ 46

## 第三章 巷道掘进与支护 ······················································ 49
### 第一节 井下巷道的分类及用途 ············································ 49
### 第二节 岩石的性质及分级 ··················································· 51
### 第三节 钻眼爆破 ································································· 52
### 第四节 巷道支护 ································································· 60
### 第五节 巷道掘进 ································································· 63

## 第四章 矿井通风 ································································· 68
### 第一节 矿井空气 ································································· 68
### 第二节 矿井通风动力和通风阻力 ········································ 72
### 第三节 矿井通风方法 ··························································· 75
### 第四节 通风构筑物及漏风 ··················································· 78

## 第五章 煤矿开采新技术 ······················································ 83
### 第一节 煤层气开发利用 ······················································· 83

  第二节 煤炭气化与液化 ············································································· 96

  第三节 煤矿开采设计新技术 ······································································ 105

  第四节 煤炭清洁开采技术 ·········································································· 114

第六章 煤矿安全概论 ······················································································· 123

  第一节 我国煤矿安全生产应急管理现状及形势 ······································· 123

  第二节 露天煤矿开采特点和事故特性 ····················································· 127

  第三节 事故灾难与事故分类 ···································································· 129

  第四节 安全生产应急管理法规体系 ························································· 132

第七章 矿井安全生产 ······················································································· 135

  第一节 矿井瓦斯及其防治 ······································································ 135

  第二节 矿尘及其防治 ············································································ 147

  第三节 矿井水灾及其防治 ······································································ 150

  第四节 矿井火灾及其防治 ······································································ 154

  第五节 矿井顶板事故的防治 ···································································· 157

  第六节 矿山救护 ·················································································· 163

第八章 煤矿事故应急预案 ·················································································· 168

  第一节 应急预案概述 ············································································ 168

  第二节 煤矿事故应急预案编制 ······························································· 183

  第三节 煤矿事故应急预案管理 ······························································· 189

  第四节 煤矿事故应急培训与演练 ···························································· 191

第九章 矿井开拓延伸与技术改造 ········································································· 202

  第一节 矿井的采掘关系 ········································································· 202

  第二节 矿井开拓延伸 ············································································ 204

  第三节 矿井技术改造 ············································································ 207

  第四节 露天开采技术 ············································································ 209

第十章 煤矿环境保护 ························································································ 213

  第一节 地表破坏及复田 ········································································· 213

  第二节 煤矿大气污染与防治 ···································································· 215

  第三节 煤矿水污染与治理 ······································································ 224

  第四节 煤矿噪声及其控制 ······································································ 235

参考文献 ············································································································ 239

# 第一章 矿井地质与矿图基本知识

## 第一节 地球概述

地球是地质学研究的对象。它作为宇宙天体中的一员，不仅为人类提供了生存环境，还蕴藏着极丰富的矿产资源，煤就是其中之一。

### 一、地球的形状和大小

地球的形状，是指全球静止海面（大地水准面）的形状。人类最初对地球形状的认识，是从直觉经验出发的，开始认为"天圆地方"，后来通过观察月食和其他现象，逐渐认识到地球是一个球体。1519～1522年，葡萄牙人麦哲伦环球航海一周，第一次用实践证明了地球确是个球体。17世纪后期，牛顿以万有引力定律解释了地球的形状，提出地球为一个两极半径短于赤道半径的椭球体，并在18世纪初先后由中国、法国的实测所证明。20世纪60年代，英国两位大地测量学者，根据人造卫星轨道资料，经计算得出地球的精确形状是北极略尖突、南极略凹进的梨形椭球体。以地球的赤道和两极半径及扁率为参数的理想椭球体面为基面，则北极海面比基面高出18.9 m；南极表面比基面凹进25.8 m；赤道至南纬60°之间比基面略高；赤道到北纬45°比基面略低。然而，由于上述这些变化量与地球半径相比非常微小，故远望地球仍不失为球形。

### 二、地球的物理性质

地球的物理性质反映了地球内部的物质组成和结构特征，人们利用其性质来为寻找和开发矿产资源服务。现将与煤矿生产工作关系较大的几种物理性质简介如下：

#### （一）密度

地球的密度是地球的质量与体积之比。根据计算所得的地球平均密度为5.52 g/cm³。实际测得的地球表层岩石的平均密度为2.7～2.8 g/cm³，地球表面的71%分布着海水，其密度（4℃）为1.003 g/cm³。两者均比地球的平均密度小很多，由此推测地球内部的物质密度一定比地球平均密度大。

对地震波速和重力的研究表明,地球内部的密度随深度的增加而逐渐增大。至地心达到最大值,为 13 g/cm³。但增加是非均匀的,在 2 900 km、5 120 km 等几个深度有明显的突变。这种变化反映了地球内部物质成分和状态的差异,表明地球内部存在着几个密度有显著不同的物质层。

## (二)地压

地压是指地球内部的压力,主要是静压力。它是由上覆岩石的重力引起的,且随深度增加而逐渐增大。根据地球物理学的研究结果表明,在地下 10 km 处的压力约为 $3.04 \times 10^8$ Pa,在 35 km 处为 $1.01 \times 10^9$ Pa,在 2 900 km 处约为 $1.52 \times 10^{11}$ Pa,推测地心压力高达 $3.77 \times 10^n$ Pa。当矿井开采到深部时,由于地压的增大,给巷道及采煤工作面的支护工作造成了很大困难。

此外,地压还包括由地壳运动引起的地应力。它通常以水平力为主,随深度增加有加大的趋势,并可在某些地段特别集中,因而在地压中往往也可占有重要地位。在矿井生产中,可通过对已开采地区和正在开采地段的地质构造分析和仪器测量,来测定或预测这种地应力的大小、方向和可能集中的地段,用于研究、解决巷道维护及煤和瓦斯突出的预报等问题。

## (三)重力

地球表面的重力是指地面某处所受地心引力与该处的地球自转离心力的合力。根据万有引力定律可知,地心引力与地表某处的物质质量成正比,而与该处至地心的距离成反比,所以地心引力在赤道最小,向两极逐渐增大,至两极处最大;地面某处的离心力与该处的地球自转线速度平方成正比,故而离心力在赤道最大,向两极逐渐减小,至两极处为零;同时,地心引力比离心力大得多,如赤道处离心力最大,但只有地心引力的 1/289。

由于上述原因,导致地表各处的重力不相等,并且随着纬度和海拔高度的不同而不同。在赤道处最小,随着纬度增加而增大,至两极最大;在同一纬度地区,随着地势的增高而减小。

如果把地球看作一个均质体,由理论推算出的地表各处重力值,称为正常重力值。但由于地壳的物质成分和结构各处不同,使得引力和离心力发生变化,造成实测重力值与正常重力值有所差异,这种现象叫作重力异常。实测值大于正常值的称正异常,小于正常值的称负异常。在密度较大物质(如铁、铜、铅、锌等)分布区,常表现为重力正异常;在密度较小物质(如煤、岩盐、石油、地下水等)的分布区内,常表现为负异常。重力勘探就是依据这一原理,来寻找地下埋藏的矿产资源和了解地下的地质构造。

## (四)地磁

地磁是指地球的磁性。地球是一个巨大的磁体,周围分布着磁力线,形成地磁场。地磁场具有南、北两极,分别称为磁南极和磁北极,并且它们的位置在不断地变动。地磁场的范围可延伸到距离地球以外 10 000 km 以上的高空。

地理的南、北极与磁南、磁北极不在一处,相距很远。因此地磁子午线(磁南、磁北极在地表的连线)与地理子午线(地理南、北极在地表的连线)互不吻合,其间的夹角称为磁偏角。罗盘磁针所指方向为地磁南北,与磁子午线方向一致,而不是地理的南北方向。当磁北针偏在经线东侧时,磁偏角为东偏角,符号为"+";磁北针偏向经线西侧时为西偏角,符号为"-"。大多数地方均有磁偏角存在。使用罗盘测定方向时,必须加以校正,才能得到地理方向。

磁针的空间位置是与磁力线完全重合的。由于磁力线在地磁赤道上与水平面平行,故磁针呈水平状态。在其他地方磁针和磁力线一起发生倾斜,并且越接近磁极倾斜度越大,至地磁两极时与当地水平面垂直。磁针倾斜时与水平面的夹角,称为磁倾角。从地磁赤道到地磁两极,其值为0°~90°,且磁北针向下倾斜者为正(在北半球),磁北针上仰者为负(在南半球)。为消除磁倾角影响,使磁针保持水平,在罗盘磁针的一端常缚有细铜丝。

地磁场内有磁力作用存在,磁力的大小称为地磁场强度。磁偏角、磁倾角和地磁场强度是地磁场的三个要素。地磁场的变换可表现地磁要素的变化。在埋藏着带磁性岩体或矿体的地方,便产生一局部附加磁场,使得该处的实测地磁要素值与理论上计算的正常值发生偏差,此现象叫作地磁异常。利用地磁异常寻找地下隐伏矿床和了解地下地质构造的方法,称为磁法勘探。

### (五)地热

地热又称地温,指地球内部的热量。深矿井温度的增高以及由地下流出的温泉水和火山喷出炽热的物质等现象,都说明地热的存在。地热主要来自两方面:一是太阳的辐射热;二是地球内部的热能(主要为放射性元素蜕变所释放出的热)。

由地表向深部,地温的特征有所不同,可分为以下三个层:

①变温层(外热层)。变温层位于地球表层,自地表向下约15~30 m。其热量主要来自太阳的辐射热能,温度从地表降低,且随纬度高低、海陆分布状况、季节和昼夜的变化而变化。

②恒温层(常温层)。恒温层是变温层的下部界面(即变温层与增温层的分界面),其温度常年保持不变,大致相当于当地的年平均温度。

③增温层(内热层)。增温层位于恒温层以下,其温度只受地球内部热能的影响,且随深度的增加而逐渐增高,但增高的速度,各地差别很大。地温随深度而增加的规律,可通过地温梯度和地温级反映出来。地温梯度,又称地热增温率,是指深度每下降100 m温度升高的度数,以℃/100 m表示。地温级,又称地热增温级,是指温度每升高1℃时,所增加的深度值,以m/℃表示。研究表明,一个地区的地温梯度只适用于一定深度范围内(一般认为在20~30 km以内)。更深处温度的增加非常缓慢,甚至几乎不变。同时,不同地区的地温梯度和地温级有所差异,这主要决定于当地的地质构造条件、岩浆活动和地下水的运动状况以及岩石导热率等因素。通常将平均地温梯度不超过3℃/100 m的地区,称作

地温正常区；超过 3℃/100 m 的地区，称为地温异常区。

地热是矿井生产的不利因素，特别是当采掘工作进入较深水平时，更应引起充分地重视。这是因为井下温度过高，会直接危害工人健康，影响安全生产和生产率。《煤矿安全规程》中规定：采掘工作面的空气温度不得超过 26℃，机电掘室的空气温度不得超过 30℃。目前，我国某些煤矿已程度不同地超过规定，如河南平顶山八矿，在 -430 m 水平空气温度已达 35℃左右，预计至 -800 m 水平将达到 45℃。井下温度超限时，应采取加强通风等措施，若温度仍降不下来，应暂停生产。

地热富集起来便形成地热资源。通过钻井开发的地下热水、热气，可作为一种新能源，用来发电、取暖、为植物暖房供热等。此外，还可用于医疗或者从中提取工业原料和稀有元素等。例如，位于西藏拉萨西北的羊八井，深度在 30 m 时就喷出 30 多米高的 130℃的热水汽，我国已在此建立了第一座直接利用地热的发电站。

除上述几种物理性质外，地球还具有弹性、电性和放射性等，利用这些性质，可进行地震法、电法和放射性法等地球物理勘探。

### （六）地球的圈层构造

地球的圈层构造，是指地球可大体划分成几个连续的、由不同成分和物理状态的物质所构成的同心圈层。它反映了地球的组成物质在空间的分布和彼此间的关系，表明地球不是一个均质体。

地球的圈层构造，是在地球漫长的发展过程中逐步形成的。大致以地表为界，分为内圈层和外圈层。外圈层包括大气圈、水圈和生物圈；内圈层包括地壳、地幔和地核。每个圈层均有自己的物质组成、运动特点和性质，并对地质作用各有程度不同的、直接或间接的影响，因此了解每个圈层的基本特征，有助于对地质作用的理解。

外圈层位于地表以上，能够直接观察到。内圈层位于地表以下，其圈层的划分是通过对天然地震波在地球内部传播特征的研究推断的。地震波（主要是纵波）在地球内部的传播速度在两处有明显的突然变化，这反映了在该两个深度的上下，地球物质在成分上或物态上有所改变或两者均有改变，因此，该两个深度可以作为上下两种物质的分界面，在地球物理学上称为不连续面或界面。其中，第一个界面是南斯拉夫地球物理学家莫霍洛维契奇于 1909 年发现的，称莫霍洛维契奇不连续面，简称莫霍面。其深度各地不一，在大陆区较深（最深达 60 km 以上），大洋区较浅（最浅不足 5 km）。第二个界面是美国地球物理学家古登堡于 1914 年提出的，称为古登堡不连续面，其深度在 2 900(2 898)km。根据这两个界面，把地球内部分为三个圈层，即地壳、地幔和地核。再依据次一级界面，把地幔分为上地幔和下地幔，把地核分为外核和内核。

1. 地球的外圈层

（1）大气圈

大气圈是由气态物质（大气）组成的地球最外部的一个圈层。其下界为大陆和海洋的表面；上界不明显，逐渐过渡到星际空间。根据人造卫星探测的资料，在 2 000 ~ 3 000 km 的高空仍有稀薄的气体存在，但密度已与星际空间非常接近，可大致看作大气圈的上界。

大气的总质量由于地心引力，绝大部分集中在最下部的 100 km 范围内。因此其密度下部最大，并且随高度增加而减小。

依据大气成分和物理性质的不同，大气圈自下而上分为对流层、平流层、中间层、热成层、散逸层等五层。对流层，位于最下部，厚度各地不一，为 8 ~ 18 km，平均 10.5 km。该层集中了大气总质量的 3/4，主要成分为氮（占 78%）、氧（占 21%）及少量水蒸气、二氧化碳、悬浮的固体颗粒等。这里的温度随高度增加而递减，空气进行强烈的对流和水平运动，是一切风、云、雨、雪、冰雹等天气变化的发源地。因此，对流层对地球上生物的生长、发育和外力地质作用的发生起着极大的影响。平流层，自对流层顶向上至 50 ~ 55 km 高度，此层含较多的臭氧（$O_3$），可大量吸收太阳辐射的紫外线，温度随高度增加而上升，大气以水平运动为主。中间层，自平流层顶向上至 85 km 高度，大气温度随高度增加而降低，垂直对流运动剧烈。热成层（电离层），从中间层顶至 800 km 高度，温度随高度增加而上升，大气处于电离状态（氮和氧呈离子存在）。散逸层，位于热成层以上，这里受地球引力微弱，高速运动的气体质点，常常逸散到星际空间。

大气圈的存在，不仅为人类和生物的生存提供了条件，还影响着气候变化和地球上水的循环，并促使外力地质作用发生，改变着地表的面貌。

（2）水圈

水圈是由海洋、湖泊、河流等地表水，岩石和土壤中的地下水以及冰川等组成的一个基本连续的水体圈层。它基本位于大气圈之下（除地下水外）；厚度为 0 ~ 11 034 m；质量约 $1.66 \times 10^{24}$ g；总体积为 $1.39 \times 10^9$ km$^3$，其中海洋水占总体积的 97.2%，大陆水仅占 2.8%。海水的含盐度高，平均为 35‰，以氯化物（$NaCl, MgCl_2$）为主，是咸水；大陆水主要是淡水，含盐度低，平均不到 1‰，以重碳酸盐（$Ca[HCO_3]_2$）为主。

水圈中蕴藏着极丰富的水资源，它们是人类及一切生物赖以生存的物质基础。各种水体的活动和水的强溶解性，使岩石遭受破坏，从而改变着地表的面貌。同时水体的存在，又为新岩石（沉积岩）的形成创造了条件。因此，水是参与地球发展和地壳演变的最积极因素之一。

（3）生物圈

生物圈是由地球有生物（动物、植物和微生物）生存和活动的范围所构成的一个连续圈层。根据目前资料，在大气圈的 84 km 高空和地壳 7.5 km 深处仍发现有细菌，在 5 000 m 的深海还有鱼类存在。但大量生物主要集中于地表以上 100 m 至水下 100 m 的空间内。

生物活动是改造大自然和推动地壳发展演变的重要因素。许多生物直接或间接地对岩石起着破坏作用，并导致了地表形态的改变；另一方面还引起地表物质的迁移和聚集，为某些岩石和矿产（如煤、石油、磷矿等）的形成提供了条件。

2. 内圈层

（1）地壳

地壳是地球外部的一层固体硬壳，是由矿物和岩石构成的。它位于大气圈或水圈之下，至莫霍面以上，厚度变化很大。其中，大陆地壳厚度较大，为 20～70 km，平均 33 km，一般高原、山岳部分较厚，平原地区较薄。大洋地壳厚度较小，为 5～8 km，平均 6 km。地壳总平均厚度约 16 km，仅是地球半径的 1/400，体积只有地球的 0.3%，质量约占地球总质量的 0.8%。根据物质组成不同，地壳分为硅铝层、硅镁层。

①硅铝层（花岗岩质层）

硅铝层是地壳上部呈不连续分布的一层，一般仅在大陆存在，大洋底缺失。厚度 0～40 km，平均约 10 km。化学成分以硅（占 73%）、铝（占 13%）为主，密度较低，平均为 2.7 g/cm³，平均压力为 $3.04 \times 10^8$ Pa，平均温度为 180～300℃。

②硅镁层（玄武岩质层）

硅镁层是在硅铝层下面成连续分布的一层，大陆和洋底均有存在。厚度变化不一，大陆高原、山区平均约 30 km，平原区 10 余千米，海洋部分平均 5～8 km。化学成分主要是硅（占 49%）、铁和镁（占 18%），平均密度约 2.9 g/cm³、压力为 $3.04 \times 10^8 \sim 1.01 \times 10^9$ Pa，温度达 400×1 000℃。

地壳是地球最薄的一个圈层，自形成以来，在各种地质作用影响下，其物质成分、结构、构造及表面形态不断地发展和变化，并聚集了大量的有用矿产，为人类的生存和生产活动提供了相应的环境。

（2）地幔

地幔的上界为莫霍面，下界是古登堡面，介于地壳与地核之间，故又称中间层。厚度 2800 多千米，体积约占整个地球的 82.3%，质量约占地球的 67.8%，平均密度大约是 4.5 g/cm³。地幔的横向变化地壳均匀。根据地震波速变化情况，将其分为上地幔和下地幔两部分。

①上地幔

莫霍面以下至 1 000 km 深度之间的部分为上地幔。其化学成分仍以硅、铁、镁为主，但较下地壳硅成分减少，而铁、镁显著增加。平均密度为 3.5 g/cm³，压力为 $1.92 \times 10^9 \sim 4.05 \times 10^{10}$ Pa，温度 1 200～1 500℃。上地幔上部（自莫霍面以下至 60 km 深），仍由固体岩石组成，与地壳共同构成地球坚硬的外层，即岩石圈。自 60～250 km 深处，地震波速显著减小，为低速带。推测该部分的温度已达到岩石熔点，由于压力大而未熔化或部分熔融，但大大增加了岩石的可塑性和活动性，称为软流圈。软流圈的存在，为岩石圈的活动和地壳运动创造了条件，同时软流圈还可能是原生岩浆的发源地。此外，中源和深源地震的震源都发生在上地幔内。由此可知，上地幔对内力地质作用的产生影响很大，故而对其研究日益受到重视。

②下地幔

自 1 000 ~ 2 900 km 深处的古登堡面之间为下地幔。其成分比较均匀，主要由金属硫化物和氧化物组成，铁、镍成分占比明显增加。平均密度为 5.1 g/cm³，压力达 $4.05 \times 10^{10}$ ~ $1.52 \times 10^{11}$ Pa，温度 1 500 ~ 2 000 ℃。下地幔的物质处于高压高密状态，可能为非结晶的固体。

（3）地核

由 2 900 km 深处的古登堡界面（即地幔底界面）向下至地心部分为地核。其半径为 3473 km，体积占整个地球的 16.3%，质量占地球的 32.5%，平均密度为 11.5 g/cm³，压力为 $1.52 \times 10^{11}$ ~ $3.77 \times 10^{11}$ Pa，温度 2 000 ~ 5 000 ℃（近年有人通过试验研究，推测最高可达 6 880 ℃）。依据地震波速的变化，以 5 120 km 深度为界面，将地核分为内核与外核。关于地核的物质成分尚有争议，一般认为以铁为主，并含 5% ~ 20% 的镍。外核还可能混有一些轻元素，如硫或硅。

# 第二节　地质作用

## 一、地质作用的概念

地质作用，是指由于受到某种能量（外力、内力）的作用，从而引起地壳组成物质、地壳构造、地表形态等不断变化和形成的作用。

## 二、地质作用的分类

1. 内力地质作用

能促使整个地壳物质成分、地壳内部结构、地表形态发生变化的地质作用称为内力地质作用。其表现为地壳运动、岩浆活动、变质作用和地震。

2. 外力地质作用

外力地质作用按照外营力的类型，可以分为河流的地质作用、地下水的地质作用、冰川的地质作用、湖泊和沼泽的地质作用、风的地质作用和海洋的地质作用等。按其发生的序列则可分为风化作用、剥蚀作用、搬运作用、沉积作用和成岩作用。

①风化作用，是指地表或接近地表的坚硬岩石、矿物与大气、水及生物接触过程中产生物理、化学变化而在原地形成松散堆积物的全过程。根据风化作用的因素和性质可将其分为三种类型：物理风化作用、化学风化作用、生物风化作用。

②剥蚀作用，是指岩石在风化、流水、冰川、风、波浪和海流等外引力作用下，松散的岩石碎屑从高处向低处移动的过程。

③搬运作用，是指地表和近地表的岩屑和溶解质等风化物被外营力搬往他处的过程，是自然界塑造地球表面的重要作用之一。外营力包括水流、波浪、潮汐流和海流、冰川、地下水、风和生物作用等。在搬运过程中，风化物的分选现象以风力搬运为最好，冰川搬运为最差。搬运方式主要有推移（滑动和滚动）、跃移、悬移和溶移等，不同营力有不同的搬运方式。

水流搬运具有上述各种搬运方式，搬运能力的大小主要取决于流速。流速大的水流能挟带沙砾等较粗的物质，这些物质在河床底部以被推移或跃移的方式前进，据测定被搬运的球状颗粒的重量与起动它的水流流速的 6 次方成正比。粉砂、黏土以及溶解质在水流中则分别以悬移和溶移方式搬运。水流搬运悬移泥沙的能力称为水流挟沙能力，只要含沙量不超过一定限度，挟沙能力约与流速的 3 次方相关。

风力搬运与流水搬运有相似之处，有推移、跃移、悬移三种搬运方式。当近地面风速大于 4 m/s 时，粒径 0.1 ~ 0.25 mm 的砂粒就被搬动形成风沙流，但风沙流大部分集中在近地面 10 cm 的薄层内，悬移物质的数量远小于推移和跃移的数量。一般来讲，被风吹扬的颗粒大小与风速成正比，风速越大，搬运的颗粒越粗，移动的距离越远。

海浪搬运只在近岸浅水带内发生，有四种搬运方式。当外海传来的波浪进入水深小于 1/2 波长的浅水区时，波浪发生变形，不同部分水质点运动发生差异。在海底附近，水质点由原来所做圆周或曲线运动变为仅做往复的直线运动，并且向岸运动的速度快，向海运动的速度慢。这种速度上的差异，使得波浪扰动海底所挟带的碎屑物质发生移动，其中粗粒物质多以推移和跃移方式向岸搬运，细粒物质多以悬移方式向海搬运，最后在水深小于临界水深的地方，波浪发生破碎，所挟带来的物质堆积下来。由于波浪的瞬时速度快，能量一般较高，搬运物多为较粗的沙砾。潮流和其他各种海流与波浪不一样，在较长时间内做定向运动，流速也较慢，故搬运的物质多为较细的粉砂和淤泥，呈悬浮状态运移。潮流作用使细粒淤泥质向岸运动，而粗粒向海运动。

冰川搬运具有特殊的蠕移方式，特点是能力大。随冰川的缓慢运动，大至万吨巨石，小至土块砂粒，均可或被冻结在一起进行悬移，或在冰底受到推移。冰川泥石流可使一些风化物产生跃移。

地下水搬运在熔岩区，含溶解质的地下水主要以溶移方式进行。生物搬运对土层的扰动也起着搬运的作用。

## 第三节　地质构造

组成地壳的各类岩石，凡是呈层状分布的，统称为岩层，包括沉积岩、层状岩浆岩以及由它们变质而成的变质岩。其中，沉积岩占绝大部分。岩层的产状，是指岩层在空间的产出状态。通常，沉积岩形成时的原始产状，大都是水平的或近似水平的，并在一定范围内连续完整。岩层形成后，在地壳运动影响下，发生变位和变形，其原始产状受到不同程度的改变，称之为地质构造变动。发生构造变动的岩层所呈现的各种空间形态，称作地质构造。地质构造分为四种基本类型：有的岩层只发生了轻微变形，基本呈水平状态（一般倾角不大于5°）称为水平构造；常见的是单斜构造、褶皱构造、断裂构造。地质构造在层状岩石中表现最明显，但在块状岩体中也有存在。

## 一、单斜构造

在某一范围内，一系列岩层大致向同一方向倾斜，且倾角大致相等，这种构造形态称为单斜构造。在较大的区域内，单斜构造往往是其他构造形态的一部分，如褶曲的一翼，或断层的一盘。

### （一）岩层的产状要素

倾斜岩层的空间产出状态，可由岩层面的走向、倾向和倾角反映出来，该三者称为岩层的产状要素。

1. 走向

倾斜岩层的层面与水平面的交线，称为走向线。走向线是一条水平线，走向线两端的延伸方向，称为岩层的走向，它表示倾斜岩层在水平面上的延展方向。

2. 倾向

在岩层面上，垂直于走向线沿层面倾斜向下所引的直线，称为岩层的倾斜线，又称真倾斜线。倾斜线在水平面上的投影线所指岩层下倾一侧的方向，称为岩层的倾向，又称真倾向。倾斜线只有一条，倾向也只有一个，并与走向相差90°，它反映了岩层的倾斜方向。

在岩层面上，斜交走向线沿层面倾斜向下所引的任一条直线，均为视倾斜线。它们在水平面上的投影线所指岩层下倾一侧的方向，称视倾向或假倾向。视倾斜线有无数条，视倾角也有无数个。

3. 倾角

倾斜线和它在水平面上投影线的夹角，称为岩层的倾角，又称真倾角。它是岩层面与水平面所夹的最大锐角，反映了岩层的倾斜程度。视倾斜线和其在水平面上投影线的夹角，称为视倾角或假（伪）倾角。对于一个岩层，真倾角只有一个，视倾角可以有无数个，而且任何一个视倾角均小于真倾角。

### （二）岩层产状要素在矿井生产中的意义

岩（煤）层的产状要素与矿井采掘生产有着密切关系，它们是部署巷道和决定采煤方法的重要依据。开采煤炭需要挖掘一系列巷道，沟通地表与煤层，起着运输、通风和行人等作用。根据不同需要，巷道有垂直的、倾斜的和水平的。无论哪一种基本都是依据岩（煤）层产状布置的。通常，总回风巷、总运输巷、区段回风巷、区段运输巷等水平巷道是在某一岩（煤）层内，沿其走向布置的。石门是沿倾向布置的水平巷道。上山、下山及开切眼等倾斜巷道，多在某一煤层内，沿其倾向（倾斜线）布置。

煤层倾角主要影响采煤方法的确定。一般来说，倾角越小，开采越容易；倾角越大，开采越难。根据开采技术的需要，按倾角大小将煤层分为三类（表1-1）。通常还把倾角小于5°的，称为水平煤层；倾角大于60°的，称为立槽煤。不同倾斜程度的煤层，开采方法不同。例如，对于倾斜及缓倾斜的薄煤层，广泛采用走向长壁采煤法。而对于急倾斜的薄煤层，则多采用倒台阶采煤法。

## 二、褶皱构造

### （一）褶皱与褶曲

由于地壳运动等地质作用的影响，使岩层发生塑性变形而形成一系列波状弯曲但仍保持连续完整性的构造形态，称为褶皱构造，简称褶皱。

褶皱构造在地壳中分布广泛，形态多样，规模大小相差悬殊，大者可达数十千米乃至数百千米，小者可显露于手标本上，有的甚至需要借助于显微镜才能观察得到。褶皱的规模大小在一定程度上反映了其形成时的地质作用强弱和方式。大多数褶皱构造都是是由地壳运动产生的构造挤压应力作用形成的。所以，常把造成褶皱构造的地壳运动称为褶皱运动；而把由褶皱运动使地壳发生的褶皱变形称为褶皱变动。

褶皱构造中的一个弯曲称为褶曲。由此可见，褶曲是褶皱的基本单位，而褶皱则是由一系列褶曲组合而成的。

### （二）褶曲的基本形式

褶曲的基本形式可分为背斜和向斜两种。背斜，是指核心部位岩层较老，向两侧依次对称出现较新岩层的形态一般向上弯曲的褶曲；向斜，是指核心部位岩层较新，向两侧依次对称出现较老岩层的形态一般向下弯曲的褶曲。

在岩层新、老顺序不清的情况下，如某些变质岩层、沉积岩地层分布地区，则把向上弯曲的岩层称为背形，把向下弯曲的岩层称为向形。正常情况下，背斜呈背形，向斜呈向形。若褶皱构造极为复杂，地层发生倒转，造成背形的核心部位是新岩层时，称为背形向斜；向形的核心部位是老岩层时，称为向形背斜。

## 三、断裂构造

岩层受力后发生变形，当作用力达到或超过岩层的强度极限时，岩层的连续完整性受到破坏，在岩层的一定部位和一定方向上产生断裂。岩层断裂后，其破裂面两侧的岩块无显著位移的称节理，有显著位移的称断层。它们统称为断裂构造。

### （一）节理

节理又称裂隙，是指破裂面两侧岩块未发生显著位移的断裂构造，其破裂面称为节理面。节理可分为原生节理和次生节理。

①原生节理，指在岩石形成过程中产生的节理。如沉积岩在成岩过程中因失水收缩而产生的节理，像泥裂、煤层中的内生裂隙等。原生节理仅出现在个别岩层中。

②次生节理，指岩层形成之后产生的节理。根据力的来源及作用性质不同，又分为非构造节理和构造节理。

非构造节理是指由外力地质作用或人为因素使岩石受力而生成的节理。如风化、滑坡、爆破，以及煤层采空后地压造成的节理等。此种节理一般规模不大，分布范围具有局限性且无规律。

构造节理是指由地壳运动使岩石遭受地应力作用而产生的节理。通常这种节理分布范围广，方向性明显，并与褶曲、断层构造有一定的成因联系和空间组合关系。构造节理成群出现，排列有一定规律性。我们将具有成因联系的、相互平行的若干节理，称为一个节理组。

## （二）断层

地壳运动产生的地应力作用于岩层，当应力超过岩层的强度极限时，岩层便发生断裂。断裂后若破裂面两侧的岩块发生明显的相对位移，这种断裂构造称为断层。断层在地壳中分布广泛，其形态和种类繁多，规模有大有小。它们关系到煤层的破坏与保存，造成矿层、岩层的错动不连续，对于矿产的勘探和开采，以及水文地质、工程地质均有影响。在煤矿矿井地质工作中，对断层的观测研究是一项极重要的工作。

1. 断层要素

为了便于描述断层的性质和空间形态，常把断层的各个组成部分分别予以命名，并统称为断层要素。它主要包括以下几种：

（1）断层面

岩层断裂后，两侧岩块沿着破裂面发生相对位移，该破裂面称为断层面。断层面的形态很复杂，多数为舒缓波状的曲面，少数情况下是平面。在小范围内，均可把断层面视为平面。断层面的产状，同样以走向、倾向和倾角表示。此外，有些断层两侧岩块的位移是沿着一个破碎带发生的，这个带称为断层破碎带。断层规模不同，破碎带的宽度也不等，可从几厘米到几十米。

（2）断盘

断层面两侧发生相对位移的岩块，称为断盘。当断层面倾斜时，位于断层面上方的岩块称上盘，位于断层面下侧的岩块称下盘。如果断层面是直立的，则没有上盘和下盘之分。此时可根据相对于断层走向的方位命名，如当断层走向为北东时，其两盘可分别称为西北盘和东南盘。断层两盘以相对升降位移为主时，将相对上升的一盘称上升盘，相对下降的一盘称下降盘。

（3）断层线

断层面与地面的交线，即断层面在地表面的出露线，称为断层线。断层线可以是直线，也可以是弯曲的线，它取决于断层面的产状和地形起伏状况。当地形平坦或断层面直立时，断层线就是断层走向线，能够反映断层的延伸方向。

（4）交面线（交迹线）

交面线是指岩层（或矿层）层面与断层面的交线。上盘岩层层面与断层面的交线，称上盘交面线；下盘岩层层面与断层面的交线，称下盘交面线。煤层层面与断层面的交线，称煤层交面线或断煤交线。同样，断煤交线分为上盘断煤交线和下盘断煤交线。

2.断距

断层两盘岩块沿断层面或断层破碎带相对错动位移的距离，称为断距。它表明了矿层被错断后相隔的距离，是采矿生产不可缺少的资料。有关断距的名称很多，而且尚不统一，以下仅介绍几种习惯上常用的断距名称及有关概念。

（1）真断距

原先断层面上的某个点，随着两盘相对位移而撕裂成上、下盘的各一点，该两点之间的距离，称为真断距。

（2）地层断距

同一地层（岩层）由于断层错动而在两盘出现。地层断距是指在垂直地层走向的剖面上，断层上、下盘同一岩层层面之间错开的垂直距离。由于该剖面反映了地层真厚度，故地层断距相当于断层上、下盘同一岩层层面之间所夹的那段地层厚度。与地层断距相关的有铅直地层断距和水平地层断距。

（3）落差

在垂直或斜交断层走向的剖面上，断层上、下盘同一岩层层面与断层面各有一个交点，该两点之间的铅直距离（高程差）称为落差。两个交点间的水平距离，称为平错。两交点沿断层面的距离，称为倾斜间隔。由此可知，断层落差是倾斜间隔的铅直分量，平错为倾斜间隔的水平分量，它们之间可依据与断层面倾角（或视倾角）的三角函数关系相互换算。

同一断层在不同方向的剖面上可有不同的落差值，有时相差很大，它们对煤矿生产具有不同的使用意义。例如，在煤层中掘进水平巷道时，遇到倾向断层或斜交断层时，其在沿煤层走向剖面上的落差很重要。布置采区和采面时，对走向断层来说，最有意义的是在垂直断层走向剖面上的落差。一般将垂直断层走向剖面内的落差值称落差，其他方向剖面内的落差值称视落差。断层落差对煤矿生产极为重要，根据实践经验常按落差值大小，将断层规模分为三级。不同规模的断层对矿井开拓、开采的影响不同，因此处理方法也不相同。

3.断层的分类

（1）正断层

上盘相对下降、下盘相对上升的断层为正断层。正断层的断层面倾角较大，一般在

45°以上，以60°～70°较为常见，断层破碎带较明显，角砾岩的角砾棱角显著，附近的岩层很少有挤压、揉皱等现象。

（2）逆断层

上盘相对上升、下盘相对下降的断层，称逆断层。根据断层面倾角不同，逆断层又分为以下三种：

①冲断层为断层面倾角大于45°的逆断层。

②逆掩断层为断层面倾角在30°～45°之间的逆断层。

③辗掩断层为断层面倾角小于30°的逆断层。

一般冲断层常在正断层发育区产出，并与其伴生。逆掩断层和辗掩断层的断层面多呈舒缓波状，附近常出现挤压、褶皱现象，有时断层角砾岩中的角砾有一定程度的圆化，且定向排列。

（3）平移断层

两盘沿断层面走向做水平相对位移的断层，称为平移断层，又称平推断层。其断层面一般较平直，倾角较陡，甚至直立。

4．岩溶陷落柱和岩浆的侵入

（1）岩溶陷落柱

埋藏在煤系地层下部的可溶性岩（矿）体，在地下水的物理、化学作用下形成了大量的岩溶空洞，其上覆岩层、矿层受重力作用而塌陷。因为塌陷体的剖面形状似一柱体，故称"岩溶陷落柱"或简称为"陷落柱"。有的矿区根据所揭露的陷落柱特征，又称其为"矸子窝"、"无炭柱"、"环状陷落"等。

（2）岩浆的侵入

我国有不少矿井在含煤地层中发现有岩浆侵入现象，岩浆侵入对煤层具有破坏作用，给煤矿生产带来了严重影响。岩浆侵入煤层，使煤层为侵入体所代替，破坏了煤层的连续性和完整性，减少了煤炭的可采储量。由于接触变质的影响，使煤的灰分增高，黏结性减弱，煤质变劣，产生天然焦，从而降低煤的工业价值。因为侵入煤层中的岩浆岩硬度大，妨碍采掘工作的顺利进行，影响工程进度，增加生产成本。在煤层中，当分布若干岩浆岩体时，会使采区和工作面的布置困难，甚至由于对岩浆岩体分布范围不清而造成废巷，影响煤矿正常生产。

另一方面，由于岩浆侵入所引起的接触变质作用可使部分低变质煤成为焦煤。如安徽、淮北、黑龙江双鸭山等煤田都是由于岩浆侵入提高了煤的变质程度，使部分低变质煤变为炼焦用煤。因此，当矿井发现有岩浆岩时，要加强调查研究，摸清岩浆岩分布的规律和接触变质的特征，以便协助采掘部门解决有关岩浆岩地区的地质问题。

# 第四节　煤层的赋存情况

## 一、成煤的原始物质

成煤的原始物质是形成煤的基础。过去曾有人认为，煤自地球形成就固有，还有人认为煤是由岩浆侵入活动生成的，等等。18世纪初，人们根据煤层及其顶底板岩石中所发现的植物化石，提出煤来源于植物。到19世纪30年代，显微镜普遍使用，从观察煤的薄片中发现煤中保存有木质纤维组织残体及孢子、花粉、树脂体、木栓层和藻类遗骸等，证实了煤是由植物遗体转变而来。

低等植物和高等植物均可参与煤的形成。通常，按成煤植物的种类，把煤分为三大类：由高等植物形成的腐植煤类，由低等植物形成的腐泥煤类，由高等植物和低等植物混合形成的腐殖腐泥煤类。其中，腐泥煤及腐殖腐泥煤比较少见，腐植煤是开采、利用的主要对象。高等植物的木质素、纤维素以及角质膜、木栓层、孢子、花粉、树脂体等较稳定成分都参与成煤作用。成煤原始物质不同，导致了煤的化学成分和性质的差异以及用途的不同。

## 二、煤的形成条件

煤由植物遗体转化而来，但并非所有的植物遗体均能转变成煤。煤的形成，除了植物条件外，还必须有相应的气候、自然地理和地壳运动条件的配合。这些条件共同构成了控制成煤的因素，而且在它们相互配合较好、持续时间较长的时期和地区，才会形成丰富的煤炭资源。

### （一）植物条件

植物是成煤的原始物质，其大量繁殖生长是形成煤的基本条件。往往历史上植物大繁盛的时代，就是重要的聚煤时期。

植物的大量生长繁殖是在地球形成数十亿年以后，因此煤炭的形成也是近几亿年才开始的。震旦纪至早泥盆世，低等植物菌、藻类发育，在这个时期有石煤形成。志留纪末以后出现陆生高等植物，它们常常为高大乔木，具有粗大的茎和根、叶，这些为煤的大量聚积提供了条件。我国的几个主要成煤时代，即石炭二叠纪、三叠侏罗纪、古近纪和新近纪，分别与孢子植物、裸子植物及被子植物的繁盛时期相对应。

### （二）自然地理条件

形成煤的另一个条件是适宜于大面积沼泽化的自然地理环境。沼泽是常年积水的洼地，通常积水较浅，而又含有较多的有机质，适于高等植物的繁殖生长，同时植物遗体堆积后，又能为积水覆盖，免遭风化，使其得以保存下来转化为泥炭，最终形成煤。容易沼泽化的地理环境，在内陆有山间盆地、宽广河谷的河漫滩及湖泊等，它们演化成内陆沼泽。在近海地区有滨海的广阔平原、河口三角洲、潟湖、海湾等，它们发展成近海沼泽。不同沼泽环境所形成煤的特点不同，当沼泽有泥炭堆积时，则成为泥炭沼泽。

沼泽形成的方式有两种：一种是内陆低洼地带和沿海低平地带（如山间盆地、河漫滩、滨海平原、河口三角洲等），由于水流停滞或地壳下降等原因，积水形成。另一种是内陆湖泊及潟湖、海湾等水体，由于沉积速度超过地壳下降速度，逐渐淤积，使水体变浅而形成。

### （三）气候条件

气候条件主要是指空气的温度和湿度。在温暖潮湿的气候条件下，最适于植物大量繁殖生长，同时这种气候条件还有利于沼泽的发育。因此，潮湿和温暖的气候是成煤最有利的条件。

### （四）地壳运动条件

地壳持续缓慢的沉降是形成煤的不可或缺条件，且成煤所需要的沼泽环境也是在地壳不断下降的过程中产生并得以延续的。当地壳沉降速度与植物遗体堆积速度近于一致时，使得沼泽长期保持不深的积水，既适于植物繁殖生长和遗体的堆积，又利于泥炭的形成和保存，此时最有利于煤的形成。这种平衡状态持续越久，聚煤越丰富。

## 三、煤的形成过程

煤是由植物遗体经过复杂的生物化学、物理化学作用转变而成的。植物从死亡及其遗体堆积到转变为煤的一系列演变过程，称为成煤作用。成煤作用可大致分为两个阶段。第一阶段是植物死亡，遗体堆积在沼泽、湖泊或潟湖中，主要是在微生物参与下通过生物化学作用，使高等植物转化为泥炭，低等植物转化成腐泥的过程，因此该阶段称为泥炭化和腐泥化作用阶段。当已形成的泥炭和腐泥，由于地壳沉降而被上覆沉积物掩埋后，成煤作用便进入了第二阶段——煤化作用阶段，即泥炭、腐泥主要在温度和压力影响下，通过物理化学作用转变成煤的过程。这个阶段包括成岩作用和变质作用两个连续过程，首先泥炭和腐泥经成岩作用分别变为褐煤和腐泥煤，再经变质作用，褐煤变为烟煤至无烟煤，而腐泥煤变质程度不断增高。

### （一）泥炭化及腐泥化作用阶段

泥炭化作用及腐泥化作用是成煤的第一阶段。在此阶段高等植物通过泥炭化作用变成泥炭，低等植物经腐泥化作用形成腐泥。

1. 泥炭化作用阶段

高等植物遗体堆积在沼泽中，在微生物参与下，经过生物化学作用转变为泥炭的过程，称为泥炭化作用。通常可分为以下两个阶段：

①第一阶段。植物遗体暴露在空气中或在沼泽浅部多氧条件下，由于喜氧细菌和氧的作用，使其有机组分遭受氧化和分解，一部分被彻底破坏，变为气体和水分。另一部分分解成较简单的有机化合物。未遭受分解的部分，特别是稳定组分继续保留下来。

②第二阶段。随着沼泽积水的增强、植物遗体的不断堆积，使得正在分解的植物遗体逐渐处于下层，氧化环境渐渐为还原环境所代替，分解作用不断减弱，在厌氧细菌作用下，分解产物之间及分解产物与植物残体之间发生了一系列复杂的生物化学作用，产生了腐殖酸和沥青质等，它们是泥炭的主要有机成分，堆积下来，形成泥炭。

泥炭，一般呈棕褐、黄褐、棕黑等色，无光泽，疏松。自然状态下富含水分，可高达50%以上。腐殖酸含量一般为20%～50%，常含有未分解的植物残体碎片。泥炭晒干后可作为燃料，还可用做化工原料及农田肥料。

2. 腐泥化作用阶段

在湖泊、积水较深的沼泽及潟湖中，藻类及其他浮游生物大量繁殖，死亡后堆积起来。这些物质在缺氧的还原环境中，经过厌氧细菌的分解和化学合成作用，植物中的蛋白质和脂肪等成分遭到破坏，逐渐形成一种含水量大且富含沥青质的棉絮状胶体物质。这种物质与细小泥沙混合后，经去水而变得致密，逐渐形成腐泥。这种由低等植物死亡后转变为腐泥的生物化学作用过程，称为腐泥化作用。

腐泥通常呈黄褐、暗褐、黑灰等色，富含沥青质，含水量极高，新鲜者可达70%～90%。它是一种粥样流动或胶冻淤泥状物质。

## （二）煤化作用阶段

泥炭或腐泥形成后，由于地壳下降而被其他沉积物所覆盖，成煤作用便进入煤化作用阶段。在这个阶段，生物化学作用逐渐减弱以至停止，代之的是以温度和压力为主导因素的物理化学作用。煤化作用包括两个连续的过程，即成岩作用和变质作用。

1. 成岩作用

已经形成的泥炭，由于地壳沉降速度加快，被泥沙等沉积物所覆盖，随着覆盖物逐渐加厚，在升高的温度和压力影响下（以压力为主），泥炭逐渐被压紧，失去水分并放出部分气体而变得致密起来。当生物化学作用减弱以至消失后，泥炭中的碳含量逐渐增多，氧、氢含量逐渐减少，腐殖酸含量不断降低，经过一系列变化，泥炭变为褐煤。一般将由泥炭转变为褐煤的过程，称为成岩作用。

腐泥经过成岩作用后，可以转变为腐泥煤。

2. 变质作用

当地壳继续下降，随着埋藏深度的增加，褐煤在不断增高的温度和压力影响下，进一步发生物理化学变化，引起煤的内部分子结构、物理性质、化学成分和工艺性质等方面的变化。如：有机质分子排列逐渐规则化，聚合程度不断增高；碳的含量逐渐增高，氢、氧含量逐渐降低；煤的水分、挥发分逐渐减少；腐殖酸含量进一步降低，至烟煤阶段开始完全消失；煤的发热量总趋势增大，黏结性由低到高再到低；煤的颜色加深，光泽增强，相对密度增大等。最终，褐煤变成了烟煤、无烟煤，这个过程称为变质作用。一般认为，褐煤转变为烟煤时（也有认为由年轻褐煤转变为年老褐煤时）就开始进入煤的变质阶段。

腐泥煤在变质作用影响下，可使煤的变质程度不断增高。

## 四、煤的变质作用

煤的变质作用是指在高温、高压作用下，促使煤的化学成分、物理性质和工艺性质发生显著变化的过程。

### （一）煤的变质因素

煤的变质作用主要受温度、压力及其作用时间等因素的影响。

1. 温度

温度是影响煤变质的主要因素，这一点在 1930 年 W. 格罗普和 H. 波德的试验中已得到证明。他们将泥炭置于密闭的高压容器内加热，在 $1.01 \times 10^8$ Pa 压力条件下，加热到 200℃时，试样在相当长的时间内无变化。当温度超过 200℃时，试样开始变化，泥炭转变成褐煤之后，他们将压力提高到 $1.823 \times 10^8$ Pa，当温度低于 320℃时，虽然时间持续很长，也未能使褐煤进一步转化。但温度升至 320℃时，褐煤转变成具有长焰煤的性质。温度上升到 345℃时，得到了具有典型烟煤特征的产物。温度继续增至 500℃，形成的产物具有无烟煤性质。由此可知，温度在煤变质中起决定性作用。

2. 压力

压力是引起煤变质的次要因素。通常它只能促使煤的物理结构发生变化，而不能明显地引起煤的化学变化。在上覆岩层静压力作用下，导致煤的体积压缩、密度增大。在压缩过程中，由于内摩擦产生的热量，间接地促进煤的变质作用。此外，地壳运动引起的动压力（构造压力）往往使褶皱、断裂带附近的煤发生变质，但一般影响范围有限。

3. 时间

温度和压力持续作用于煤的时间长短，也是影响煤变质的重要因素之一。它主要表现为两个方面：一是在温度条件相同时，煤的变质程度取决于受热时间的长短，即受热时间长煤的变质程度高，反之则低；二是煤受短时间的高温作用与长时间的低温（大于 60℃）作用，同样可以达到相同的变质程度。

### （二）煤的变质作用类型

根据变质作用的起因不同，可将煤的变质作用分为深成变质作用、岩浆变质作用和动力变质作用等三种类型。

1. 深成变质作用

深成变质作用是指煤系及煤层形成后，由于地壳沉降运动被埋藏在地下深处，在地热及上覆岩层静压力作用下，使煤发生变质。

①深成变质作用主要是由地热引起的，也称地热变质作用。

②影响范围广，具有区域性，因而又称区域变质作用。

③煤的变质程度在垂直方向上符合希尔特定律（依埋藏深度的增加，煤的挥发分产率有规律地减少），即煤的变质程度随深度的增加而增高，表现为垂直分带性。

④同一煤田内，由于煤层、煤系形成时及形成后各处沉降幅度不一致，使得不同地点的同一煤层的上覆岩系厚度和含煤岩系厚度均不相同，从而具有不同的变质程度。这种差异在平面上表现为煤质的水平分带，其实质是垂直分带在水平方向上的反映。

深成变质作用是煤的主要变质煤型。在以深成变质为主的煤田中，可以根据煤变质的垂直分带与水平分带的特点来预测煤的变质程度。

2. 岩浆变质作用

岩浆变质作用主要是由岩浆热引起的。据测定，喷出地表的熔浆温度可达1 300 ℃。由此可知，侵入地层的岩浆温度会更高。当岩浆侵入或靠近煤层或者含煤岩系时，由于岩浆带来的热量、挥发分气体、热液和压力的影响，使煤发生变质或变质程度增高的作用，称为岩浆变质作用。

3. 动力变质作用

动力变质作用是指含煤岩系形成以后，由于构造变动影响而使煤发生的变质作用。构造变动，特别是断裂构造所产生的热能和压力可使其附近的煤发生变质。但由于这种变质作用较弱，影响范围不大，故一般不易察觉。通常只在构造活动强烈的地带表现明显，且多呈窄条状分布。例如江西上饶八都镇附近的逆断层，在其两侧的狭长地带，晚三叠世煤变质成无烟煤。

在上述几种煤的变质类型中，深成变质作用和岩浆热力变质作用是主要的，大面积的、接触变质作用和动力变质作用是局部的和次要的。由于含煤岩系的形成和演化过程复杂，因而一个煤田内煤的变质作用类型往往不是单一的，而常是以某种类型为主的多种类型的复合型式出现。

影响煤变质的因素主要是温度、压力和它们作用的时间。由于煤的形成时期和所处的位置不同，经受的温度、压力和作用时间也不相同，因而导致不同变质程度煤的产生。通常将腐植煤的变质程度划分为四个阶段，即：未变质煤，指褐煤；低变质煤包括长焰煤和气煤；中变质煤包括肥煤、焦煤和瘦煤；高变质煤，包括贫煤和无烟煤。其中，长焰煤、气煤、肥煤、焦煤、瘦煤和贫煤，为烟煤的六个变质阶段。个别情况下，无烟煤可进一步变为石墨。石墨是一种矿物，已不属于煤的范围。不同变质程度的煤，其化学成分、物理性质和工艺性质均不相同，用途也各有所异，因此变质程度是造成不同煤类的主要原因。

# 第五节　煤矿常用地质图件

## 一、有关煤矿地质图件的基本知识

### （一）坐标系统

1. 平面直角坐标系

地球表面上任一点的位置，可以用经纬度来表示。但由于经纬线是球面坐标系，所以经纬度的测量计算工作十分复杂，而且应用很不方便。因此在较小范围的测区内，可选定一个与地球表面相切的水平面作为基准面，其切点最好选在测区中央并把它当成坐标原点，以通过原点的正北方向为坐标纵轴 $x$，以与正北方向相垂直并通过原点的正东西方向为横轴 $y$，组成平面直角坐标系统。

在实际工作中，为了避免坐标值出现负值，通常在原点坐标上各加上一个适当的常数。

我国领土位于北半球，纵坐标值永远是正数，为使横坐标了值不牵涉到正负号问题，将原点西移 500 km，使我国范围内的工值均为正值。这种方法并不影响本测区内所有控制点之间的相对位置。

2. 高程

要确定地面上某点的空间位置，除平面位置用经纬度或平面直角坐标系决定外，还必须测定其高程，所以高程也称为点的第三坐标。

（1）绝对高程

它以大地水准面（平均海水面）为起算点，即标高为 0。所以某点至大地水准面的竖直距离，称为该点的绝对高程，或称海拔，又称为标高。我国以黄海的平均海水面作为绝对高程的起算面。

（2）假定高程

在局部地区，可以任意假定的水准面为高程的起算点。

（3）高程差及正负标高

两点标高之差称为高程差，它表示这两点之间的铅直距离。

### （二）比例尺

将图上线段长度与相应实地线段（或其水平投影）的长度之比，称为图的比例尺，又称缩尺。

1. 数字比例尺

用分数表示的比例尺，称为数字比例尺。它的分子永远是 1，分母 $M$ 常常是 10 的倍数，如 1∶1 000、1∶5 000 等。所以，比例尺也是图上的长度和实地长度之比。如果比例尺为已知时，就可以根据图上的长度求相应实地的长度，也可将实地长度换算为图上的相应长度。

2. 图示比例尺

在图纸上绘制一条线段，用此线段长度代表实地长度的比例尺称为图示比例尺，又称线条比例尺。图示比例尺可避免图纸伸缩所引起的误差。

3. 比例尺的精度

人们用肉眼在图纸上能够分辨出的最小距离为 0.1 mm，因此在各种比例尺图上，0.1 mm 所代表的实地长度，称为比例尺的精度。例如，比例尺 1∶1 000 和 1∶2 000 的精度相应为 0.1 m 及 0.2 m。如果已经确定了所需测量或作图的精度，也就能确定图纸的比例尺。

如果比例尺的精度 3=0.1 mm，然后根据 $M$ 便可适当选择图件的比例尺。$M$ 为比例尺的分母，即实地水平长度缩小的倍数。若要求在图上能表示出 0.5 m 的煤厚，则可得出 $M$ =0.5 m/0.1 mm=5 000，也就是说该图的比例尺应不小于 1∶5 000。

### （三）直线定向

地面上点的位置可用坐标来表示，而确定地面上或井下巷道中任意两点之间的相对位置，不仅要量得它们之间的水平距离，同时还要确定该两点所连接成直线的方向。确定直线与东、西、南、北方向的关系，或确定直线与一条标准方向线之间的夹角，就称为直线定向。

### （四）绘图工具及绘图仪器

1. 绘图工具

煤矿常用的绘图工具主要有图板、丁字尺或钢板尺、三角板、比例尺（三棱尺）、量角器（半圆仪）、曲线尺或曲线板，以及擦图片和绘图小钢笔等。

2. 绘图仪器

地质制图一般用的主要仪器有直线笔、分规、普通圆规、小圈圆规（弹规）、鸭嘴笔及弹簧分规等。

### （五）地质绘图的基本技术

1. 高程网的绘制

高程网是指剖面图中的水平标高线，它是一组等间距的平行线。高程网的精度会直接影响剖面图和利用剖面图编绘的平面图的精度。其质量标准是：高程网上各高程线必须相互平行；高程网的等高距是依据剖面图的比例尺来确定的；高程网上各高程线的间距相等，其最大误差不应超过 0.2 mm。绘制高程网的步骤是：首先画基线；然后作基线的垂直线，并在垂直线上截高程点；最后连接高程线，检查高程网的精度。

## 2. 坐标格网的绘制

坐标格网是由边长 100 mm 的纵、横正交正方形格网组成，又称图格。它是绘制地形地质图、采掘工程平面图，以及煤层等高线图等矿用平面图的基础。坐标格网的准确程度，可直接关系到有关图纸的精度和质量。

坐标格网的绘制精度要求是：不论图幅大小，每一图格的边长均为 100 mm。误差均不得超过 ±0.2 mm；每一图格的对角线长为 141.4 mm，误差均不得超过 0.25 mm。图幅大于 5 格时，考虑误差的累计以 5 格图幅为单位，图幅边长误差和对角线误差（单位：毫米，即 mm），分别以 $0.2\sqrt{N}$ 和 $0.25\sqrt{N}$ 面来计算（$N$ 为 5 格图幅的格数）。绘制坐标格网常用的方法

有下列几种：

（1）对角线法

它是在长方形或正方形的图纸上，用直尺做出两条对角线；以对角线的交点为圆心，用杠规或圆规在对角线上截取等长的线段后连接成一矩形或正方形；再截取矩形或正方形各边的中点，将两条对边的中点连接起来，检查这两条对边中点连线的交点是否通过圆心（若不通过则需重新绘制）；最后用分规或杠规以 100 mm 的长度在矩形或正方形的各边上截取各点，连接相应的各点，即得要求绘制的坐标格网。

如果是 5 格图幅的坐标格网，则以对角线的交点为圆心，以半径划弧，与对角线相交得四个点；顺序连接这四点，即得正方形图框；再以 100 mm 长度均分其四个边，连接相应交点即成。

检查坐标格网精度是否符合要求的方法是：将每个小方格的边长与理论长（100 mm）之差不应超过 0.2 mm，且图中每个小方格的顶点应在一条直线上。

（2）坐标格网尺法

坐标格网尺是一根合金钢板尺。

（3）斜交图框的方格网（斜格网）的绘制

坐标格网与图框正交时，图纸上方为正北方向。按顺时针方向，图框四边分别为北、东、南、西。有不少矿区，由于井田延展并非正东西或正南北方向，按上述的正方形或长方形的格网来绘图所占图幅较大。为避免这种现象的发生，常采用斜交图框的坐标格网（斜方格网）来制图。

斜方格网的绘制方法与前述的两种绘制正方格网的方法基本相同，关键应首先考虑图框与经（纬）线要有一个交角 $\alpha$，即按图框与经（纬）线交角的大小，先画出一条经（纬）线，再以这条经（纬）线为底边来绘制坐标方格网。

## 3. 测点展绘

当坐标格网绘制完成后，根据所编制图件的图幅范围内要绘的各测点（如钻孔、见煤点、地质点等）的坐标值，把这些点展绘在坐标方格网内，这个工作称作展点。展点的方

法可采用纵横坐标法或直角坐标尺法。

4. 直线的展绘

直线展绘是根据直线上的一个端点的坐标和该直线的方位角来展绘直线。在编绘综合地质图件时，常常要根据实测资料，将煤层产状、断层走向或断煤交线、褶曲枢纽，以及设计钻孔、探巷等，展绘在平面图中，这就是直线展绘工作。

直线展绘的具体方法，一般是在平面图上，先根据直线的已知端点的坐标值，将其端点展绘在图上，然后通过该点按直线的方位角绘制出该直线。或者按直线上已知两个端点的坐标值，利用测点展绘方法，在平面图上展绘出该直线的两个端点，再连接此线。

5. 线段分解

在已知线段的投影上或已知标高不等两点投影的连线上，按一定的标高差数（通常为整数标高）定出一系列标高点的方法，叫作线段分解或标高内插。线段分解方法（即内插法）常用的有以下两种：

（1）图解法

它是采用作图的方法求得最低可采煤厚（或整数标高）点，此点是在超过最低可采厚度的煤厚点与不可采煤厚点（或两个不同标高点）之间的位置。

（2）格子纸法

又称透明纸法。它是在一张透明图纸上画出一组间距相等的平行线，并注明 0、1、2、3、…等数字，然后将此透明纸覆盖在图上。

### （六）标高投影

1. 点的标高投影

过空间一个点，向投影面作垂直线，其垂足是该点的正投影，用数字注明点的标高或距投影面的距离，即为该点的标高投影。在平面直角坐标系中，$x, y$ 可用于确定点的平面位置。$z$ 是点的标高，三者缺一不可，这就是点的空间位置。

2. 直线的标高投影

直线的标高投影是用直线上两点的标高投影来表示。空间直线的位置通常是用该直线两端点的坐标（$x, y, z$）或者一个端点的坐标和该直线的方向角和倾角来确定。

3. 平面的标高投影

煤矿开采过程中所遇到的煤层层面、断层面，虽然不可能都是平面，但在局部地段可以把它看作平面，因此可以用平面的标高投影来表示。平面的标高投影，通常是用平面的一组等高线的投影来表示。所谓等高线，是指标高相等各点的连线，在平面上就是高程一定的水平线。

在煤矿生产中，还经常遇到两个平面相交的问题。如煤层面与断层面相交，其交线称为断煤交线，这时必须设法求出交线上的两个点或一个点及交线方向才能确定交线。

4. 曲面的标高投影

曲面的标高投影与平面的标高投影的表示方法相同，都是采用等高线的投影来表示的。

## （七）编绘煤矿综合地质图件应遵循的基本原则

1. 相似平行原则

由于煤层都是呈层状赋存在地下，而且煤层与煤层之间的间距变化基本上呈相似平行渐变的。因此在一般情况下，在地形地质图、剖面图、水平切面图及煤层底（顶）板等高线图上按上述相似平行的特点，根据某一已知煤（岩）层迹线，可推测其附近煤（岩）层的迹线。

2. 连续和不连续的原则

一般情况下，煤层或岩层都是连续沉积的，所以在剖面图、水平切面图及煤层底板等高线图中的煤、岩层迹线及煤层等高线也应连续出现。利用这个规则，可以根据一个点或几个点的地质资料，通过分析后由点推测到线，再由线推测到面。因此在推测煤、岩层迹线和煤层等高线时，应分别按照连续规则进行深部连线和延展。但需要指出，无论煤、岩层迹线或煤层等高线都不能直接通过断层面（指剖面图中的断层迹线水平切面图中的断层走向迹线，以及煤层等高线图中的上、下盘断煤交线）、火成岩侵入体、岩溶陷落柱、古河流冲蚀带等，这就是不连续规则。

3. 断层延展和消失的原则

①在一般情况下，可采用断层面等高线图的形式来控制断层面在空间的形态和位置。

②由于断层的产生与发展是区域地质应力作用的结果，因此断层的性质和走向都是有规律可循的。在地质资料不足的情况下，断层的性质和走向均可按区域地质的已知规律进行初步推断，然后通过实践再不断地加以修改，直至符合客观情况。

③断层落差大小是受多种因素制约的。比较普遍的是：断层落差无论沿走向或倾向都是从小变大，再由大变小，直至消失。通常在煤矿井下可见到在上部水平煤层中出现的断层到下部水平中消失，或上部水平煤层中没有见到断层而在下部水平煤层中出现了断层。在上述情况下，当制作地质图件过程中推测断层时，应根据已知的资料，通过分析研究后再向深部延展或作断层尖失的推断。

4. 剖面图、水平切面图、煤层等高线图间的对应原则

空间任何已知点，它在三大地质图件上的坐标（$x, y, z$）值必然相同。依据这种关系，可知三大地质图件之间的对应原则如下：

①剖面图与煤层等高线图：剖面图中任何煤层迹线上的已知点，根据其高程，都可在相应煤层等高线图上沿着这条剖面线找到。

②水平切面图与煤层等高线图：水平切面图上某煤层迹线，可与该煤层等高线图上相同标高的曲线相重合。

③水平切面图与剖面图：在水平切面图某一剖面线上的任一个点，根据此点高程，以

及此点与经线（或纬线）间的距离，即可在该剖面图中相应位置上找到。

### （八）编绘煤矿综合地质图件的一般要求

①在编制图件前，应考虑图幅大小、图的方向，以及图件所包含的内容。其中，图纸的方向一般是：平面图的正北方向应为图的上方，特殊情况下可为图的右上方或左上方；一般剖面图的南、西方向在图的左侧，而北、东方向在图的右侧，或南西（南东）方向在左侧，而北东（北西）方向在右侧。

②各种图件除要求的基本内容外，还必须有图名、比例尺、图例、责任图签等。其中图名、比例尺在图纸的下方；图例一般放在图纸的上方，也可视具体情况而定；责任图签一般位于图纸的右下角。

③图件中的各种图形符号、文字符号、花纹及颜色等，必须按《煤矿地质测量图例》以及其他有关规定绘制，并且全部列入图例，说明它们所代表的含义。

④图的比例尺。各种平面图一般用数字和图示比例尺表示，剖面图或其他图纸只用数字比例尺表示。

## 二、采掘工程平面图

### （一）采掘工程平面图概念、内容及用途

1. 采掘工程平面图的概念

采掘工程平面图是将开采煤层或开采分层内的实测地质情况和采掘工程情况，采用正投影的原理，投影到水平面上，按一定比例绘制出的图件。

2. 采掘工程平面图的图示内容

在采掘工程平面图上，主要反映以下内容：

①井田或采区范围、技术边界线、保护煤柱范围、煤层底板等高线、煤层最小可采厚度等厚线、煤层露头线或风化带、较大断层交面线、向斜（背斜）轴线、煤层尖灭带、火成岩侵入区和陷落柱范围等。

②本煤层内及与本煤层有关的所有井巷。其中主要巷道要注明名称、方位，斜巷要注明倾向、倾角，井筒要注明井口、井底标高，巷道交叉、变坡等特征点要注明轨面标高或底板标高。

③采掘工作面位置。需注明采掘工作面名称或编号，采掘年、月，并在适当位置注明煤层平均厚度、倾角，绘出煤层小柱状图。

④井上（下）钻孔、导线点、水准点位置和编号，钻孔还要注明地面、煤层的底板标高，煤层厚度，导线点、水准点要注明坐标、标高。

⑤采煤区、采空区、丢煤区、报损区、老窑区、发火区、积水区、煤与瓦斯突出区的位置及范围。

⑥地面建筑、水体、铁路及重要公路等位置、范围。

⑦邻矿名称及井田边界以外和以内邻矿采掘工程和地质情况。

3.采掘工程平面图的用途

①了解采掘空间位置关系，及时掌握采掘进度，协调采掘关系，对矿井生产进行组织和管理。

②了解本煤层及邻近煤层地质资料，进行采区或采煤工作面设计。

③根据现有揭露的煤层地质资料，补充和修改地质图件，进行"三量"计算。

④根据现有采煤工作面生产能力及掘进工作面掘进速度，安排矿井年度采、掘计划。

⑤绘制其他矿图，如生产系统图等。

4.采掘工程平面图的常用比例尺

采掘工程平面图常用比例尺有 1∶1 000 和 1∶2 000。

## （二）采掘工程平面图的识读方法及要点

为了从地下开采煤炭，需从地面向地下煤层开掘一系列的井巷，这些井巷按其用途可分为开拓巷道、准备巷道和回采巷道；按其空间形态可分为水平巷道、倾斜巷道和竖直巷道；按其在煤岩层的位置可分为煤层巷道、岩层巷道和煤岩层巷道。这些井巷有些是相交的，有些是交错的，有些又是平行的。这些不同形式的巷道，分布在井下不同的空间位置上，就形成了一个纵横交错的巷道网。

识读采掘工程平面图，应具备辨识巷道在空间位置及其相互关系的基本知识。

在采掘工程平面图上，煤层的产状一般是用煤层底板等高线来表示的。因此辨别各类巷道在空间的位置，应注意巷道底板标高与煤层底板标高的关系。

1.竖直巷道、倾斜巷道与水平巷道的识别

①立井、暗立井等属于竖直巷道。

在平面图上，钻孔和立井的符号相似，容易混淆，看图时要注意它们的区别。通常来讲，在采掘工程平面图上，立井和井下巷道是联系在一起的，而钻孔是孤立的。

②斜井、暗斜井和上（下）山等巷道属于倾斜巷道，其特点是倾斜角度较大。斜井在采掘工程平面图上，以专用符号来表示；其他巷道是否为倾斜巷道，主要视其名称和底板标高而定。

③平硐、石门、运输大巷、回风平巷等属于水平巷道。所谓水平巷道，并不是绝对水平的，为了运输和排水的需要，需有一定的坡度，一般为 3% ~ 5%。平硐在采掘工程平面图上，亦有专用符号表示；其巷道是否为水平巷道，也主要视其名称和底板标高而定。

2.巷道相交、相错或重叠的识别

井下各种巷道在空间上的相互位置关系有三种情况：相交、相错或重叠，反映在平面图上主要有以下特点：

①相交巷道是指两条方向不同的巷道相交于一处。这时在采掘工程平面图上，两条巷道在交点处高程相等。

②相错巷道是指方向与高程均不同的巷道，在空间相错。这时在采掘工程平面图上，两条巷道相交，但交点处高程不等。

在平面图上，有时两巷相平行，此时要注意，若两条巷道倾向不同，或两条巷道倾向虽然一样，但倾角不等，则两条巷道也是相错的。

③重叠巷道是指两条标高不同的巷道位于一个竖直面内。这时在采掘工程平面图上，两条巷道重叠在一起，但标高相差较大。

3. 煤巷和岩巷的识别

①巷道断面中，煤层占到4/5及以上的巷道称为煤巷。这类巷道在采区中较多，如上（下）山、区段平巷、开切眼等。有时运输大巷、总回风巷也在煤层中开掘；巷道断面中，岩层占到4/5及以上的巷道称为岩巷。这类巷道多为矿井的开拓巷道，如立井、斜井、平硐、主要石门、井底车场、主要运输大巷等。一些为厚煤层服务的上（下）山或区段集中平巷，有时也为岩巷。巷道断面中，岩层占到1/5～4/5的，称为半煤岩巷。这类巷道多为薄煤层或较薄的中厚煤层开采时，采区上（下）山巷道、区段平巷在煤层中开掘断面高度不够时，视情况进行挑顶或卧底而掘成的巷道。

②在采掘工程平面图上，可根据巷道名称来辨别是煤巷还是岩巷。如煤层上山、工作面运输巷、开切眼等属于煤巷，主井、石门、井底车场、采区下部绕装车站等属于岩巷。有时可通过图例来识别煤、岩巷。但在多数情况下，还是根据巷道标高和煤层底板标高来识别，有时还需考虑巷道高度和煤层的厚度。在同一点上，巷道标高和煤层底板标高大致相同，则说明巷道是在煤层中开掘的，是条煤巷。煤层厚度大于巷道高度为煤巷，煤层厚度小于巷道高度为煤岩巷。综上所述，在采掘工程平面图上，识别各类巷道的位置和状态，主要是从巷道内标高变化情况，不同巷道标高的相互关系，以及巷道标高与煤层底板标高的关系着手来分析。

### （三）采掘工程平面图的识读步骤及要点

识读采掘工程平面图，要求搞清两个方面的问题，一是煤层产状要素和主要地质构造情况；二是井下各种巷道的空间位置。前者可以从煤层底板等高线及有关地质符号来分析，后者则可以从巷道标高来分析。

识读采掘工程平面图，应具有矿井巷道布置和开采方法等方面的基本知识。此外，在读图前可以通过其他资料，对煤层产状、井田范围、地质构造、巷道布置及开采方法等情况有个大致的了解，这对进一步看清采掘工程平面图是有帮助的。其主要内容及其识读顺序如下：

①看清图名、坐标、方位、比例尺及编制时间。从坐标、方位可了解采掘工程平面图所处的地理位置，看编制时间（或填图时间）可知该图反映何时的采掘情况。

②了解采区或采煤工作面的范围、边界以及四邻关系。

③搞清煤层产状及主要地质构造。根据煤层底板等高线及有关地质符号，搞清全井田、

采区或采煤工作面的煤层大致产状以及主要地质构造等。

④识读全矿井巷道布置及采掘情况。首先找出井口位置，再按井口到井底车场，经主要石门、主要水平运输大巷到采区的顺序，对全矿各主要巷道的空间位置及相互联系建立一个整体和系统概念。再分采区了解每个采区的采准巷道布置、通风系统、运输系统、采煤方法、采煤工作面和掘进工作面的位置、采煤工作面月进度、采区内煤层产状和地质构造等。

⑤掌握采掘情况。首先分区域搞清采煤工作面和掘进工作面的位置、月进度以及工作面的煤岩层特征和地质构造，然后了解现有采煤工作面和掘进工作面的数目和配置情况。

⑥平面图和剖面图结合起来识读。在采掘工程平面图上，有些矿井的巷道较为复杂，纵横交错、上下重叠，又未注明标高数值，不易看清各巷道的位置关系。这时，可以将平面图与有关剖面图对照识读，在平面图上先找出剖面线位置。然后对照相应的剖面图进行识读，这样就容易搞清巷道的空间位置关系了。

### （四）采掘工程平面图的绘制方法

1. 采掘工程平面图绘制的依据

在绘制采掘工程平面图时，应依据以下两个方面的资料进行：

①采掘工程设计图。采掘工程设计图是按照设计所绘制的图件，在施工过程中一般不允许做较大改动，其中的地质资料和设计的技术方案是绘制采掘工程管理图的依据。

②生产过程中实际测绘的地质资料和采掘情况。采掘工程平面图是反映生产过程的动态图，应以实测为准。因此，在生产过程中揭露的地质情况以及测绘的采掘工程进尺，是绘制采掘工程管理图的基础资料。它主要包括新探明的地质构造，采掘工作面的位置，逐月的实际进度，采空区、发火区、积水区的范围以及采掘工程各种因素的变化情况等。

2. 采掘工程平面图的绘制方法

采掘工程平面图绘制的方法和步骤如下：

①绘出井筒。在煤层底板等高线图上，绘制出实测的井筒位置及方位。

②绘出运输大巷、总回风巷、井底车场及硐室。从井筒起依次将实测的运输大巷、总回风巷、井底车场及硐室绘出，根据巷道类别采用相应的图形符号绘制，并标注测点编号及巷道底板标高。根据井田开拓方式图和采区巷道布置图，绘出与本采区有关的主要运输大巷和总回风巷，以确定大巷在本采区或邻近本采区的具体位置，距采区边界及煤层顶（底）板的法线距离、水平距离、大巷底板标高等。

③绘出采区内的各种巷道、硐室及采空区。根据所测定的采区巷道参数（位置、长度、方位），绘制出采区上（下）山及区段巷道，标明各段巷道的底板标高，再结合采区各单项工程的施工方案，绘出采区上（下）山与运输大巷及总回风巷、区段巷道与采区上（下）山之间的各种联络巷道，其中包括采区石门、下部车场、中部车场、上部车场、采区煤仓、采区变电所、采区绞车房、行人通风联络巷等。明确这些巷道、硐室的形态、位置及尺寸，

并需特别注意巷道之间的空间位置关系，标明各段巷道、巷道交叉点、变坡点等特征点标高，绘制出采空区的范围及开采时间。

④标注通风构筑物、风流系统及运输系统。按统一规定符号，绘出风门、风桥、调节风窗、密闭等通风构筑物及局部通风机的位置，新鲜风流和污浊风流的路线，绘出煤炭、材料设备及矿石的运输路线。

⑤标注井巷名称及有关参数。标注井巷的名称及主要参数，开拓井巷的主要参数，如井筒井口坐标、标高、井筒方位角、倾角、长度（深度）、大巷长度、方位及坡度等；采区主要参数，如采区走向、倾斜长度、采煤工作面长度、停采线位置、采区边界煤柱宽度、区段煤柱宽度、采区上（下）山之间及两侧煤柱宽度、相邻采区的名称等。标明采区内现有采煤工作面的名称、位置，掘进工作面的名称、位置，注明生产队组名称、月进度、采掘时间等。

综上所述，一幅完整的采掘工程平面图包含内容较多，在绘制时，每一方面、每一细节均应考虑周全，并力求准确，否则将给矿井生产和管理带来不良后果，甚至造成严重损失。

### （五）采掘工程平面图的应用

采掘工程平面图是了解地质和采掘情况，分析与解决煤矿生产问题的重要工具，其主要用途有如下几方面：

①了解与分析采掘工程情况，合理解决生产中的问题。从采掘工程平面图上可以了解全矿井或某个采区的生产现状，指导组织协调矿井安全生产工作，及时解决生产中遇到的问题。

②了解地质构造情况，进行采掘工作的地质预报。根据采掘工程平面图，可以了解井田、采区和采煤工作面内的地质构造情况，对采掘工作面前方的地质构造进行预测预报，以便及时采取相应的安全技术措施，保证采掘工作的正常进行。

③利用采掘工程平面图，确定诸多参数。在矿井生产过程中，经常利用采掘平面图进行一些工程量计算，如确定某一点的位置，巷道的方位、长度、坡度，某一点的平面坐标及高程，井田某范围的煤层产状、采出煤量、开采损失量、矿井"三量"等。

④利用采掘工程平面图绘制其他矿图。采掘工程平面图是根据实测资料绘制的，所以在采掘工程平面图上根据实测煤层底板标高所绘制的煤层底板等高线图，能较真实地反映煤层情况，可依此图来修改用钻孔资料所绘制的煤层底板等高线图。另外，还可以据采掘工程平面图绘制煤层垂直剖面图，此剖面图对修改本煤层深部和邻近的剖面图有一定的参考价值。

## 三、水平切面图

水平切面图是沿矿井某一开采水平，在水平方向的切面图。它反映了该标高水平面上的各种地质情况和井巷工程的分布，是倾斜、急倾斜多煤层矿井必备的重要图件。

## （一）比例尺和内容

水平切面图的比例尺一般为 1：5 000 或 1：2 000。主要内容包括以下几项：

①地理坐标方格网、指北线、地质剖面线和井田边界线。

②位于该水平的井底车场、运输大巷、石门和煤巷等所有的井巷工程，以及穿过该水平的全部钻孔。

③该水平切过的所有煤层、主要标志层、含水层、地层分界线和岩浆侵入体等的位置，以及煤层厚度和产状、断层位置和产状等。

## （二）水平切面图的识读与用途

水平切面图的识读，包括井巷工程和地质内容两部分。各种巷道的识读，参见《矿山测量学》有关内容。地质内容的读图方法基本与地形地质图相同，只是各种地质界线不受地形切割影响。因此依据相关的图例符号，以及地层、煤层、标志层的展布特点和产状，便能够识别出各种地质构造。

通过水平切面图，可以了解某一开采水平的地质构造、煤层分布状况及其变化规律。它是进行某一水平开拓部署、巷道设计的主要依据和底图。此外，该图还用于编制煤层底板等高线图和地质剖面图。

## （三）水平切面图的编制方法

1. 根据井巷实测资料编制水平切面图

该方法是依据某一开采水平巷道所揭露的地质资料，编制水平切面图。

①准备底图。通常利用由煤矿测量部门提供的同比例尺的分水平巷道图作为底图，并绘出通过该水平的全部钻孔。

②填绘地质资料。把各井巷揭露的全部地质资料，按坐标与测点的相互关系，填绘在底图上。一般是绘巷顶的地质情况，即各种地质界线与巷顶的交线。要逐点、逐巷道地填绘出煤层的位置、编号、产状和厚度；主要标志层、含水层的位置、名称、产状；断层的位置名称、产状、性质、落差；褶曲轴的位置、方向和两翼岩层的产状；地层分界线、岩浆侵入体界线及其他地质现象。要注意的是，钻孔只填绘出该水平切面交点的地质情况（如地层层位等）。

③分析、对比、连接地质界线。在填绘好各项实际地质资料的底图上，经过对比煤层、分析地质构造后，按照实测产状，将各巷道中的同一断层点及属于同一层位的其他地质界线用圆滑线相连接。首先连接断层点，若断层只一个实测点时，则按其走向向两侧适当延展，断层两盘的错动方向和错动距离，应按实测资料处理。然后，再连接断层同一盘的同一煤层、标志层、含水层、地质分界线、褶曲轴线及岩浆侵入体界线等的实测点，即绘制出水平切面图的雏形。

2. 根据地质剖面图编制水平切面图

此种方法多用于巷道较少，且资料不多的水平设计。具体编图步骤如下：

①绘制地理坐标方格网，并标注各经、纬线的坐标值，绘出各地质剖面线，并注明其编号。

②在各剖面图上，绘出切面图的水平高程线。

③以剖面图上的经线或纬线与该水平高程线的交点为基准点。按照与基准点的水平距离，将剖面图上该水平高程线与各煤层、标志层、断层等的交点，投绘到水平切面图的相应剖面线上。

④在水平切面图上，先把各剖面线上的同一断层点依次相连，绘出断层，然后再将不同切面线上的断层同一盘的相同层位的煤层点、标志层点和地层分界线点等用圆滑线相连，即编绘出水平切面图的雏形。注意连线时，应充分考虑实测的产状资料。

3. 根据煤层底板等高线图编制水平切面图

煤层底板等高线图是煤层底界面与不同标高水平面交面线（即煤层底板等高线）的水平投影图。根据此图编制水平切面图的步骤如下：

①在切面图上绘制地理坐标方格网。

②在每一煤层底板等高线图上，绘出与预作切面图同标高的等高线。

③按照经纬线方格网的控制，将各个煤层底板等高线图上与切面图同标高的等高线转绘到切面图上，即绘得水平切面图上的各煤层。

④按照经纬线方格网的控制，把每一煤层底板等高线图上和切面图同标高的等高线与各断煤交线的交点，转绘到切面图上，并将属于同一断层的各点相连，即绘得水平切面图上的断层迹线。

上述三种编制水平切面图的方法，各有其局限性，因此常采用综合编图方法。在有巷道实测资料的地段，应充分利用这些资料，在缺少巷道的地方，可根据地质剖面图来编制。利用煤层底板等高线图编绘水平切面图，虽方法简便，但标志层、含水层、地层分界线等，还需根据剖面图来补充填绘。如果将三种方法综合利用，就能够相互补充和验证，使图件更加正确、合理。

## 第六节　煤炭资源/储量计算与管理

煤炭储量是指赋存在地下具有工业价值的、可供开采利用的煤炭数量。它不仅表示了煤炭埋藏在地下的数量和质量，还反映出对煤层赋存各项地质条件及开采技术条件的勘探查明程度。矿井储量的数量、类别、分布及其变化等资料，是进行矿井设计、矿井建设、制订生产计划和远景规划以及安排生产接替的重要技术依据，同时也是改进采煤方法、合理利用煤炭资源的主要技术依据。因此，正确地计算煤炭储量是地质工作的一项重要内容，真实地统计矿井储量和做好矿井储量管理是矿井管理工作中的重要环节。

煤炭资源地质勘探为矿井的设计、建设提供了储量资料。在矿井建设和生产过程中，随着煤层的不断开采以及由于巷道掘进和矿井生产勘探对新地质情况的发现，必然会引起储量变动。为了及时地掌握矿井储量变化，检查资源的合理开发程度和准确地提供设计生产部门所需的储量数据，除了每次矿井生产勘探结束后或编制、修改矿井地质报告时必须进行一次全面的储量重算工作外，每年年底还要根据当年生产建设及生产勘探所获得的地质资料，进行一次年末储量核实和部分重算工作。此外，每年、季、月还要根据生产资料，测算填报矿井的"三量"，用于反映采掘工程的效果、生产准备情况及采掘关系，保证生产的正常接续。

## 一、煤炭资源／储量分类与计算方法

### （一）煤炭资源／储量的现行分类依据

为使煤炭资源勘查符合当前我国社会、经济发展的要求并与《固体矿产资源／储量分类》（GB/T 17766—1999）相一致，在总结煤炭资源／储量勘查经验教训基础上，2002年12月17日我国国土资源部发布了新的煤炭资源／储量行业标准《煤、泥炭地质勘查规范》（DZ/T 0215—2002）。该标准从2003年3月1日开始实施。

### （二）煤炭资源／储量类型及其编码

现行的煤炭资源／储量分类采用了三轴分类编码法，即综合考虑了经济意义（E）、可行性研究阶段（F）和地质可靠程度（G）。编码采用EFG顺序，将矿产资源分为三大类十六小类。

1. 储量

储量是指基础储量的经济可采部分，是扣除了设计、采矿损失的可实际开采的数量。把经过可行性研究的探明的部分称为可采储量，把经过预可行性研究是探明的或控制的部分称为预可采储量。储量分以下三种类型：

（1）可采储量（111）

探明的经济基础储量的可采部分。勘查工作已达到勘探阶段向工作程度要求，并进行了可行性研究，证实其在计算当时开采是经济的，计算的可采储量及可行性评价结果可信度高。

（2）预可采储量（121）

同（111）的差别在于本类型只进行了预可行性研究，估算的可采储量可信度高，可行性评价结果的可信度一般。

（3）预可采储量（122）

勘查工作程度已达详查阶段的工作程度要求，预可行性研究结果表明开采是经济的，估算的可采储量可信度较高，可行性评价结果的可信度一般。

## 2. 基础储量

基础储量是查明矿产资源的一部分。它满足现行采矿和生产所需的指标要求，是控制的和探明的矿产资源通过可行性研究和预可行性研究认为属于经济的或边际经济的部分，其数量未扣除设计和采矿损失量。基础储量分6种类型：

（1）探明的（可研）经济基础储量（111b）

同（111）的差别在于本类型是用未扣除设计、采矿损失的数量表述。

（2）探明的（预可研）经济基础储量（121b）

同（121）的差别在于本类型是用未扣除设计、采矿损失的数量表述。

（3）控制的经济基础储量（122b）

同（122）的差别在于本类型是用未扣除设计、采矿损失的数量表述。

（4）探明的（可研）边际经济基础储量（2M11）

勘查工作程度已达到勘探阶段的工作程度要求。可行性研究表明，已确定当时开采是不经济的，但接近盈亏边界，只有当技术、经济条件改善后才可变成经济的。估算的基础储量和可行性评价结果的可信度高。

（5）探明的（预可研）边际经济基础储量（2M21）

同（2M11）的差别在于本类型只进行了预可行性研究，估算的基础储量可信度高，可行性评价结果的可信度一般。

（6）控制的边际经济基础储量（2M22）

勘查工作程度达到了详查阶段的工作程度要求，预可行性研究结果表明，已确定当时开采是不经济的，但接近盈亏边界，待将来技术经济条件改善后可变成经济的。估算的基础储量可信度较高，可行性评价结果的可信度一般。

## 3. 资源量

资源量是查明矿产资源的一部分和潜在矿产资源。包括经过可行性研究或预可行性研究证实为次边际经济的矿产资源和经过勘查而未进行可行性研究或预可行性研究的内蕴经济的矿产资源，也包括经预查后预测的矿产资源。资源量分7种类型：

（1）探明的（可研）次边际经济资源量（2S11）

勘查工作程度已达到勘探阶段的工作程度要求。可行性研究表明，在确定当时开采是不经济的，必须大幅度提高矿产品价或大幅度降低成本后，才能变成经济的。估算的资源量和可行性评价结果的可信度高。

（2）探明的（预可研）次边际经济资源量（2S21）

同（2S11）的差别在于本类型进行了预可行性研究。资源量估算可信度高，可行性评价结果的可信度一般。

（3）控制的次边际经济资源量（2S22）

勘查工作程度达到了详查阶段的工作要求，可行性研究表明，在确定当时开采是不经济的，需大幅度提高矿产品价格或大幅度降低成本后，才能变成经济的。估算的资源量可信度较高，可行性评价结果的可信度一般。

（4）探明的内蕴经济资源量（331）

勘查工作程度已达到勘探阶段的工作程度要求。未做可行性研究或预可行性研究，仅作了概略研究，经济意义介于经济的至次边际经济范围内。估算的资源量可信度高，可行性评价可信度低。

（5）控制的内蕴经济资源量（332）

勘查工作程度达到了详查阶段的工作程度要求。未作可行性研究或预可行性研究，仅作了概略研究，经济意义介于经济的至次边际经济的范围内。估算的资源量可信度较高，可行性评价可信度低。

（6）推断的内蕴经济资源量（333）

勘查工作程度达到了普查阶段的工作程度要求。未作可行性研究或预可行性研究，仅作了概略研究，经济意义介于经济的至次边际经济的范围内。估算的资源量可信度低，可行性评价可信度低。

（7）预测的资源量（334）

勘查工作程度达到可预查阶段的工作程度要求。在相应勘查工程控制范围内，对煤层层位、煤层厚度、煤类、煤质、煤层产状、构造等均有所了解后，所估算的资源量。

预测的资源量属于潜在煤炭资源，有无经济意义尚不确定。

## 二、煤炭资源/储量计算

### （一）煤炭资源量估算指标

煤炭资源贫缺地区的资源量计（估）算指标，由所在省、自治区、直辖市煤炭工业主管部门规定，但这部分资源量在有关统计表中应单列，并加以说明。储量、基础储量计（估）算指标依可行性研究或预可行性研究结果确定。

### （二）划分各类型资源/储量计算块段的基本要求

①在根据分类条件圈定各类型资源/储量计算块段前，应尽量搜集一切可能利用的由物探、钻探、巷探、地质调查等手段获得的资料，包括勘查工程和采掘巷道全部见煤点的厚度资料，分煤层各个块段的面积、倾角、采用厚度和视密度等基础参数。充分理解设计和生产对资源/储量计算的要求，认真审查各种工程的质量（包括内业计算、文字资料和图纸）是否符合规定的标准，工程质量低劣达不到规定标准的钻探工程，不能作为圈定各类型资源/储量的依据。

②圈定探明的储量或基础储量的钻孔见煤点的综合质量，一般应符合煤田勘查钻孔质量标准甲级孔的规定。使用物探成果时，一定要有足够数量的工程验证。圈定其他各类型资源/储量的钻孔见煤点综合质量，乙级以上钻孔即可。丙级孔不能作为圈定资源/储量的依据。在生产井巷下部，虽两钻孔的间距超过勘查线距要求，但实见煤层及构造均无变

化时，可将下阶段划归探明的储量或基础储量。

③划分各类型块段，应考虑矿井的地质构造、煤层厚度、产状等自然因素，尽量利用达到相应控制程度的勘查线、煤柱和采区边界线、巷道以及煤层底板等高线等。以工程点连线作为块段边界线，使资源/储量块段形状简单，计算方便。相应的控制程度是指在相应密度的勘查工程（或巷道）见煤点连线以内和在连线之外以本种基本线距的 1/4～1/2 的距离所推定的全部范围。

④跨越断层划定探明的和控制的块段时，均应在断层的两侧各划出 30～50 m 的范围作为推断的块段。断层密集时，不允许跨越断层划定探明的或控制的块段。

⑤小构造或陷落柱发育的地段，不应划定探明的或控制的块段。探明的或控制的块段不得直接以推定的老窑采空区边界、风化带边界或插入划定的煤层可采边界为边界。

⑥露天矿各类型块段的划分，不受初期采区内平行等距剖面加密的影响。

⑦如果存在下列情况，对原地质报告中圈定的各类型资源/储量应按规定的标准降级：在建井地点，经生产证实，发现地质条件与原地质报告有较大出入；地质构造复杂和极复杂类型的矿区，地质勘查部门提出的虽是勘探地质报告，但生产过程中发现有重大出入，需重新评价原确定的勘查类型；跨越落差大于 50 m 的单个断层的资源/储量块段，在断层两侧 30～50 m 范围内探明的和控制的块段，应分别降为推断的块段；对于设计和生产实际意义不大的、小而孤立的块段，即使勘查程度较高，也不应单独圈为探明的和控制的块段。资源/储量类型的降级计算，必须在修改地质报告和全面核实资源/储量时进行。

### （三）资源/储量计算的一般要求

①矿井资源/储量计算范围应与批准的井田边界相一致。

②煤类或煤的工业用途不同时，应圈出煤种分界线，分别计算；灰分、硫分变化大时，应绘出灰分、硫分等值线图，确定最高可采灰分、硫分边界，按灰分、硫分含量级别分别计算；沿煤层露头应圈出风化带范围，一般不计算风化带储量，但当风化带煤中总腐殖酸含量大于 20% 时，应计（估）算其资源/储量；对炼焦用煤，还应圈出氧化带，并单独计算其资源/储量；当见煤点的煤层厚度和灰分、硫分等不符合矿井资源/储量计算指标要求时，在煤层稳定和较稳定并具有渐变规律的情况下，可采用插入法求出可采边界。

③对于特殊地质条件，如构造复杂、煤层不稳定，或有古河床冲刷、老窑或陷落柱、岩浆侵入和烧变区等影响时，应根据具体情况综合考虑，合理圈出可采边界。对煤层厚度的特厚点、变薄点或不可采点，均应分析其原因，根据具体情况作适当处理。

④资源/储量的计（估）算方法和各项参数，都应根据具体情况合理确定。应尽可能推广和使用国内外先进的科学技术，全方位地实现计算的微机化处理。资源/储量计（估）算的结果以万吨为单位，不保留小数。

### （四）计算块段零边界及可采边界、面积的确定

按勘查工程划定符合煤层厚度、煤质工业指标要求的边界线，常用内插法或外推法，

例如确定煤层厚度为零的零边界线、最小可采厚度的可采边界线，以及最高灰分、硫分的可采边界线等。因工程质量不合要求，如打丢、打薄煤层，综合评价不能利用的工程点，不参与可采边界的圈定。

对未见煤钻孔，一般可有两种情况。其一是相应煤层层位为碳质泥岩，则将孔点处视做零点，与相邻钻孔间用内插法确定可采边界；其二是相应煤层层位为其他岩石，则将其与相邻钻孔连线的中点作为零点，再用内插法求出可采边界。

如果外边缘无勘查工程，应根据附近勘查工程查明的沉积规律和煤层形态外推确定资源/储量计算的边界。可用探明的基本线距的1/4～1/2的距离推定控制的资源/储量，用控制的基本线距的1/4～1/2的距离推定推断的资源/储量，但不得连续外推。或者依据勘查工程资料绘制煤层等厚线图，从等厚线分布形态推测零边界线或可采厚度等值线。

块段的面积是资源/储量计算的重要参数之一。由于计算机的普遍使用，因此测定资源/储量块段平面面积主要采用计算机法。

### （五）煤层厚度的确定方法

煤层厚度是资源/储量计算的一个重要参数。

**1. 根据煤层稳定程度和测点分布情况**

煤层稳定、计算块段范围内测点分布均匀时，可采用各测点观测值的算术平均值作为块段煤层的采用厚度；煤层厚度变化大或测点分布不均匀时，可用测点所能控制的距离（或面积）作为权，求厚度的加权平均值作为块段煤层的采用厚度。

**2. 根据煤层夹矸厚度**

根据煤层夹矸厚度有以下几种情况：

①煤层中单层厚度小于0.05 m的夹矸，可与煤分层合并计算采用厚度，但并入夹矸以后全层的灰分（或发热量）、硫分应符合计算指标的规定。

②煤层中夹矸厚度等于或大于煤层最低可采厚度时，煤分层应分别视为独立煤层，分别计算（或不计算）资源储量；夹矸厚度小于煤层的最低可采厚度，且煤分层厚度均等于或大于夹矸厚度时，可将上下煤分层厚度相加，作为采用厚度。

③结构复杂煤层和无法进行煤分层对比的复煤层，当夹矸的总厚度不大于煤分层总厚度的1/2时，以各煤分层的总厚度作为煤层的采用厚度；当夹矸的总厚度大于煤分层总厚度的1/2时，则按照前述①、②处理。

### （六）矿井资源/储量计算方法

常用的矿井资源/储量计算方法主要有：算术平均法、地质块段法、等高线法、剖面法、多边形法等，计算方法选择的合理性对矿井资源/储量计算的精度有重要影响。

**1. 算术平均法**

在边界范围内，把计算块段当作简单几何体，即块段的面积是规则的几何形状，高度就是边界内所有见煤点的平均厚度。

$$Q = Sm\rho$$

式中 Q——计算块段的资源/储量，t；

S——块段的面积；

m——见煤点煤层的平均厚度，m；

$\rho$——煤的视密度，t/m³。

当计算边界是煤层自然边界时，应分别计算勘查工程边界线以内的和勘查工程边界至零或可采边界线的资源/储量，而后求和。

此法计算简单，当勘查工程分布均匀、煤层稳定时，有较高的计算精度。

2. 地质块段法

根据地质可靠程度、资源储量类型、煤层产状及煤质分布、设计要求、井巷工程及勘查资料等因素，把井田划分成若干个块段。测定各块段的面积，按块段的平均煤厚、平均倾角、平均视密度计算各块段的资源储量，然后求和。

当块段内煤层产状、厚度、煤质比较稳定时，此法才能达到较高的精度。由于用此法计算的资源储量是按地质可靠程度及开采技术要求划分的，所以便于生产部门利用。

3. 等高线法

在煤层底板等高线图上计算资源/储量时，采用等高线法，即以相邻等高线划分计算单元。然后用煤层采用厚度及视密度即可计算相邻等高线之间煤层的资源/储量。此法适用于煤层厚度较稳定、产状有变化时资源/储量的计算。

4. 剖面法

将煤层以各种剖面划分成计算单元，可分为平行竖直剖面法、不平行竖直剖面法和水平剖面法。

（1）平行竖直剖面法

用相互平行的竖直剖面将煤层分割成若干块段，相邻剖面之间的块段为计算单元，将两端煤层断面积的平均值乘以断面之间的水平距离即得该单元煤层的体积，再用视密度平均值计算煤的资源/储量。

（2）不平行竖直剖面法

（3）水平剖面法

用不同标高的水平面将煤层截割为若干水平块段，用上述的方法计算各水平块段的资源储量，然后求和。剖面法适用于厚煤层资源储量的计算，特别是利用勘查剖面的资料计算时较为方便。

### （4）多边形法（或称最近地区法）

将各钻孔或巷道见煤点连线，自各连线的中点作垂线，使它们相交而构成各见煤点周围的多边形。

测定多边形面积，并采用相应见煤点获得的煤厚、视密度资料，即可计算多边形所包围的资源／储量，然后将各多边形的资源／储量相加。此法适用于根据钻孔或巷道见煤点资料计算资源／储量。

## 三、矿井资源／储量管理的措施和方法

### （一）做好资源／储量管理基础工作

矿井资源／储量管理人员不仅要熟悉煤矿设计和生产知识，做好井下调查和研究工作，还必须做好下列各项基础工作。

①编绘储量管理图件。包括工作面损失量计算图、分煤层储量计算图。

②建立储量管理台账。包括建立永久煤柱台账、地质及水文地质煤柱台账、"三下"压煤量台账、采区煤柱台账、储量注销和报损台账。

③编制储量管理报表。包括编制工作面储量、损失量月报表，采区储量、损失量季报表，矿井储量、损失量年报表，矿井储量动态年报表。前三种报表主要反映一定时期内，工作面、采区和矿井的动用储量、采出煤量、各种损失量和损失率的实际状况，是各级煤炭主管部门了解生产和管理情况。分析损失原因，制定降低损失率措施的主要依据，因此要真实可靠。后一种报表主要反映一年内矿井储量的变动情况和原因，是国家计划机关和各级煤炭主管部门掌握煤炭储量情况，制订煤矿生产建设计划的基本资料。

### （二）加强储量管理的措施

①严格执行采出率指标。采出率是考核煤矿企业资源利用、开采技术和管理水平的一项主要经济技术指标，必须认真执行和严格考核。应定期组织有关部门对资源／储量动态，损失煤量及采出率指标进行全面核查，分析原因，找出问题，不断改进。由于地质条件变化，需要修改原设计采出率指标时，应报上级审查批准。

②合理选择采煤方法，充分考虑地质条件，正确选择采煤方法，是提高采出率的重要技术环节。统计资料表明，开采同一中厚煤层，用长壁式采煤法，采区采出率为77%～85%；用刀柱式采煤法，采区采出率为64%～75%；用房柱式采煤法，采区采出率为40%～45%。开采同一厚煤层，用人工假顶分层开采，采区采出率为75%～85%；用留护顶煤开采，采区采出率为50%～60%。由此可见，采煤方法不同，采出率相差甚大。因此，要想提高采出率，除因地质条件特别复杂，经生产实践证实不能按正规采煤方法开采外，一律禁止采用非正规采煤方法开采。

③改进开拓方式和巷道布置。各种煤柱是煤炭损失的重要组成部分，改进开拓方式，集中布置采区巷道，改革开采技术，是减少煤柱损失、提高采出率的主要措施。

④建立健全责任制度。《生产矿井储量管理规程》中指出，贯彻矿产资源法和煤炭工业技术政策，合理开采煤炭资源，减少储量损失，保证各项损失指标达到计划要求，矿业集团公司或煤业公司总工程师负有全面责任，矿长和矿总工程师负有直接责任。设计部门对设计的先进性与合理性，生产部门对开拓、掘进和回采的正确性，地测部门对地质资料

及资源情况的可靠性，采掘区队对执行作业规程的严肃性，均负有各自的责任。当由于不正确开采造成丢煤时，应及时组织力量进行调查，查明原因，分清是非，明确责任，追查处理，依法治理。

⑤切实加强业务监督。地质测量部门应配备专职储量管理人员，按储量管理的基本任务和内容开展工作。储量管理人员应深入到设计、开拓、掘进、回采各个环节，以便掌握情况，进行业务监督。在设计阶段，对设计意图、巷道布置、采煤方法、煤柱留设、煤层配采、损失率指标等进行详细了解，对违反技术政策和规定的设计，应提出改进意见。在开拓阶段，应深入现场，了解煤柱尺寸，掌握薄煤层及构造复杂区的掘进施工等情况，发现不符合设计规定的，应及时向上级和有关部门反映。在回采阶段，应按采煤作业规程，对分层厚度、采高、煤柱回收、丢顶、底煤厚度等经常进行调查和丈量。发现不符合规程要求或即将丢煤的情况，应及时提出，并填写《预防丢煤通知书》，报告有关领导和部门。采掘工作面结束前，应参加现场检查验收，决定停采和搬迁问题。地测部门应严格执行储量的转入、转出、注销、报损、地质及水文地质损失的审批制度。凡未经批准就弃之不采或进行破坏性开采的，应在认真了解情况后，及时提出意见，并向上级部门反映。

## 四、矿井"三量"管理

矿井"三量"是矿井开拓煤量、准备煤量和回采煤量的总称，简称"三量"。矿井的开采准备依次划分为水平开拓、采区准备、回采工作面切割三个阶段。这三个阶段所掘凿的井巷工程相应的称为开拓巷道、准备巷道和回采巷道。一般地说，进入采区之前为井田开拓而开掘的基本巷道，称为开拓巷道；布置采区、开始切割回采工作面之前为准备采区而掘进的主要巷道，称为准备巷道；形成采煤工作面及为其服务的巷道，称为回采巷道。由此可见，回采和掘进存在着非常密切的联系。我国煤矿生产实践总结出的"以掘保采、以采促掘、采掘并举、掘进先行"的经验，科学地阐明了采掘之间的辩证关系。为了评定采掘平衡关系，防止采掘失调，保证煤炭生产持续稳定发展，按照储量的开采准备程度，将三类巷道圈定的可采储量称为开拓煤量、准备煤量和回采煤量，并用"三量"来总体反映采掘工程效果，生产准备情况和采掘平衡关系，它是矿井生产的一项主要经济技术指标。因此，"三量"管理是煤矿生产技术管理的重要环节。

### （一）"三量"的划分范围和计算方法

由于各矿的开拓方式和采煤方法存在差异，"三量"的划分方法也略有不同。"三量"的划分，既要按照统一的划分原则，又要结合各矿的具体情况。

1. 开拓煤量

开拓煤量是指通向采区的全部开拓巷道均已掘完，并可开始掘进采区准备巷道时所构成的可采煤量。具体地说，它是指在矿井工业储量范围内已完成设计规定的主井、副井、井底车场、主要石门、集中运输大巷、集中下山、主要溜煤眼和必要的总回风巷等开拓巷道后，由这类巷道所圈定的可采储量。

它的范围沿煤层倾斜方向由已掘凿的运输大巷或集中运输大巷所在的开拓水平起，向上至总回风巷或者采区边界或风、氧化带下界为止，沿煤层走向到矿井两翼最后一个掘成上山（或石门，或下山）的采区边界。

2. 准备煤量

准备煤量是指在开拓煤量范围内，采区准备巷道均已掘完，并可开始掘进回采巷道时所构成的可采储量。具体地说，它是指按设计完成了采区布置所必需的采区运输巷、采区回风巷及采区上山等准备巷道后，由该类巷道所圈定的可采储量。

3. 回采煤量

回采煤量是指在准备煤量范围内，开采前必需掘好的巷道全部完成时所构成的可采储量。具体地说，它是指按设计完成了工作面回采前所必需的工作面运输巷、回风巷、开切眼等回采巷道后，由这类巷道圈定的可采储量。此时，工作面安装设备之后，即可正式回采。

### (二)"三量"的可采期

"三量"可采期是指开拓煤量、准备煤量和回采煤量可供开采的期限。它是衡量采掘平衡关系的一个重要经济技术指标。开拓煤量可采3～5年以上，准备煤量可采1年以上；回采煤量可采4～6个月以上。

### (三)"三量"的统计与分析

为了及时掌握"三量"动态变化，反映生产准备程度和采掘关系，各生产矿井应定期对"三量"及其可采期进行统计分析。具体包括以下分析内容：

1. "三量"的动态统计

对"三量"的动态进行统计时，需绘制和填报有关的图表和台账。

①填绘储量动态图。储量动态图是"三量"计算和动态分析的基础图件，它以采掘工程平面图和煤层底板等高线图为底图进行填绘，该图的主要内容有："三量"的划分、呆滞煤量、损失量、储量分级计算块段、煤核边界、采掘工程现状和计划安排等。

②填报"三量"动态报表。为了系统地对"三量"进行统计与分析研究，按规定应定期进行"三量"和可采期计算，填报"矿井（露天）期末三个煤量季（年）报表"。在计算"三量"时，对违反技术政策的采区和工作面，虽然按生产准备程度已构成某种煤量，但因这部分"三量"不能保证采掘接替，故不能参加全矿井"三量"合计和可采期计算，而作为表外"三量"处理。

2. "三量"的动态分析

在"三量"动态统计的基础上，分析"三量"的动态变化。分析主要包括以下四项内容：

①对"三量"划分范围是否合理，计算方法是否正确，进行检查和分析。

②对期末"三量"增减情况、分布状况及原因进行分析。

③对呆滞煤量的数量、呆滞的时间和呆滞煤量的分布进行分析。根据采掘工程的进展

及时解放呆滞煤量，使呆滞煤量转为动态煤量。

④对"三量"可采期进行分析。若实际"三量"可采期大于或等于本矿井的合理可采期，则采掘关系正常；若实际"三量"可采期小于本矿井的合理可采期，则应采取措施，使"三量"可采期达到规定的标准。

# 第二章　煤矿开采的基本概念

## 第一节　煤田开发的概念

### 一、煤田和矿区

1. 煤田

在地质历史发展过程中，由含碳物质沉积而形成并大致连续的含煤地带称为煤田。煤田的范围很大，面积可由数百平方米到数千万平方米，储量从数亿吨到数百亿吨。面积大储量丰富的称为"富量煤田"，储量小限于一个矿井开采的煤田称为"限量煤田"。

我国有很多较大的煤田，如大同煤田、陕西渭北煤田、平顶山煤田等。

2. 矿区

统一规划和开发煤田或其一部分形成的社会区域，称为矿区。根据国民经济发展需要，利用地质构造、自然条件或煤田的沉积不连续，或按勘探时期先后，可以将一个大煤田划归给几个矿区开发，较小的煤田也可以作为一个矿区来开发，也有一个大矿区开发几个小煤田的情况。

### 二、井田

煤田的范围很大，所以必须把煤田划分为井田。划给一个矿井（或露天）开采的那一部分煤田，称为井田。

矿井井田范围大小、矿井生产能力和服务年限的确定是矿区总体设计中必须解决好的关键问题之一。井田范围，是指井田沿煤层走向的长度和倾向的水平投影宽度。

在把煤田划分为井田时，应根据矿区总体设计任务书的要求，结合煤层的赋存条件、地质构造、开采技术条件，保证各井田都有合理的尺寸和边界，使煤田得到合理的开发利用。

根据我国目前开采技术条件，一般小型矿井的走向长度不小于 1 500 m；中型矿井不小于 4 000 m；大型矿井不小于 7 000 m。

## 三、矿井生产能力和井型

矿井生产能力，一般是指矿井的设计能力，以万 t/a（或 Mt/a）表示。有些矿井进行技术改造后，需要对矿井各生产系统的能力重新核定，核定后的综合生产能力，称为核定生产能力。矿井的年产量，是指每年实际生产出来的煤炭量，其数值常常不同于矿井生产能力，而每年的产量也基本不一。

根据矿井设计生产能力不同，我国把矿井分为大、中、小三种类型，称为井型。

我国原有的国有重点煤矿多为大、中型煤矿，地方煤矿多为中、小型煤矿。

矿井井型的大小直接关系到基建规模和投资的多少，影响到整个矿井生产时期的技术经济面貌，所以应正确确定井型的大小。

## 四、露天开采与地下开采的概念

从敞露的地表直接采出有用矿物的方法叫露天开采。当煤层厚度达到一定值，直接出露于地表，或其覆盖层较薄、剥采比合理，就可以考虑采用露天开采。

露天开采与地下开采在进入矿体的方式、生产组织、采掘运输工艺等方面截然不同，它需要先将覆盖在矿体之上的表土或岩石剥离掉。

露天开采具有机械化程度高、产量大、劳动效率高、成本低、工作比较安全等特点，但由于受气候条件影响较大，需采用大型设备和进行大量基建剥离，基建投资较大。只有覆盖层较薄、煤层厚度较大时采用。由于受资源条件限制，我国露天开采产量比重较小。

露天开采是采矿工业的发展方向之一。凡煤田浅部有露天开采条件的，应根据经济合理剥采比并适当考虑发展可能划定露天开采边界。剥采比，是指每采一吨煤需要剥离多少立方米的岩石量。最大经济合理剥采比，就是按该剥采比开采煤炭的成本不大于用地下井工方法开采煤炭的成本，它是确定露天煤矿开采境界的主要依据。

煤矿地下开采，也称为井工开采。它需要从地表向地下开掘一系列巷道进入煤层，建立完整的各生产系统，才能进行回采。由于是地下作业，工作空间受到限制，采掘工作地点不断移动和交替，并且受到地下水、火、瓦斯、煤尘及围岩塌落的威胁，因此地下开采要比露天开采复杂和困难。

# 第二节 矿山井巷名称和井田内划分

## 一、矿山井巷名称

在地下开采中，为了建立矿井提升、运输、通风、排水、动力供应等需要开掘的井巷和硐室统称为矿山井巷。按倾角分为三大类：直立巷道、水平巷道和倾斜巷道。

1. 直立巷道

巷道的长轴线与水平面垂直，如立井、暗井、溜井等。

立井是与地面直接相通的直立巷道，又称竖井。主要用于提升煤炭的叫做主井，主要用于提升矸石、下放材料、升降人员等辅助提升的叫作副井。另外，还有一些专门或主要用于通风、排水、充填等工作的立井，均按其主要任务来命名。

暗立井是与地面没有直接出口的直立巷道，又称为盲立井或盲竖井，其用途与立井相同。

溜井是与地面不直接相通，专门用于溜放煤炭的暗立井。在采区内，高度不大、直径小的叫作溜煤眼。

2. 水平巷道

巷道长轴线与水平面近似平行，如平硐、平巷、石门等。

平硐：与地面直接相通的水平巷道。作用类似立井，有主平硐、副平硐、排水平硐、通风平硐等。

平巷与大巷：与地面不直接相通的水平巷道，其长轴线与煤层走向大致平行。为开采水平服务的平巷通常称为大巷，如运输大巷、通风大巷。布置在煤层内的平巷称为煤层平巷；布置在岩石内的平巷称为岩石平巷。服务于工作面的煤层平巷，称为运输或轨道平巷（顺槽）。

石门与煤门：其长轴线与煤层走向垂直或斜交的水平巷道。位于岩石内的称为石门；位于煤层内的称为煤门。服务于开采水平的石门叫做主石门；服务于采区的石门叫作采区石门；服务于区段的石门叫作区段石门。

3. 倾斜巷道

巷道长轴线与水平面成一定夹角，如斜井、上下山、斜巷等。

斜井：与地面直接相通的倾斜巷道。作用与立井、平硐相同，分为主斜井、副斜井。与地面没有直接出口的斜井称为暗斜井（或斜溜井）。

上山与下山：服务于一个采（盘）区的倾斜巷道，称为采（盘）区上山或下山。位于水平运输大巷以上称为上山；反之称为下山。运输煤炭的称为运输上山或下山；作为辅助运输的称为轨道上山或下山。上山开采煤炭由上向下运输，是反向运输；下山开采煤炭由下向上运输，是正向运输。另外，还有专门用于通风、行人的上下山。

主要上下山：为一个开采水平服务的倾斜巷道。主要将其用于阶段内采用分段式划分的条件。也可分为主要运输上下山和主要轨道上下山。

硐室：与地面不直接相通，长、宽、高相差不大的地下巷道。如绞车房、变电所、煤仓等。

## 二、井田内划分

煤田划分为井田后，井田的范围仍然很大，其走向长度可达数千米甚至万余米，斜长可达数千米，还需将井田进一步划分为若干更小的部分，才能有计划地进行开采。

### （一）井田划分为阶段和水平

1. 阶段

在井田范围内，沿着煤层的倾斜方向，按一定标高把煤层划分为若干个平行于走向的长条部分，每个长条部分叫作阶段，每个阶段均有独立的生产系统。在阶段下部布置运输大巷，在阶段上部布置回风大巷。

阶段范围：其走向长度与井田走向长度等长，其斜长取决于阶段垂高和煤层倾角。

2. 水平

从广泛意义上讲，水平是具有某一标高的水平面。水平用标高来表示，在矿井实际生产中，为了说明水平的位置、顺序，相应地称其为 ±0 水平、-150 水平、-300 水平等，也可称为第一水平、第二水平、第三水平等。在矿井中，通常将布置有井底车场、阶段运输大巷的水平，称为"开采水平"，简称为"水平"。

井田内阶段和水平的开采顺序是：一般先采上部阶段和水平，后采下部阶段和水平。这样做建井时间短，生产条件好。

### （二）阶段内再划分

井田划分为阶段后，阶段的范围仍然很大，要再划分到开采基本单元，以适应开采技术的要求。

按阶段内准备方式不同，阶段内的划分一般有三种方式：采区式、分段式、带区式。

1. 采区式划分

在阶段范围内，沿煤层走向划分为若干个具有独立生产系统的块段，每一块段称为采区。

采区范围的斜长与阶段斜长相等，走向长度取决于开采工艺。斜长一般为600-1 000 m，走向长度一般为500-2 000 m。若要采用走向长壁采煤法，还要沿倾向将采区划分为若干个长条部分，每一个长条部分叫作区段。

2. 分段式划分

在阶段范围内，沿倾向把煤层划分为若干个平行于走向的长条部分，每个长条部分被称为分段，每个分段斜长布置一个工作面，这种划分称为分段式。

分段范围的走向长度与阶段走向长度相等，斜长为布置一个工作面的长度。

回采工作面沿走向由井田中央向边界连续推进，或由井田边界向井田中央推进。

分段平巷通过主要上（下）山与开采水平大巷联系，构成生产系统。

分段式划分与采区式划分相比，减少了采区上（下）山及硐室工程量，回采工作面可以连续推进，减少了"搬家"次数，生产系统简单。但是，分段式划分仅适用于地质构造简单、走向长度较短的井田。因此，分段式划分在应用上受到限制，在我国很少使用。

3. 带区式划分

在阶段范围内沿煤层划分为若干个具有独立生产系统的带区，带区内又划分为若干个倾斜分带，每个分带布置一个回采工作面（或对拉形式）。分带内，工作面沿煤层倾斜（仰斜或俯斜）推进，即由阶段下部边界向上部边界或者由阶段上部边界向下部边界推进。一般一个带区由2～6个分带组成。

分带布置工作面适用于倾斜长壁采煤法，巷道布置系统简单，比采区式布置掘进工作量小，但分带工作面两侧分带斜巷掘进困难、辅助运输不方便。目前我国大量应用的是采区式。在煤层倾角小于12°的条件下，带区式的应用正在扩大。

（三）井田直接划分为盘区或带区

开采近水平煤层时，由于煤层倾角非常小，井田沿倾向的高差很小，这时不再划分为阶段，而是将井田直接划分为盘区或带区。通常，沿煤层主要延展方向布置大巷，在大巷两侧划分成若干块段。划分为具有独立生产系统的块段，称为盘区或带区。盘区内巷道布置方式及生产系统与采区布置相同，划分为带区时，则与阶段内的带区式布置基本相同。

采区、盘区、带区的开采顺序一般采用前进式，即从井田中央块段向边界块段顺序开采。

# 第三节　矿井生产的基本概念

## 一、矿井生产系统

矿井生产系统是指煤矿生产过程中的提升、运输、通风、排水、动力供应等生产系统，由于地质条件、井型和设备不同而各有特点。

## 二、矿井开拓、采区准备和工作面准备

根据巷道的作用以及服务范围不同，可将矿山井巷分为开拓巷道、准备巷道和回采巷道三种类型。

服务于全矿井、一个水平或若干个采区的巷道叫作开拓巷道。如井筒、井底车场、主要石门、运输大巷和回风大巷（或总回风道）、主要风井。开拓巷道是为全矿井或阶段服务的，服务年限比较长，一般为10～30 a。

服务于一个采区或数个区段的巷道被称作准备巷道。如采区上下山、采区车场、采区硐室。准备巷道是为全采区服务的，服务年限一般为3～5 a。

服务于回采工作面的巷道叫作回采巷道。如区段运输平巷、区段回风平巷、开切眼（形成初始采场的巷道）。回采巷道服务年限较短，一般为 0.5～1.0 a。

开拓巷道的作用在于形成新的或扩展原有的阶段或开采水平，为构成矿井完整的生产系统奠定基础。准备巷道的作用在于准备新的采区，以构成采区的生产系统。回采巷道的作用在于准备出新的回采工作面并进行生产。开拓、准备、回采是矿井生产建设中紧密相关的三个主要程序，解决好三者之间的关系，对保证矿井正常生产具有重要意义。

复习思考题

（1）简述煤田和矿区的概念。

（2）简述阶段和水平的概念。

（3）阶段内再划分有哪几种方式？各用于什么条件？

（4）什么是开拓巷道、准备巷道和回采巷道？

# 第四节 采煤方法的概念和分类

## 一、采煤方法的概念

每种采煤方法均包括两项主要内容：采煤系统、采煤工艺。

1. 采场

在采区内，用来直接大量开采煤炭资源的场所，称为采场。

2. 回采工作面

在采场内进行采煤的煤层暴露面称为煤壁，又称为回采工作面。在实际工作中，回采工作面就是采煤作业的场地，与采场含义相同。

3. 采煤工作

在采场内，为了开采煤炭资源所进行的一系列工作，称为采煤工作。采煤工作包括破煤、装煤、运煤、支护、采空区处理等基本工序及其辅助工序。

4. 辅助工作

为正常完成采煤工作面的工作而需要做的辅助工作或服务工作。如移溜、洒水、灌浆、端头支护、通风、运料、顺槽支护、工作面标准化管理的工作等。

5. 采煤工艺

由于煤层的自然赋存条件和采用的采煤机械不同，完成采煤工作各道工序的方法也不同，这些工序进行的顺序、时间和空间上必须有规律地加以安排和配合。这种在回采工作面内各道工序按照一定顺序完成的方法及其相互配合方式称为采煤工艺。

6.采煤工艺过程

在一定时间内，按照一定的顺序完成采煤工作各项工序的过程，这样的过程被称为采煤工艺过程。

7.采煤系统

采煤系统是指采区内的巷道布置系统以及为了正常生产而建立的采区内用于运输、通风等目的的生产系统。通常是由一系列的准备巷道和回采巷道构成的。

8.采煤方法

采煤方法是指采煤系统和采煤工艺的综合及其在时间、空间上的相互配合。根据不同的矿山地质及生产技术条件，可以由不同形式的采煤系统与采煤工艺的配合方式，从而构成不同类型的采煤方法。不同采煤工艺与采区内相关巷道布置的组合，因而构成了不同的采煤方法。随着采煤设备的不断发展，采煤方法也在不断改进和创新。

## 二、采煤方法分类及应用概况

我国煤炭资源分布广泛，成煤年代差别很大，赋存条件多样，地质情况千差万别，形成了多样化的采煤方法。

采煤方法通常按采煤工艺、矿压控制特点等分成壁式体系采煤法和柱式体系采煤法两大类。

### （一）壁式体系采煤法

壁式体系采煤法一般以长壁工作面采煤为主要特征，是目前我国应用最普遍的一种采煤方法，其产量约占国有重点煤矿产量的95%以上。

1.壁式采煤法的特点

（1）在回采工作面的两端至少布置一条巷道，构成完整的生产系统。其中为采煤工作面运煤、进风、行人等服务的巷道称为区段运输平巷，为采煤工作面运料、回风等服务的巷道称为区段回风平巷。

（2）回采工作面长度较长，一般为80～250 m，甚至更长。

（3）回采工作面可分别采用爆破、滚筒式采煤机、可刨煤机破煤和装煤，用与工作面煤壁平行铺设的可弯曲刮板输送机运煤，用自移液压支架或单体液压支柱与钗接顶组成的单体支架支护回采工作面工作空间，用全部垮落法或充填法处理采空区。

（4）在用全部垮落法处理采空区时，随着回采工作面推进，顶板暴露面积增大，矿山压力表现地比较强烈。

2.壁式体系采煤法的类型

根据煤层角分类，可分为：

（1）近水平煤层 $\alpha < 8°$；

（2）缓倾斜煤层 $8° < \alpha < 25°$；

（3）倾斜煤层 $25° < \alpha < 45°$；

（4）急倾斜煤层 $\alpha > 45°$。

根据煤层厚度分类，可分为：

（1）薄煤层 $M > 1.3$；

（2）中厚煤层 $1.3 < M < 3.5$；

（3）厚煤层 $M > 3.5$。

根据采煤工艺分类，可分为：

（1）爆破采煤法；

（2）普通机械化采煤法；

（3）综合机械化采煤法。

根据采空区处理方法分类，可分为：

（1）垮落采煤法；

（2）刀柱（煤柱支撑）法；

（3）充填采煤法；

（4）缓慢下沉采煤法。

根据推进方向分类，可分为：

（1）走向长壁采煤法；

（2）倾斜长壁采煤法。

前者的重要特点是采煤工作平面煤壁沿煤层倾斜方向布置，沿走向推进。后者则采煤工作平面煤壁沿煤层走向布置，沿倾斜方向推进。倾斜长壁采煤法又可以分为仰斜长壁和俯斜长壁两种类型。

按煤层的开采方式不同分类，还可分为：

（1）整层采煤法；

（2）分层采煤法。

整层开采可分为单一长壁采煤法和顶煤采煤法与掩护支架采煤法。分层开采可分为倾斜分层采煤法、水平分层采煤法、斜切分层采煤法、水平分段放顶煤采煤法。

## （二）柱式体系采煤法

柱式体系采煤法又称为短壁体系采煤法，是以房、柱间隔采煤为主要特征，常见的有巷柱式、房式、房柱式采煤法。

# 第三章　巷道掘进与支护

## 第一节　井下巷道的分类及用途

为了从地下开采煤炭，必须从地面向地下开掘一系列的井巷。

### 一、开拓巷道

开拓巷道包括井筒、大巷、石门，主要上（下）山等。一般布置在底板稳定岩层中，服务年限在 15～20 年以上。近年来，新建矿井由于支护技术的改进，有部分开拓巷道也布置在稳定的煤层中。

1. 井筒和平硐

井筒和平硐都是指从地面直接通向地下的巷道，垂直的称为立井；倾斜的称为斜井，水平的称为平硐。

立井又叫竖井，多为圆形断面，直径为 4～9 m。其中，提升煤炭的称为主井；运料、出矸石、升降人员、排水、供电的称为副井。

斜井一般用拱形断面，也有主井和副井之分。其用途与上述相同。

平硐一般布置一条，断面为拱形，除运煤外兼作运料、行人、通风、供电和排水等用。

2. 井底车场

围绕井筒底部的用于调车、装卸载、布置井下供电、排水等设施的一组巷道和硐室称为井底车场，它起着地下巷道与井筒之间总转运站的作用。井底车场常在岩层中开掘，以利维护。

3. 回风井

回风井指的是从地面通向地下，并专为回风用的巷道。回风井常用斜井或立井，少数情况下也用平硐。井下一旦发生紧急情况，回风井还可作为安全出口。

4. 石门

在岩层中开掘的垂直或斜交于岩层走向的水平巷道，称为石门。由井底车场通向运输大巷的石门称为运输石门；而由回风井井底通向回风大巷的石门称为回风石门；最后把由大巷通向采区的石门称为采区石门。

### 5. 运输大巷

运输大巷是上沿煤层或煤层顶底板开掘的水平巷道，长度较大，常由井田中央开至井田边界附近，作为井下运输、通风、排水和供电等的主要通路。运输大巷可以在煤层中开掘，但在开采煤层群（多煤层）和厚度较大的煤层时，常把它开掘在煤层底板岩层中或不可采的煤层中，不仅利于维护和减少护巷煤柱损失，而且有利于防止煤的自然发火。

### 6. 回风大巷

在煤层或煤层底板岩层中开掘的水平巷道，长度较大，用来作为井下各采区回风的主要通路。回风大巷可以在矿井上部边界开掘。当煤层倾角很小时，也可以在矿井中部与运输大巷相邻平行掘进；当煤层倾角较大时，一般利用上阶段原有的运输大巷作为回风大巷。

总之，开拓巷道是指为全矿井服务或者为一个或一个以上阶段、水平服务的巷道。

## 二、准备巷道

准备巷道包括采区上（下）山、车场、人行道、区段石门、区段集中巷以及采区内的一些硐室，是为一个采区或为一个以上的采煤工作面服务的巷道。

### 1. 采区车场

在采区中用来调车的巷道。它又分为下部车场中装煤车场、中部车场和上部车场等。

### 2. 采区煤仓

为一个采区暂时储存煤炭用的垂直或倾斜的巷道。

### 3. 采区上山

采区上山是指在煤层或底板岩层中，从运输大巷由下而上开掘，为一个采区服务的倾斜巷道。

### 4. 采区下山

沿煤层或底板岩层自运输大巷由上而下开掘的倾斜巷道，其数目和用途与采区上山相同。

## 三、回采巷道

回采巷道包括区段运输巷、区段回风巷、开切眼、联络巷（平巷、石门、煤门、斜巷、立眼）等，一般为半煤岩巷或煤巷。

### 1. 区段运输平巷

布置在区段下部，基本上沿走向在煤层中开掘的（直线或折线）水平巷道，又称为运输顺槽。一般在其中铺设输送机，向外运送采煤工作面采出的煤炭，并作为采煤工作面的进风道。

### 2. 区段回风平巷

布置在区段上部，基本上沿走向在煤层中开掘的水平巷道，又称为回风顺槽。一般铺设轨道，为采煤工作面运送设备和材料，并用做采煤工作面回风。

3. 开切眼

开切眼是指在采区边界（或在采区上、下山附近），由区段运输平巷沿煤层倾向向上掘进，连通区段回风平巷的一条倾斜巷道。在其中安装好回采机械设备后，从这里开始进行回采工作。当回采工作开始后，开切眼不再存在。开切眼又称为切割眼。

直接进行采煤的工作空间称为采煤工作面，又称为采场。它随回采工作的不断进行而向前移动，原有的工作空间随即变为废弃的采空区。

总之，回采巷道是指为一个采煤工作面服务的巷道，准备巷道和回采巷道又常合称为采区巷道或采准巷道。

## 第二节　岩石的性质及分级

井巷掘进首先要把岩石破碎下来，形成设计要求的断面空间，并对这些空间进行必要的维护，以防止围岩的垮落。因此，破岩与维护成为井巷工程的主要问题。掘进巷道目前主要用钻眼爆破的方法，机械破岩只能在松软的岩层中应用。

要使破岩与维护科学、经济，就必须要了解岩体的有关性质，从而制定出合理的分类方法，以作为确定破岩和井巷维护方式的依据。

### 一、岩石的性质

①岩石的密度：单位体积（包括岩石孔隙的体积）岩石的质量。

②岩石的碎胀性：岩石被破碎后的堆积体积比破碎前原体积增大的性能叫作岩石的碎胀性。破碎后堆积体积与原体积之比叫作碎胀性系数。

③岩石的弹性：岩石在外力作用下发生变形，当外力去除后，岩石恢复原来形状的特性。

④岩石的塑性：岩石在外力作用下发生变形，当外力去除后，岩石不能够恢复到原来形状的性质。

⑤岩石的脆性：岩石在破坏前没有明显的塑性变形，总应变数很小。当应力达到岩石强度极限时，岩石突然破坏的性质。

⑥岩石的蠕变性：岩石在不变外力的作用下，随着作用时间的增加而变形并增大的性质。

⑦岩石的强度：岩石抵抗外力破坏的能力。

岩石的强度与受力状态有关。岩石受力状态不同，其强度也不同，一般符合下列规律：三向等压抗压强度＞三向不等压抗压强度＞双向抗压强度＞单向抗压强度＞单向抗剪强度

＞单向抗弯强度＞单向抗拉强度。

⑧岩石的硬度：岩石抵抗其他硬物体压入的能力或者说相当于特殊应力状态下的抗压入强度。

## 二、岩石的分级

为了提高破岩效率，合理选择钻眼爆破参数，对小范围的岩石加以量的区分，通常称为"岩石分级"。到目前为止，对岩石的工程分级问题，在国内外还没有一个能够较好解决实际问题的方法。

我国一些矿井仍采用原苏联普氏分级法，普氏提出用岩石坚固性这一概念来表示特征破岩的难易程度，常简称为普氏系数 $f$ 用普氏系数 $f$ 作为岩石分级的依据，$f$ 值由岩石的单向抗压强度求得，即

$$f = \frac{R_a}{10}$$

式中 $R_a$——岩石的单向抗压强度，MPa。

由于 $f$ 是用小块岩石试样测得的，不能反映岩体的特征，也不能反映在各种各样的外力作用下岩石破坏的难易程度，多数情况下与实际情况出入较大，因此它只能作为参考。

## 第三节　钻眼爆破

井巷施工中，破岩工作占用时间长，要做到快速、优质、高效、低耗、安全生产，做好破岩工作十分重要。目前工程中使用的破岩方法有两种，即钻爆法和机械法。钻爆法也就是钻眼爆破，这种方法的实质是利用炸药在爆炸时产生的巨大能量来将岩石（煤）破碎。它的优势在于操作简单，易于掌握，造价低。但是这种破岩方法机械化程度不高，劳动强度大，是一种应用普遍而又有待改进的破岩方法。

## 一、钻眼机具

掘进巷道使用的钻眼机具主要有凿岩机、凿岩台车等，凿岩机又可分为冲击式和旋转式两类。我们对这些机具的构造、原理分别介绍如下：

### （一）冲击式凿岩机及钻眼工具

1. 冲击式凿岩机的分类

按凿岩机的驱动力不同可将凿岩机分为气动式、电动式、油压式三种；按支撑方式不同可分为手持式、气压支腿式、水力支腿式、伸缩式四种。

2. 常用冲击式凿岩机

目前我国煤矿中使用的冲击式凿岩机主要有电动式和气动式两种，其中气动式更为广泛。

（1）气动式凿岩机（又称风钻）

其冲击、转钎、排除岩粉的工作原理如下：

①冲击动作过程：当阀球堵住右方气路后，压缩空气由左路进入气缸左侧，推动活塞向右运动，使活塞完成冲击钎尾的动作。当活塞运动至排气孔的右侧时，气缸左侧通大气，压力下降，而气缸右侧因活塞的挤压，空气压力升高。此时阀球右侧的压力大于左侧，使阀球左移，堵住左侧进气孔，压气由右侧进气孔进入活塞右侧，把活塞推回气缸左侧。如此往返一次，完成一次冲击钎尾的动作。

②转钎动作过程：固定在机尾部的棘轮只能向一个方向旋转，棘轮杆靠螺旋形槽与活塞套合在一起，而活塞杆则靠直槽与转动套筒套合，转动套筒前端呈中空六角形，可插入钎尾。当活塞右移时，带动棘轮旋转，每完成一次冲击动作而左移时，由于棘轮不转，活塞只得边向左移边转动某一角度，就使转动套带动钎子转动同一角度，而完成一次转钎动作。

③排除眼底岩粉的动作过程：该动作靠配气装置及另外气路，使压气从钎尾进入钎杆中心孔，并经钎头送入眼底吹洗岩粉。湿式凿岩是利用水通过钎杆中心孔送入眼底来完成冲洗岩粉的。

（2）支撑形式与特点

①手持式凿岩机，其质量一般小于 25 kg，手持作业，适于钻较浅的小炮眼，钻孔直径不超过 40 mm，孔深不超过 3 m。

②气腿式凿岩机，带有起支撑及推进作用的气腿，质量小于 30 kg，钻孔深度 2～5 m，钻孔直径 34～42 mm，为矿山广泛使用。这类凿岩机的主要型号有 YT-23 型、YT-24 型、ZF-1 型和 YTP-26 型高频凿岩机等。

③伸缩式（向上式）凿岩机。

（3）电动式凿岩机

电动式凿岩机主要由主机、水力支腿和水泵（或其他压力水源）三部分组成。主机利用电动机带动锤块撞击钢钎尾部，水力支腿以压力水为动力来支撑凿岩机，并给予轴向推力，它可与主机分体。

电动式凿岩机与气动式凿岩机相比较的优点：电能利用率高达 50%～60%（是气动式凿岩机的 5～6 倍），噪声低，工作面无废气污染，改善了劳动条件。缺点是机体较重；钻眼速度低；在同等硬度岩石（硬岩）中是气动式凿岩机的 50%～60%；同时维修工作量较大。

目前，电动式凿岩机的主要型号有 YD＞30 型、YD-32KB 型、YD3 型。这几种型号的电动式凿岩机都可用于有瓦斯和煤尘爆炸危险的矿井。

3. 钻眼工具

（1）凿岩机钎子

钎子是由断面形状为六角形或圆形的中空钢钎锻制而成。它可分为钎杆、钎肩和钎尾三部分。钎头和钎杆锻造在一起的人们称之为死钎子，由于每班会有大量钎头被磨钝，将整根钎子带去井上修磨钎头很不方便，为此现已很少使用。煤矿系统推广的活钎头，在使用过程中可只换钎头，修磨时只需把钎头卸下，比较方便。另外，活钎头可成批生产，加工质量好。

（2）凿岩机钎头

钎头是直接破碎岩石的部分。对其要求是：破岩效率高，坚固耐磨，易于排除岩粉，制造和修磨简便而且成本低。在致密的岩石中一般采用一字形钎头，而在裂隙比较发育的岩石中，宜用十字形钎头。其他形状的钎头用得较少。

活钎头与钎杆的连接方法有两种：一种是螺纹连接，另一种是锥形连接。常用的是锥形速。

## （二）旋转式钻机及钻眼工具

1. 旋转式钻机

旋转式钻机是利用加给钎子的旋转作用力，带动钻头来切削眼底岩石的钻眼机械。这种钻机采用电力作为动力，所以通常称为电钻。根据钻眼对象的不同，它可分为煤电钻和岩石电钻两种。

（1）煤电钻

煤电钻主要用于煤层或很软的岩石（$f < 4$）中钻眼。因它所需功率较小，机体质量较轻，钻眼时可用人力抱钻推进，因此也称为掌上型电钻。

电动机多采用三相交流鼠笼式电动机，电压127V，功率一般为0.9～1.6 kW。在手柄内设有开关手把，并包有绝缘橡胶以防触电。减速器是将电动机的高速旋转降至钎子所需转速。

（2）岩石电钻

岩石电钻与煤电钻的构造基本相同，只是岩石电钻的电机功率一般为2 kW，质量也大，且钻眼时需要很大的轴向推力，用人力无法支撑操作，必须有推进和支撑设备。

2. 钻眼工具

（1）电钻钎杆

煤电钻使用的钎杆多为螺旋形，钎杆上的螺旋沟槽是用来排除岩粉的，钎杆断面形状有矩形和菱形两种。

矩形断面的钎杆是扁钢扭制而成的，钻杆强度较小，但排粉能力很大，适用于在煤层中钻眼。菱形断面的钎杆是由条钢扭制而成的，钻杆强度较大，但排粉能力低一些，适用于硬煤或较软的岩层中钻眼。

岩石电钻的钎杆，基于所需扭矩大，所以采用中空六角形钢或圆形钢制作。钎杆有中心孔，以利于采用湿式钻眼。

（2）电钻钎头

由于煤电钻和岩石电钻所钻煤、岩的坚固程度不同，故钻头所用材料及结构也不同。

3.电钻的特点

因电钻钻头在眼底是连续破碎岩石并将岩粉排出，所以在煤或软岩中钻眼速度要比冲击式凿岩机高。且电钻质量轻，价格低，耗费动力少，故在煤或软岩中应选用电钻。

（三）凿岩台车

在掘进岩石较硬或断面较大的巷道时，可用凿岩台车钻眼，它是由若干台凿岩机组合安装在台车上。凿岩台车上的每台凿岩机都有自动推进和控制机构，可任意选择钻眼位置和角度，由司机操纵或自动完成进钻和退钻的工作，极大地提高了钻眼效率。目前，主要有 CGJ-2 型、CGJ 3 型、CTJ-3 型。

另外，还有液压凿岩机，它是在风动凿岩机的基础上发展起来的。由于液压凿岩机采用循环液压油做动力，故能克服风动凿岩机存在的一系列问题和缺陷。此外它具有动力消耗少、凿岩速度快、噪声低、寿命长等优点。但其价格、维护费用和技术要求均较高。主要有 YYG-80 型、RPH-200 型等。

## 二、矿用炸药

矿用炸药是指适用于矿井采掘工程的炸药。按主要组成成分它可分为硝铵类炸药、含水炸药和硝化甘油类炸药。按其是否允许在井下有瓦斯或煤尘爆炸危险的采掘工作面使用情况，将矿用炸药分为煤矿许用炸药和非煤矿许用炸药（岩石炸药和露天炸药）两类。按其化学成分可分为单质炸药和混合炸药，我国目前所使用的矿用炸药都属于混合炸药。

上述炸药中，煤矿井下常用的炸药有：岩石铵锐炸药（包括抗水型岩石铵锐炸药）、煤矿许用铵锐炸药（包括抗水煤矿铵锐炸药）、含水炸药中的岩石水胶炸药和煤矿水胶炸药、岩石乳化炸药和煤矿乳化炸药。此外，还有低瓦斯矿井的高瓦斯区域、高瓦斯矿井和煤与瓦斯突出矿井中使用的被筒炸药和离子交换炸药以及适用于坚硬岩石的粉状高威力炸药。

《煤矿安全规程》第三百二十条规定：井下爆破作业，必须严格使用煤矿许用炸药和煤矿许用电雷管。

## 三、起爆器材

在正常情况下，炸药只有在一定的外能作用下，才能起爆。引爆炸药的器材有导爆索、雷管、发爆器等。雷管分为火雷管和电雷管两种。煤矿井下严禁使用火雷管、导火索和普通火索。

## （一）电雷管

电雷管是一种用电流起爆的雷管。它的品种较多，是常用的起爆材料。电雷管可分为瞬发电雷管和延期电雷管，延期电雷管又分为秒延期电雷管和毫秒延期电雷管。

1. 瞬发电雷管

通入足够的电流，立即起爆的电雷管。瞬发电雷管由通电到爆炸时间小于 13 ms，无延期过程。它由管壳、起爆药和电点火装置等组成。通电后桥丝产生高热，由于桥丝插入对火焰感度很高的正起爆药中，由此正起爆药立即爆炸，并引起副起爆药爆炸。

2. 秒延期电雷管

通入足够的电流，以 1 s、0.5 s 为间隔才爆炸的雷管。秒延期电雷管共分为 7 段，用 1.5 A 恒定直流电测定。

秒延期电雷管的构造与瞬发电雷管基本相同，两者的主要区别是：电点火装置是药头式且与正起爆药间增加了一段延期药或缓燃剂作为延期引爆元件，改变导火索的长短或燃烧速度就可以改变各个段的不同延期时间。其管壳上设有出气孔。秒延期电雷管为非煤矿许用电雷管，它在延期时间内能喷出火焰和高温气体，故不能用于煤矿井下爆破作业。

3. 毫秒延期电雷管

通入足够的电流，以若干毫秒间隔时间延期爆炸的电雷管，也称毫秒电雷管。它可分为普通型和煤矿许用型两种，其中国产毫秒延期电雷管共20段。《规程》第三百二十条规定：井下爆破作业，必须使用煤矿许用炸药和煤矿许用电雷管，在采掘工作面，必须使用煤矿许用瞬发电雷管或煤矿许用毫秒延期电雷管。使用煤矿许用毫秒延期电雷管时，最后一段的延期时间不得超过 130 ms。

## （二）发爆器

《煤矿安全规程》第三百三十五条规定：井下爆破必须使用发爆器（矿用防爆型）。

发爆器有发电机式和电容式两类，但目前使用的几乎都是电容式的。

电容式发爆器种类和规格很多，其基本原理大体一致。即利用晶体管振动电路将数节干电池的直流电改变为振荡交变电流后经变压器升压，再经整流为直流电，给主电容器充电。当充电达到额定电压时，氖光灯发出红光，就可接通电爆网路，使主电容器放电而引爆电雷管。

目前，煤矿井下普遍使用MFB系列电容式发爆器。

## 四、炮眼的种类和作用

正确布置炮眼是取得良好爆破效果和加快循环进度的重要步骤。掘进工作面的炮眼，按其用途和位置可分为掏槽眼、辅助眼和周边眼三类，其起爆顺序为先掏槽眼，其次辅助眼，最后周边眼。影响炮眼布置的因素很多，主要有岩石性质和结构、巷道断面形状和大小、炸药性能和装药量等。特别是井下地质条件往往变化很大，故工作面炮眼布置不能一成不变，必须根据具体情况进行布置或调整。

## （一）掏槽眼

掏槽眼的作用是首先在工作面上将某一部分岩石破碎并抛出，在一个自由面的基础上崩出第二个自由面来，为其他炮眼的爆破创造有利的自由面条件。掏槽效果的好坏对循环进尺起着决定性的作用。

掏槽眼一般布置在巷道断面中央靠近底板处。目前常用的掏槽方式，依据掏槽眼的方向可分为三大类，即斜眼掏槽、直眼掏槽和混合式掏槽。

1. 斜眼掏槽

斜眼掏槽在巷道掘进中是一种常见的掏槽方法，它适用于各种岩石。斜眼掏槽主要包括有楔形掏槽和锥形掏槽，其中以楔形掏槽应用最为广泛。在中硬岩石中，一般采用垂直楔形掏槽。

斜眼掏槽的特点是：可充分利用自由面，逐步扩大爆破范围。掏槽面积较大，适用于较大断面的巷道。但因炮眼倾斜，掏槽眼深度受到巷道宽度的限制，循环进尺也同样受到限制，且不利于多台凿岩机同时作业。

2. 直眼掏槽

直眼掏槽的特点是：所有掏槽眼都垂直于工作面，各炮眼之间保持平行，且眼距较小，便于采用凿岩台车钻眼。炮眼深度不受断面限制，利于采用中、深孔爆破。爆破后的岩石块度均匀。一般来说都有不装药的空眼，作为爆破时的附加自由面。缺点是：凿岩工作量大，钻眼技术要求高，通常需要雷管的段数也较多。直眼掏槽的形式可分为直线掏槽、角柱式掏槽和螺旋掏槽。

3. 混合式掏槽

为了加强直眼掏槽的抛渣力和提高炮眼的利用率，形成了以直眼掏槽为主并吸取斜眼掏槽优点的混合式掏槽。

## （二）辅助眼

辅助眼又称崩落眼，是大量崩落岩石和继续扩大掏槽的炮眼。辅助眼要均匀布置在掏槽眼与周边眼之间，其眼距一般为 500～700 mm，炮眼方向一般垂直于工作面，装药长度系数（装药长度与炮眼长度比值）一般为 0.45～0.60。如采用光面爆破，则紧邻周边眼的辅助眼要为周边眼创造一个理想的光面层，即光面层厚度要比较均匀，且等于周边眼的最小抵抗线。

## （三）周边眼

周边眼是爆破巷道周边岩石，最后形成巷道断面设计轮廓的炮眼。周边眼布置合理与否，直接影响巷道成型是否规整，现在光面爆破技术已较成熟，一般应按光爆要求进行周边眼布置。光爆周边眼的间距与其最小抵抗线存在着一定的比例关系，即

$$K = E / W$$

式中 $K$——炮眼密集系数，一般为 0.6～1.0，岩石坚硬时取大值，较软时取小值；

$E$——周边眼间距，一般取 400～600 mm；

$W$——最小抵抗线。

按照光面爆破要求，周边眼的中心都应布置在巷道设计掘进断面的轮廓线上，而眼底应稍向轮廓线外偏斜，一般不超过 100～150 mm，这样可使下一循环打眼时凿岩机有足够的工作空间，同时要尽量减少超挖量。

## 五、爆破参数的确定

巷道掘进中的爆破参数包括：炸药消耗量、炮眼直径、炮眼深度和炮眼数目等。正确选择这些参数可提高爆破效果。

1. 炸药消耗量

爆破 1m³ 的实体原岩所需的炸药量称为"单位炸药消耗量"，其数值大小与岩石性质、断面尺寸、炸药性能等因素有关。目前，还没有从理论上计算炸药消耗量的方法。通过实践，我国对各种岩石、不同掘进断面的炸药消耗量进行了统计，制定了消耗定额。

2. 炮眼直径

目前普遍采用的炮眼直径，比标准药卷直径（32～35 mm）大 4～7 mm，一般为 36～42mm。炮眼直径小，装药困难。

3. 炮眼深度

炮眼深度直接决定着每个循环的进尺量，它是决定循环进度和正规循环作业的直接因素。影响炮眼深度的主要因素有：巷道断面尺寸和掏槽方法、岩石的性质、钻眼设备和循环作业方式等。确定合理炮眼深度的依据是：炮眼利用率比较高，钻眼和掘进速度快，巷道掘进成本低。

4. 炮眼数目

炮眼数目的确定应根据巷道断面、岩石的性质、爆破材料等，按不同作用的各类炮眼，分别进行合理布置。排列出炮眼数，经实践检验后再作适当调整。合理的炮眼数目应当保证有较高的爆破效率（炮眼利用率一般在 85%～95% 范围内），爆下的岩块和爆破后的巷道轮廓，应符合施工和设计的要求。另外，也可以按掘进一个循环的总装药量平均装入所有炮眼的原则进行估算，作为实际排列炮眼的参考。

$$N = \frac{qS\eta m}{\alpha P}$$

式中 $N$——炮眼数目，个；

$q$——单位炸药消耗量，kg/m³；

$S$——巷道掘进断面面积，m³；

$\eta$——炮眼利用率，%；

$m$——每个药卷的长度，m；

$\alpha$——炮眼的平均装药长度系数，一般取 0.5~0.7；

$P$——每个药卷的质量，kg。

## 六、爆破工作

1. 装药工作

装药前应先制作引药（俗称"炮头"），就是将雷管装进药卷做成起爆药卷。

井下装填炸药的方法有正向（引药在炮眼口处）和反向（引药在炮眼底处）两种，煤矿一般采用正向装药方法。另外还有一种装药结构称为间隔装药，如图 3-18 所示。它的爆破力量较弱，适合于周边眼的装药，一般作为配合光面爆破使用。

《煤矿安全规程》第三百二十七条规定：装药前，首先必须清除炮眼内的煤粉或岩粉，再用木质或竹质炮棍将药卷轻轻推入，不得冲撞或捣实。

角度对称的掏槽眼，其装药量也要一致，否则爆破力量偏向一边，易打倒棚子。对有水的炮眼，尤其是底眼，必须使用防水药卷或防水套，以免炸药受潮拒爆。

《煤矿安全规程》第三百二十八条规定：炮眼封泥应用水炮泥，水炮泥外剩余的炮眼部分应用黏土炮泥或用不燃性的、可塑性松散材料制成的炮泥封实。严禁用煤粉、块状材料或其他可燃性材料作炮眼封泥。无封泥、封泥不足或不实的炮眼严禁爆破。

2. 电爆网路

在井巷掘进爆破工作中，往往一次使用大量的雷管，为保证这些电雷管准确地同时起爆，必须合理地选择电爆网络中电雷管的连接方式。连接方式可分为 4 种，即串联、并联、串并联、并串联。

采用串联方式，连线简单，而且通过每个雷管的电流相等，起爆总电流较小，一般的发爆器即可满足要求，故串联方式在煤矿的巷道掘进爆破中使用最广。其缺点是只要有一个雷管断路则整个串联组都拒爆。并联方式在这方面是比较可靠的，但所需起爆电流较大，要比串联方式电流大 $N$ 倍（$N$ 为网络中雷管数目）。一般发爆器是达不到要求的，故并联方式在煤矿生产中应用较少。但在井筒掘进施工中，因可以在地面用动力或照明电源爆破，所以并联、串并联、并串联应用较多。串并联和并串联统称为混联，混联相对并联所需起爆电流要小些。

3. 井下爆破工作的注意事项

为了保障煤矿的安全生产，《煤矿安全规程》对爆破工作中的各个工序都做了明确的规定。在实际生产过程中，还要编制爆破作业规程或措施，我们必须认真学习和贯彻执行。

# 第四节 巷道支护

## 一、巷道断面形状及尺寸

### (一)巷道断面形状

煤矿常用的巷道断面形状是梯形和直墙拱形(如半圆拱形、圆弧拱形、三心拱形,简称拱形),其次是矩形。只是在某些特定的岩层或地压情况下,才选用不规则形(如半梯形)、封闭拱形、椭圆形或圆形。

巷道断面形状的选择主要取决于巷道的服务年限、用途、支护方式以及围岩压力等因素。开拓巷道多用拱形断面,准备巷道多用梯形断面,回采巷道可根据具体情况选用梯形、矩形、不规则形等断面。

### (二)巷道断面尺寸

《煤矿安全规程》第二十一条规定:巷道净断面必须满足行人、运输、通风和安全设施及设备安装、检修、施工的需要。

巷道断面尺寸主要取决于巷道的用途、机械、器材或运输设备的数量与规格、人行道宽度与各种安全间隙以及通过巷道的风量等。

## 二、巷道支护及其材料

### (一)木支架

用作矿山井巷支护的木材称作坑木。它是井巷支护中使用最早的支护材料,它的优点包括重量轻、容易加工、容易架设和具有可缩性。其缺点是强度小、易腐朽、使用年限短、不能防火。木支架最基本的结构形式是梯形棚子,它由一根顶梁和两根棚腿组成。为使支架稳固和防止围岩破碎脱落,应在支架与围岩间安设背板,如图3-22所示。架设棚子前后挖好柱窝,并把顶梁的棚腿接合处做成接口。架设时,使顶梁与棚腿咬合,然后打楔子楔紧棚子。根据围岩情况,通常每米巷道架设2~3架棚子。

### (二)金属支架

金属支架是较好的支护用品,常用废旧钢轨、矿用工字钢或U型钢制作。支架形状有梯形和拱形两种。金属支架具有坚固、耐久、防火、架设较方便和可以多次回收复用等优点。也可以根据需要用于回采巷道,尤其是综合机械化采煤的大断面平巷。

### (三)钢筋混凝土支架

钢筋混凝土支架简称水泥支架,在地面用钢筋混凝土预制成顶梁、棚腿和背板等构件,运到井下装配而成。支架的结构形式有梯形和拱形两种，但一般多用梯形。这种支架具有防火、能承受较大的顶压、经久耐用等优点。其缺点是重量大，在没有合适的安装机械时，搬动和架设不太方便，不宜承受动压。所以，通常用于服务年限较长而地压稳定的巷道中。

### （四）石材及混凝土支护

石材支护是指用料石砌筑的拱形支架，而混凝土支护是由水泥、沙子和碎石按一定的比例混合并加水、钢筋浇铸成的。石材及混凝土支架一般为拱形，由基础、墙和拱顶三部分组成。拱的形式有半圆拱、三心拱和圆弧拱等。

半圆拱能承受较大的顶压，但巷道断面利用率较低，掘、砌费用高。三心拱的断面利用率较高，承受能力也较好。巷道顶部压力通过拱顶、墙和基础传给底板岩石。拱顶及墙的厚度一般在 300 mm 左右。料石用石灰岩或砂岩，每块料石质量不宜超过 30~40 kg，以利于人工搬运和砌筑。砌碹时，先挖砌基础，再砌墙，然后架设碹胎和模板，最后砌拱顶。

石材及混凝土支架具有坚固、能承受较大的压力、服务期限长、维修量小、能防火、隔水和防止围岩风化等优点。但也存在施工速度缓慢、施工时的劳动强度大、材料消耗多、成本高等缺点。

### （五）锚喷支护

锚喷支护是在巷道掘进后，先向围岩钻孔，然后在孔内插入锚杆，对围岩进行人工加固，并利用围岩本身的支撑能力达到维护巷道的目的。为防止围岩风化或破碎，可以在锚固以后再喷射混凝土（或水泥砂浆），这样可以提高支护效果，目前已经广泛使用。

1. 锚杆支护的作用原理

在薄层状岩层中，锚杆把层状岩层锚合成整体性的岩层组合梁，提高了岩层的抗变形能力。锚杆可把较软的岩层牢固地悬吊在坚硬岩层上。在非层状岩层中，锚杆可使围岩形成一个拱形压缩带或挤压加固带，使围岩由支架上的载荷，变为承载结构。实际上，以上各种作用往往都不是单独存在，而是综合在一起互为补充的。

2. 锚杆的种类

锚杆的种类较多，有金属锚杆、木锚杆、竹锚杆、钢筋或钢丝绳砂浆锚杆、树脂锚杆、双快水泥锚杆等。

①金属楔缝式锚杆。这种锚杆由杆体、楔块、托板和螺帽所组成。安设时首先把楔块夹在杆体上端的楔缝中，并一同轻轻送入钻孔。然后在杆体下端加保护套或拧上螺帽保护螺纹，用锤击打，楔块在尖劈作用下挤入楔缝，而使杆体上端胀开并牢牢嵌紧孔底眼壁。最后穿上托板，拧紧螺帽。这种锚杆结构简单、易于加工，在硬岩中锚固力也较大，但对于钻孔的深度要求严格，又需锤击安装，故其杆体直径要求较大，用钢材也较多，且不能回收复用。

②金属倒楔式锚杆。这种锚杆的杆体上端是一个铸铁固定锚头，大头在孔底，下端和楔缝式锚杆一样。另外配置了一个铸铁的活动楔块，小头在孔底。安装时，把倒楔块绑在

锚头的下部，一同轻轻插入锚杆孔内，然后用一根专用的击杆顶在倒楔上用锤击打，即可将锚杆安装在岩层中，由于锚头与孔壁是柱面接触，故比楔缝式锚杆的锚头接触面大。因此这种锚杆，可在巷道报废时，先拧下锚杆的螺帽，退下托板向里锤击杆体，如果松动便可回收。这种锚杆节省钢材，已被广泛采用。

③木锚杆。木锚杆也采取楔缝式结构，安设方法也和金属楔缝式锚杆基本相同，只是木锚杆的下端也用木楔打入楔缝来固定木托板。木锚杆结构简单、取材广泛、制造方便、成本低，但它锚固力小，时间久了造成腐烂变形，锚固力便会逐渐消失，所以在服务年限短的巷道中使用还是可以的。

④钢丝绳砂浆锚杆。钢丝绳砂浆锚杆是利用直径为 10~19 mm 的废旧钢丝绳经截断、火烧、破股、除锈、平直后备用。安装时先把钢丝绳插入锚杆孔中，再用注浆机向孔内注入砂浆，待凝固后再穿上托板，卡上钢丝绳卡子，也有的矿不用托板和钢丝绳卡子，而用混凝土托底。

⑤树脂锚杆。树脂锚杆，是把分别装有树脂、填料、固化剂和加速剂的树脂药包送到锚杆子底部，并插入锚杆，转动杆体，把树脂药包捣破，使化学药剂混合起化学反应，树脂由液态聚合转化为固态，即胶凝固化的过程中把岩石与锚杆胶在一起，起到锚固作用。

树脂锚杆的抗压、抗弯、锚固强度和抗震性能都很好，胶凝固化又很快，能在几分钟到几小时内获得很高的初锚力。

⑥双快水泥锚杆。双快水泥锚杆的杆体与树脂锚杆的杆体相同，只是用双快水泥（快凝、快硬）卷代替树脂药卷。安装前将水泥卷垂直置于水中，并在其上部扎 3~5 个小孔作为排气孔，一般浸水 3 s，然后取出马上安装。安装方法与树脂锚杆相同。

经测定，直径 16 mm 端头锚固锚杆安装 0.5 h 的抗拔拉力为 45~60 kN，1h 后可使杆体拉断。全长锚固的双快水泥锚杆效果更好，锚固长度在 1.3~1.6 m、安装 1 h，平均锚固力达 60~130 kN。

3. 喷射混凝土支护

喷射混凝土支护是将一定比例的水泥、沙子、石子和速凝剂混合搅拌均匀后装入喷射机，以压缩空气为动力，使伴合料沿管路压送至喷嘴处与水混合，并以较高速度将喷射物黏附到岩壁表面和楔入岩石的裂缝中，凝结、硬化后与围岩紧密结合，防止围岩风化和松动，并组成一个共同承压的支护结构。

水泥一般采用强度等级为 40 号或 50 号的普通硅酸盐水泥，水泥、沙子和小石子的质量配合比为 1∶2∶2 或 1∶2∶2.5 较好。水灰比采用 0.45 左右较好。正确的配比可以减少喷射混凝土时的回弹量。

喷射混凝土的厚度根据巷道围岩的稳定程度而定，一般可在 50~150 mm 之间，如果超过 100 mm，一般应分层喷射。在喷射两帮时，一次喷厚最好不要超过 100 mm，喷拱顶不超过 50 mm，但也不宜过薄，否则容易发生因自重下坠或回弹量增加的现象。

国产喷射机的种类可分为转体式喷射机（ZHP-2 型、ZPG~2 型）、螺旋式喷射

（LHP-701型）、简易负压式喷射机（HPX型）等。

这种设备的特点是体积较小、结构简单、质量较轻、制造容易、成本较低，但螺旋叶片易磨损，要求输料管直径较大，操作劳动强度较大，而且输料距离一般不能超过10 m，因施工时设备要经常移动。

锚喷支护是一种先进的支护方式，与料石砌碹相比，有如下优点：工艺简单，机械化程度高，施工速度快，效率高，巷道掘进工程量和支护材料消耗少，成本低。如与光面爆破相配合具有更大的优越性。目前，我国煤矿广泛采用锚喷支护。

## 第五节　巷道掘进

### 一、岩巷掘进

岩巷掘进，目前在我国矿井中主要采用钻眼爆破破岩法，因此需要依次进行打眼、装药、爆破、工作面通风及装岩等主要工序。这些工序组成一个工作循环，每完成一个工作循环，巷道就向前推进了一定的距离。

所有的工序中，打眼和清理岩石是劳动强度最大的两个工序，占用的时间比较长，习惯上称为主要工序。其他辅助工序有通风、支护、敷设各种管道、修筑排水沟、铺设轨道等。

#### （一）钻眼爆破

它是打眼、装药、爆破工作的统称，约占一个掘进工作循环时间的40%~60%。因此，钻眼爆破工作对巷道掘进速度、规格质量、支护效果以及掘进工效、成本等，都有较大的影响。

1. 工作面炮眼的布置

2. 光面爆破

岩石平巷一般推广使用光面爆破。光面爆破（简称光爆）是指在钻眼爆破过程中，通过采取一定的措施，使爆破后的巷道断面形状、尺寸基本符合设计要求。表面光滑，形状规整，并尽量使巷道轮廓以外的围岩不受破坏。光爆比较理想的效果是：巷道轮廓线与周边眼相切，周边眼留有半个眼痕，没有或很少有爆破裂隙，局部凹凸度不超过50 mm。

实现光爆主要是控制周边眼的位置及装药量，并尽量使各周边眼同时起爆。目前周边眼间距为300~600 mm，而以400~600 mm较理想，光面层的厚度（最小抵抗线）一般采用500~700 mm。周边眼的装药量必须加以限制，眼深在1.5~1.8 m条件下，装药0.15~0.35 kg/m为宜，并采用间隔装药方式。但是，有些参数还有待于在生产实践中不断改进和完善。

## （二）装岩与运输

装岩与运输工作是巷道掘进中比较繁重的工作，约占掘进工作循环时间的 35%～50%。因此，提高装岩机械化水平是缩短装岩时间、减轻工人劳动强度和加快成巷速度的关键所在。目前，我国常用的装岩机有耙斗装载机和铲斗装载机两种。运输普遍采用矿车，用人或电机车推调车。

1. 装岩

（1）耙斗装载机装岩

目前，耙斗装载机在矿井中广泛应用，按其绞车传动方式可分为行星轮式和摩擦式两种。

耙斗装载机，作面爆破后固定尾轮，使耙斗机主钢丝绳的一端缠绕在主滚筒上，副钢丝绳（尾绳）通过尾轮后，缠绕到副滚筒上。当开动主滚筒时，主钢丝绳牵引耙斗把岩石，经簸箕口、连接槽、中间槽、卸载槽卸入矿车。当开动副滚筒时，副钢丝绳牵引空耙斗返回工作面。如此往复，直至矿车装满为止。耙斗机的移动靠固定在机体上的绞车牵引。机器工作时，必须用卡轨器将机体固定。

耙斗装载机适用于巷道净高 2.2 m、净宽 2 m 以上的水平或倾角小于 30°的倾斜巷道，当岩石的块度在 300～400 mm 时装岩效率最高。这种装载机结构简单，操作方便，机械事故少，效率较高。

（2）铲斗装载机装岩

在铲斗下落时，开动装载机驶向工作面，使铲斗插入岩堆，装载机前进的同时铲斗逐渐上提，待铲斗装满后，装载机后退离开岩堆，同时提升链条带动曲臂使铲斗后倾，把岩石卸入后面的铲车。卸完岩石后下放铲斗，同时装载机向前，进行下一次装岩。

铲斗式装载机体积小，操作简单，工作灵便，可用于平巷或倾角小于 8°的斜井和下山装岩。但巷道的净高度（自轨面起）需在 2.2 m 以上。

（3）侧卸式装岩机装岩

它利用铲斗正面装岩，从侧面把砰石卸入矿车或胶带转载机。这种装岩机的铲斗容积大（0.6m³），生产能力高（70m³/h），用履带行走、动作灵活，不受装岩面宽度限制，但只能用于断面大于 12m² 的巷道。

除此之外，还有蟹爪装载机和立爪装载机。

2. 运输

在巷道掘进的装岩过程中，当采用矿车运输时，一个矿车装满后，必须退出，调换一个空车继续装岩，即所谓调车工作。如何快速调车是运输工序的主要问题。

（1）固定错车场调车法

此种方法简单易行，一般可以用电机车调车，或辅以人力。但错车场不能紧跟工作面，不能经常保持较短的调车距离，因此装岩机的工时利用率只有 20%～30%。在单轨巷道中，一般还需要加宽部分巷道来安设错车道岔。可用于工程量较小，工期要求较缓的工程。

（2）活动错车场调车法

为缩短调车时间，将固定道岔改为浮放道岔、翻框式调车器等专用调车设备。这些设备可以紧随工作面而前移，能经常保持较短的调车距离，装载机的工时利用率可达30%～40%。

（3）利用转载设备

为了减少调车次数，以缩短调车时间，并尽可能使装载机连续作业，以提高装载机的工时利用率，可利用胶带转载机和梭式矿车等转载设备。

3. 岩巷掘进机

岩巷掘进机又称全断面巷道掘进机，主要用于水利工程、铁路隧道、城市地下交通和矿山主要巷道的掘进。它在 $f$ =8～12及以上的条件下破碎岩石，岩石的抗压强度高达200 MPa，在这种条件下已不能使用截割破碎的方式。岩巷掘进机一般采用盘形滚刀破岩，在驱动刀盘运动时，安装在刀盘心轴上的盘形滚刀沿岩壁表面滚动，液压缸将刀盘压向岩壁，从而使滚刀刃面将岩石压碎而切入岩体中。刀盘上的滚刀在岩壁表面挤压出同心凹槽，当凹槽达到一定深度时，相邻两凹槽间的岩石被滚刀剪切成片状碎片剥落下来。

## 二、煤巷及半煤岩巷掘进

沿煤层掘进的巷道在掘进断面中，煤层断面占总断面4/5（包括4/5）以上，就称它为煤巷。岩层断面占总断面1/5～4/5时，就称它为半煤岩巷。煤巷及半煤岩巷掘进，目前除采用钻爆法外，掘进机掘进法也广泛采用。

### （一）钻眼爆破法掘进

煤巷掘进炮眼深度一般在1.5～2.5 m，炮眼布置方法与岩巷基本相同，多数情况下采用楔形掏槽和锥形掏槽。为防止崩倒支架，多将炮眼布置在工作面的中下部。当掘进断面内有一层较软的煤带时，掏槽眼应布置在软煤带中，可用扇形或半楔形掏槽。若炮眼较深，可用复式掏槽。煤巷掘进中，也要推广光面爆破和毫秒爆破。装煤方法我国采用多种装煤机械，其中以ZMZ-17型装煤机较多。

半煤岩巷掘进时，采石位置有挑顶、卧底和挑顶兼卧底三种情况。由于煤层较软，掏槽眼应布置在煤层部分，其施工组织应合理安排。

### （二）掘进机掘进

随着采煤工作面机械化程度的提高，回采速度极大地加快，巷道掘进速度必须相应加快。只靠钻爆法掘进巷道已满足不了要求。采用掘进机掘进使破落煤岩、装载运输、喷雾灭尘等工序同时进行，是提高掘进速度的一项有效措施。与钻爆法相比，掘进机掘进巷道可使掘进速度提高1～1.5倍，工效平均提高约2倍，进尺成本降低30%～50%。由于不需打眼爆破，围岩不易破坏，有利于巷道支护，大大提高工作面的安全。掘进速度的加快，可以提前探明采区的地质条件。工程量小，劳动条件好。

1. 煤巷掘进机

煤巷掘进机的构造及工作原理大体相同，仅以 AM-50 型掘进机为例作简要介绍。

AM-50 型掘进机是一种悬臂横轴式巷道掘进机。该机的一般性能参数为：巷道断面 6～18.1m2，巷道坡度 ±16.2°，最小曲率半径 10 m，经济截割岩石普氏系数 V5，装机功率 174 kW，机器质量 26.8 t，外形尺寸（长×宽×高）7.5 m×2.1 m×1.64 m。它适用于我国煤矿一般采准巷道掘进，也适用于综采煤岩巷道掘进。

2. 煤巷（半煤岩巷）施工机械化作业线

煤巷（半煤岩巷）施工中采用掘进机掘进，再加上与之相适应的机械运输设备与其配套形成一条机械化作业线，是加快煤巷掘进速度和提高劳动生产率的根本途径。目前常用的配套方式有以下几种：

①掘进机—刮板输送机机械化作业线。

②掘进机—胶带转载机—刮板输送机机械化作业线。

③掘进机—胶带转载机—可伸缩胶带输送机机械化作业线。此作业线与以上两种作业线优势在于可以长距离运输，并减少胶带伸长的次数，生产能力大，基本上可满足快速掘进的要求。胶带输送机上胶带运煤时，下胶带能同时向工作面运输材料，通常称为综合机械化掘进机掘进（简称综掘）。例如潞安矿业集团公司王庄煤矿综掘队采用 AM-50 型掘进机，SJ-80 型胶带输送机及转载胶带和除尘通风机等机械化作业线掘进。

④煤巷掘进机—仓式列车机械化作业线。该作业线由煤巷掘进机、仓式列车和牵引绞车（或防爆机车）等几部分组成。

## 三、倾斜巷道掘进的特点

1. 上山掘进

由于瓦斯的相对密度小，常常积聚在掘进工作面附近，如果不采取措施，那么就很有可能会发生瓦斯爆炸。因此，在瓦斯矿井上山掘进时，必须加强通风，采取双巷掘进（一个进风，一个回风），有时甚至采取自上而下的掘凿方式。在近水平或缓倾斜煤层中，上山掘进一般采用矿车或输送机运输。当提升斜长小于 150 m 时，可将绞车布置在上山一侧的小硐室内。如果斜长过大，应安设多台绞车（一般为两台），实行分段接力提升。当上山倾角大于 25° 时，可用搪瓷溜槽运输。但必须将溜煤（矸）道与人行道隔开，防止煤（矸）滑落伤人。

2. 下山（斜井）掘进

下山掘进时，上部水平及煤岩层的涌水都可能流至掘进工作面。为了减少掘进工作面的排水工作量，有利于掘进施工，人们可以采取将上部平巷靠下山一段水沟加以封闭。在下山巷道中，每隔一定距离开掘一条横水沟等措施，拦截上部平巷和煤岩涌水。掘进下山时，大都采用矿车运输（巷道坡度小时也可采用输送机运输）。为了避免发生断绳和脱钩事故，应在巷道上部或巷道内设置防跑车的防护装置倾斜巷道掘进必须遵守《煤矿安全规程》的有关规定。

# 第四章 矿井通风

## 第一节 矿井空气

矿井通风是保障矿井安全的最主要技术手段之一。在矿井生产过程中，必须源源不断地将地面空气输送到井下各个作业地点，以供给人员呼吸，并稀释和排除井下各种有毒、有害气体和矿尘，创造良好的矿内工作环境，保障井下作业人员的身体健康和劳动安全。这种利用机械或自然通风为动力，使地面空气进入井下，并在井巷中做定向和定量地流动，最后将污浊空气排出矿井的全过程就称为矿井通风。因此，矿井通风的首要任务就是要保证矿井空气的质量符合要求。

### 一、矿井空气成分

地面空气进入矿井以后称为矿井空气。矿井空气由于受到井下各种自然因素和生产过程的影响，其与地面空气在成分和质量上有着程度不同的区别。

#### （一）地面空气的组成

地面空气是由于空气和水蒸气组成的混合气体，通常称为湿空气。

干空气是指完全不含有水蒸气的空气，它是由氧、氮、二氧化碳、氢、氧和其他一些微量气体所组成的混合气体。

湿空气中仅含有少量的水蒸气，其含量的变化会引起湿空气的物理性质和状态发生变化。

#### （二）矿井空气的主要成分及基本性质

地面空气进入矿井以后，由于受到污染，其成分和性质要发生一系列的变化，如氧浓度降低，二氧化碳浓度增加；混入各种有毒、有害气体和矿尘、空气的状态参数（温度、湿度、压力等）发生改变等。一般来说，将井巷中经过用风地点以前、受污染程度较轻的进风巷道内的空气，称为新鲜空气，经过用风地点以后、受污染程度较重的回风巷道内的空气，称为污浊空气。

尽管矿井空气与地面空气相比，在性质上存在许多差异，但在新鲜空气中其主要成分仍然是氧、氮和二氧化碳。

1. 氧气

氧气是维持人体正常生理机能所需要的气体。人类在生命活动过程中，必须不断吸入氧气，呼出二氧化碳。人体维持正常生命过程所需的氧气量，取决于人的体质、精神状态和劳动强度等。当空气中的氧浓度降低时，人体就可能产生不良的生理反应，出现各种不舒适的症状，严重时可能导致缺氧死亡。

造成矿井空气中氧浓度降低的主要原因有：人员呼吸，煤岩和其他有机物的缓慢氧化，煤炭自燃、瓦斯、煤尘爆炸。此外，煤岩在生产过程中产生的各种有害气体，也使空气中的氧浓度相对降低。所以，在井下通风不良的地点，空气中的氧浓度可能显著降低，如果不经检查而贸然进入，就可能引起人员的缺氧窒息。缺氧窒息是造成矿井人员伤亡的原因。

2. 二氧化碳

二氧化碳不助燃，也不能供人呼吸，略带酸臭味。二氧化碳比空气重（与空气的相对密度为1.52），在风速较小的巷道中，底板附近浓度较大；在风速较大的巷道中，一般能与空气均匀地混合。

在新鲜空气中含有微量的二氧化碳对人体是无害的。二氧化碳对人体的呼吸中枢神经有刺激作用，所以在抢救遇难者进行人工输氧时，往往要在氧气中加入5%的二氧化碳，以刺激遇难者的呼吸机能。但当空气中二氧化碳的浓度过高时，也将使空气中的氧浓度相对降低，轻则使人呼吸加快，呼吸量增加，严重时也可能造成人员中毒或窒息。

矿井空气中二氧化碳的主要来源有：煤和有机物的氧化，人员呼吸，碳酸性岩石分解，炸药爆破，煤炭自燃，瓦斯、煤尘爆炸等。此外，有的煤层和岩层中也能长期连续地放出二氧化碳，有的甚至能与煤岩粉一起突然大量喷出，给矿井带来极大的危害。例如吉林省营城煤矿五井，曾在1975年6月发生过一起二氧化碳和岩石突出的事故，突出岩石1 005 t，二氧化碳11 000 m$^3$。

3. 氮气

氮气是一种惰性气体，是新鲜空气中的主要成分，它本身无毒、不助燃，也不供呼吸。但空气中若氮气浓度升高，势必造成氧浓度相对降低，从而也可能导致人员的窒息伤亡。正因为氮气为惰性气体，因此又可将其用于井下防灭火和防止瓦斯爆炸。

矿井空气中氮气的主要来源有：井下爆破和生物的腐烂，有些煤岩层中也有氮气涌出。

（三）矿井空气主要成分的质量（浓度）标准

由于矿井空气质量对人员健康和矿井安全有着重要的影响，所以《煤矿安全规程》对矿井空气主要成分（氧气、二氧化碳）的浓度标准做出了明确的规定：

采掘工作面进风流中的氧气浓度不得低于20%；二氧化碳浓度不得超过0.5%；总回风流中二氧化碳浓度不得超过0.75%；当采掘工作面风流中二氧化碳浓度达到1.5%或采区、采掘工作面回风道风流中二氧化碳浓度超过1.50%时，必须停工处理。

## 二、矿井空气中有害气体

矿井中常见的有害气体主要有一氧化碳（$CO$），硫化氢（$H_2S$）、二氧化氮（$NO_2$）、二氧化硫（$SO_2$）、氨气（$NH_3$）、氢气（$H_2$）等。这些有害气体对井下作业人员的身体健康和生命安全危害极大，必须引起高度的重视。

1. 一氧化碳

一氧化碳是一种无色、无味、无臭的气体，相对密度为0.97，微溶于水，能与空气均匀地混合。一氧化碳能燃烧，当空气中一氧化碳浓度在13%～75%时有爆炸的危险。

一氧化碳与人体血液中血红素的亲和力比氧大250～300倍（血红素具有运输氧和二氧化碳的功能）。一旦一氧化碳进入人体后，首先就与血液中的血红素相结合，因而减少了血红素与氧结合的机会，使血红素失去输氧的功能，从而造成人体血液"窒息"。所以，医学上又将一氧化碳称为血液窒息性气体。

空气中一氧化碳的主要来源有：井下爆破，矿井火灾，煤炭自燃以及煤尘、瓦斯爆炸事故等。

2. 硫化氢

硫化氢无色、微甜、有浓烈的臭鸡蛋味，当空气中浓度达到0.0001%即可嗅到，但当浓度较高时，因嗅觉神经中毒麻痹，反而嗅不到。硫化氢相对密度为1.19，易溶于水，在常温、常压下一个体积的水可溶解2.5个体积的硫化氢，所以它可能积存于旧巷的积水中。硫化氢能燃烧，空气中硫化氢浓度为4.3%～45.5%时有爆炸危险。硫化氢是剧毒气体，有强烈的刺激作用，不但能引起鼻炎、气管炎和肺水肿；而且还能阻碍生物的氧化过程，使人体缺氧。当空气中硫化氢浓度较低时主要以腐蚀刺激作用为主；浓度较高时能引起人体迅速昏迷或死亡，腐蚀刺激作用不明显。

空气中硫化氢的主要来源：有机物腐烂，含硫矿物的水解，矿物氧化和燃烧，从老空区和旧巷积水中放出，我国有些矿区煤层中也有硫化氢涌出。

3. 二氧化氮

二氧化氮是一种褐红色的气体，有强烈的刺激气味，相对密度为1.59，易溶于水。二氧化氮溶于水后生成腐蚀性很强的硝酸，对眼睛、呼吸道黏膜和肺部组织有强烈的刺激及腐蚀作用，严重时可引起肺水肿。二氧化氮中毒有潜伏期，有的在严重中毒时尚无明显感觉，还可坚持工作。但经过6～24 h后发作，中毒者指头出现黄色斑点，并出现严重的咳嗽、头痛、呕吐甚至死亡。

空气中二氧化氮的主要来源：井下爆破。

4. 二氧化硫

二氧化硫无色、有强烈的硫黄气味及酸味,当空气中二氧化硫浓度达到 0.000 5% 即可嗅到。其相对密度为 2.22,在风速较小时,易积聚于巷道的底部。二氧化硫易溶于水,在常温、常压下 1 个体积的水可溶解 4 个体积的二氧化硫。二氧化硫遇水后生成硫酸,对眼睛及呼吸系统黏膜有强烈的刺激作用,可引起喉炎和肺水肿。当空气中二氧化硫浓度达到 0.002% 时,眼及呼吸器官即感到有强烈的刺激;浓度进到 0.05% 时,短时间内立即出现有生命危险。

空气中二氧化硫的主要来源:含硫矿物的氧化与自燃,在含硫矿物中爆破以及从含硫矿层中涌出。

5. 氨气

氨气是一种无色、有浓烈臭味的气体,相对密度为 0.596,易溶于水,空气浓度中达 30% 时有爆炸危险。氨气对皮肤和呼吸道黏膜有刺激作用,可引起喉头水肿。

空气中氨气的主要来源:井下爆破、用水灭火等,部分岩层中也有氨气涌出。

6. 氢气

氢气无色、无味、无毒,相对密度为 0.07。氢气能自燃,其点燃温度比甲烷低 100 ~ 200℃,当空气中氢气浓度为 4% ~ 74% 时有爆炸危险。

空气中氢气的主要来源:井下蓄电池充电时可放出氢气,有些中等变质的煤层中也有氢气涌出。

## 三、矿井气候

矿井气候是指矿井空气的温度、湿度和流速这三个参数的综合作用状态。这三个参数的不同组合,便构成了不同的矿井气候条件。矿井气候条件对井下作业人员的身体健康和劳动安全有重要的影响。

新陈代谢是人类生命活动的基本过程之一。人从食物中摄取营养,在体内进行缓慢氧化而生成热量,其中一部分用来维持人体自身的生理机能活动以及满足对外做功的需要,其余部分必须通过散热的方式排出体外,才能保持人体正常的生理功能。

人体散热主要是通过人体皮肤表面与外界的对流、辐射和汗液蒸发这三种基本形式进行的。对流散热主要取决于周围空气的温度和流速;辐射散热主要取决于周围物体的表面温度;蒸发散热主要取决于周围空气的相对湿度和流速。在正常情况下,人体依靠自身的调节机能,使产热量和散热量之间保持着动平衡,体温维持在 36.5 ~ 37℃ 之间。当人体处于热平衡状态时,人体因保持了热平衡而感到舒适;当受外界环境影响,人体这种热平衡受到破坏时,就将导致人体的体温变化,从而产生种种不舒适的症状,严重时甚至可能导致疾病和死亡。

矿井气候条件的三参数是影响人体热平衡的主要因素。

空气温度对人体对流散热起着主要作用。当气温低于体温时,对流和辐射是人体的主要散热方式，温差越大，对流散热量越多；当气温等于体温时，对流散热完全停止，蒸发成了人体的主要散热方式；当气温高于体温时，人体依靠对流不仅不能散热，反而要从外界吸热，这时蒸发几乎成为人体唯一的散热方式。

相对湿度影响人体蒸发散热的效果。随着气温的升高，蒸发散热的作用越来越强。当气温较高时，人体主要依靠蒸发散热来维持人体热平衡。此时若相对湿度较大，汗液就难于蒸发，不能起到蒸发散热的作用，人体就会感到闷热，因为只有在汗液蒸发过程中才能带走较多的热量。当气温较低时，若相对湿度较大，又由于空气潮湿增强了导热，会加剧空气对人体的冷感。

风速影响人体的对流散热和蒸发散热的效果。对流散热强度随风速而增大。当气温低于体温时，风速越大，对流散热量也越大；气温高于体温时，风速越大，对流的热量也越大。同时蒸发散热、散湿的效果也随风速的增大而增强。就好像有风的天气，晾衣服干得快就是这个道理。

可见，矿井气候条件对人体热平衡的影响是一种综合的作用，各参数之间相互联系、相互影响。如人处在气温高、湿度大、风速小的高温潮湿环境中，这三者的散热效果都很差，这时由于人体散热太慢，体内产热量得不到及时散发，就会使人出现体温升高、心率加快、身体不舒服等症状，严重时可导致中暑、甚至死亡。相反，如人处在气温低、湿度小、风速大的低温干燥环境中，这三者的散热效果都很强，这时由于人体散热过快，就会使人体的体温降低，引起感冒或其他疾病。因此，调节和改善矿井气候条件是矿井通风的基本任务之一。

## 第二节　矿井通风动力和通风阻力

### 一、矿井通风动力

#### （一）自然通风

井下巷道中空气流动的压力，是由矿井自然条件所产生，则为自然风压，而靠自然风压进行通风的称为自然通风。自然风压的产生，主要由于地面温度和井下温度有差异而引起的。

在春秋两季，由于井内外气温大致一样，所以自然风压很弱甚至无风压，不能形成风流。为此矿井必需用机械通风，以确保井下有足够的风量。

但是，用机械通风要把自然风压考虑进去，因为冬夏两季的自然风压必有一季的风压与机械通风压力方向相反（相当于通风阻力）。

## （二）机械通风

井下巷道中空气流动的压力差是由通风机械造成的，则为机械风压，靠机械风压进行通风者称为机械通风。通风机械按其服务范围可分为主要通风机（为全矿井进行通风的通风机）、局部通风机（为某一局部加强通风的通风机）两种。根据其结构不同又可分为离心式通风机和轴流式通风机两种类型。

### 1. 离心式通风机

离心式通风机主要由螺旋形外壳、动轮、进风道和扩散器等主要部件组成。当通风机的动轮转动时，动轮叶片之间的空气随着叶片旋转而产生离心作用，被动轮甩到螺形外壳，并从扩散器排出通风机。当动轮叶片间的空气被甩出时，轮心部分便形成低压区，这时外界的空气在大气压的作用下，由通风机的进风口进入动轮。由于动轮不停地旋转，井下的空气在大气压的作用下不断地进入通风机，随后会被排出到地面。

### 2. 轴流式通风机

轴流式通风机主要由外壳、流线罩、动轮、前导器、集风口、整流器主要部件所组成。

轴流式通风机运转时，空气沿着通风机轴的方向进入集风口，由于动轮的旋转把空气向前推动，并产生压力差，然后经扩散器排出。

离心式通风机和轴流式通风机相比较，离心式通风机的风压高，运转特性曲线平稳，坚固耐用，噪声小，但体积较大，而轴流式通风机便于风量和风压的调节，机体较小，但结构复杂，噪声大，维护困难。

## 二、矿井通风阻力

### （一）空气压力

#### 1. 点压力

①绝对压力。以绝对真空为基准进行计量的压力，称为图 5-4 巷道内的风流流动绝对压力，它的值永为正值。

②相对压力。以某一区域的大气压力为基准进行计量的压力，称为相对压力。大于此大气压力的为正值，小于此大气压力的为负值。压力的单位用帕斯卡（Pa）表示。以前是用毫米汞柱（$mmHg$）或毫米水柱（$mmH_2O$）进行表示的，虽然这两个是废弃单位，但在某些工程实际中仍然使用。

#### 2. 压力差

任何两点之间的空气压力差，称为压力差。在矿井通风过程中，进风井与出风井存在着压力差，它是由通风机（或自然因素）造成的。这个压力差是用来克服巷道通风阻力的，习惯上称之为矿井通风压力。

## （二）矿井通风阻力

当空气在井巷中流动时，由于空气的黏滞性和惯性以及井巷壁面对风流的阻滞、扰动作用造成风流能量的损失，称为矿井的通风阻力。矿井通风阻力分为摩擦阻力（也称沿程阻力）和局部阻力，而摩擦阻力是矿井通风阻力的主要构成部分。

1. 摩擦阻力

空气沿井巷流动时，由空气与井巷壁之间、空气分子与分子之间的内外摩擦而产生的阻力，称为摩擦阻力。其大小取决于巷道的光滑程度、断面大小、巷道长度、周边长和巷道中风速等因素。摩擦阻力在矿井通风阻力中约占 80%～90%，其计算方法如下：

$$h_{摩} = \alpha L U / S^3 \cdot Q^2$$

式中 $h_{摩}$——巷道的摩擦阻力，Pa；

$\alpha$——摩擦阻力系数，$N \cdot s^2 m^4$；

$L$——巷道长度，m；

$U$——巷道周边长度，m；

$Q$——巷道中的风量，$m^3/s$；

$S$——巷道的净断面积。

在矿井中，当巷道开凿以后，其 $\alpha, L, U, S$ 等项数值都是不变的常数，因此可令风阻：

$$R_{摩} = \alpha L U / S^3$$

则式 $h_{摩} = \alpha L U / S^3 \cdot Q^2$ 又可写成：

$$h_{摩} = R_{摩} \cdot Q_2$$

由式 $h_{摩} = \alpha L U / S^3 \cdot Q^2$ 中可以看出，当巷道壁光滑（$\alpha$ 值小）、巷道长度短（$L$ 值小）、巷道周边长度小（$U$ 值小）、风量小（$Q^2$ 值小）、巷道断面大（S 3 值大）时，巷道的摩擦阻力就小，反之则大。

2. 局部通风阻力

在矿井通风过程中，由于巷道拐弯和断面突然变化、巷道的分岔或汇合，以及堆积物等，都会使风流方向和速度发生突然变化产生涡流或冲击，造成风流能量的损失，这种阻力称为局部阻力。

局部通风阻力的计算

$$h_{局} = R \cdot Q_2$$

式中 $R_{局}$——局部风阻，$N \cdot s^2/m^8$

由于摩擦阻力在矿井总阻力中占比最大，而且局部阻力很难逐项、逐点的计算准确，因此在通风设计中，一般按经验估算局部阻力为摩擦阻力的 15%～25%。但在通风管理中特别在分析矿井通风阻力时要认真考虑局部通风阻力。

3. 矿井总阻力的计算

$$h_{阻} = h_{障} + h_{局} = (R_{摩} + R_{局})Q^2$$

根据计算的矿井通风总阻力，即可知道矿井通风所需要的通风压力值，以便作为选择通风设备的依据。

### （三）降低通风阻力的措施

降低矿井通风阻力，对保证矿井安全生产和提高经济效益都具有重要意义。具体措施如下：

①通风巷道断面不宜过小。特别是风量较集中的主要进、回风道的断面要适当加大，在通风设计时应尽量采用经济断面，在生产矿井改善通风系统时，对于主风流线路上的高风阻区段，常采用扩大断面，必要时开掘并联巷道。

②减少巷道长度。在矿井开拓设计和改造通风系统时，在满足生产需要的前提下，尽量缩短风路。

③尽可能使巷道周壁光滑，以降低摩擦阻力系数，提高井巷的施工质量和维修质量。

④要尽可能避免巷道断面突变和直角转弯，经常保持巷道清洁、完整，主要巷道内不被允许停放车辆、堆积木料等，旧坑木、支架、碎石及其他杂物要及时运出。

### （四）通风阻力测定

矿井通风阻力测定是通风技术管理工作的重要内容之一。其目的主要有：

①了解通风系统中阻力分布情况，以便经济合理地改善矿井通风系统；

②提供实际的井巷摩擦阻力系数和风阻值，为通风设计、网路解算、均压防灭火提供可靠的基础资料。通风阻力测定的理论依据是通风能量方程。阻力测定方法有压差计法和气压计法两类。《煤矿安全规程》第一百一十九条规定：新井投产前必须进行1次矿井通风阻力测定，以后每3年至少进行1次。矿井转入新水平生产或改变一翼通风系统后，必须重新进行矿井通风阻力测定。

## 第三节　矿井通风方法

### 一、矿井主要通风机的工作方法

矿井主要通风机的工作方法主要有抽出式通风、压入式通风和抽出压入混合式通风3种类型。矿井主要通风机的工作方法、通风方式与通风网路称为矿井通风系统。

1. 抽出式通风

抽出式通风是将通风机安设在回风井井口附近，并用风硐使它和回风井筒连接，同时也要将回风井井口封闭。当通风机运转时，造成风硐中空气压力低于大气压力，迫使空气从进风井口进入井下，再由回风井排出。

在抽出式通风的矿井中，井下任何地点的空气压力，都小于井外的大气压力。因此，这种通风机的工作方法称为负压通风。负压通风在通风机停止运转时，因井下空气较正常通风时的风压有所提高，对瓦斯涌出起到一定的抑制作用。

2. 压入式通风

压入式通风是将通风机安设在进风井井口附近，并用风硐使它和进风井筒连接。当通风机运转时，将地面空气压入井下。井下任何地点的空气压力，都大于当时同标高的大气压力。因此，将这种通风机的工作方法称为正压通风。正压通风在通风机停止运转时，因井下空气较正常通风时压力有所下降，瓦斯易于涌出。在开采深度小、地表塌陷区严重、瓦斯涌出量不大的矿井，采用这种方法较为合适。

3. 抽出和压入混合式通风

抽出和压入混合式通风方法是上述两种方法的综合。它的主要应用于矿井通风距离大、通风阻力大的矿井。这种方法在管理上比较复杂，所以应用较少。

## 二、矿井通风方式

矿井进、回风井的相互位置关系称为矿井通风方式。矿井通风方式分为以下几种类型。

1. 中央并列式

进风井和回风井大致并列布置在井田的中央，风流由中央的进风井进入井底车场，经运输大巷至两翼采区工作面，最后返回到井田中央的回风井排出井外。

2. 对角式

对角式通风方式是进风井位于井田走向的中央。回风井（两个）位于井田沿倾斜的浅部、沿走向的两翼边界附近。

3. 混合式

混合式通风方式为上述任意两种通风方式的结合，如中央分列与对角混合式、中央并列与对角混合式、中央并列与中央分列混合式等。这种通风方式多为老矿井进行深部开采时所采用的通风方式。

## 三、矿井通风网路

矿井通风系统是由纵横交错的巷道与通风线路构成的，它是一个复杂的系统。用图论的方法对通风系统进行抽象描述，人们把通风系统变成一个由线、点及其属性组成的系统，称为通风网路。通风系统中各巷道分配的风量大小及其方向遵循一定的规律。

如果一条巷道紧接着另一条巷道，中间没有分支巷道，这种井巷连接方式称为串联。串联网路中所流过的总风量等于每条巷道中所流过的风量，而其总风压等于各条巷道的风压之和，其总风阻等于各条巷道的风阻之和。

两条或两条以上的巷道在同一地点分开，然后又在另一地点汇合，中间没有交叉巷道，这种巷道连接方式称为并联网路。并联网路的总风量等于各条巷道风量之和，而其总风压等于各条巷道的风压，即并联分支巷道的风压均相等，其总风阻比任何一条单独分支巷道的风阻都要小。所以，采用并联网路通风，可以降低矿井的总风阻。并联网路通风还可以避免巷道串联通风中污风串联的现象，能保证采煤工作面风流新鲜，当发生事故时，易于隔绝，防止事故扩大，所以在矿井中应尽量采用并联网路通风措施。

## 四、掘进通风方法

掘进工作面的通风方法主要采用局部通风机来完成。它是利用局部通风机和风筒把新鲜风流送到掘进工作面，然后把工作面使用后的污风排出。

### （一）掘进通风设备

目前我国煤矿掘进工作面使用的通风设备为局部通风机。

### （二）掘进通风方式

1. 压入式通风

压入式通风是利用局部通风机将新鲜风流压入风筒送到工作面，污风由巷道排出。压入式通风的风流从风筒末端以自由射流状态射向工作面，其风流的有效射程较长，一般可达到 6~8m。易于排出工作面的污风和矿尘，通风效果好。局部通风机安设在新鲜风流中，污风不经过局部通风机，局部通风机一旦发生火花，也不易引起瓦斯、煤尘爆炸，故安全性好。压入式通风所应用的风筒可以是硬质的，也可以是柔性的。但压入式通风的工作面，污风沿巷道向外排出，不利于巷道中作业人员的呼吸。为保证良好的工作条件，避免吸入因爆破产生的烟尘，爆破时人员撤离的距离较远，故往返时间较长。此外，爆破后的炮烟由巷道排出的速度慢、时间长，使掘进中爆破的辅助时间加长，影响掘进速度。

2. 抽出式通风

抽出式通风与压入式通风相反，新鲜风流由巷道进入工作面，污风经风筒由局部通风机排出。但是由于风筒末端的有效吸程比较短，一般只在 3~4m 左右。如果风筒末端距工作面较远，有效吸程以外的风流将形成涡流停滞区，通风效果不良。如果风筒末端靠近工作面，爆破时又易崩坏风筒。另外，污风经局部通风机排出，安全性较差而且不能使用柔性风筒。

3. 混合式通风

混合式通风就是把上述两种通风方式同时混合使用。它具有压入式和抽出式通风的优点。但它要有 2 套通风设备，同时污风也要通过局部通风机，而且在管理上比较复杂。

综上所述，压入式通风设备简单、效果好、安全，它是我国煤矿应用最为广泛的一种局部通风方式。

## 第四节　通风构筑物及漏风

矿井通风系统，除了有结构合理的通风网路和能力适当的通风机外，还要在网络中的适当位置安设隔断、引导和控制风流的设施和装置，以保证风流按生产需要流动。这些设施和装置，统称为通风构筑物。风流在流动的过程中，通过通风构筑物的缝隙、煤柱裂隙、采空区或地表塌陷区等直接渗透到回风巷或地面而产生漏风。因此应合理地安设通风构筑物，并使其经常处于完好状态。切实保障减少漏风，提高有效风量是通风管理部门的基本任务。

### 一、通风构筑物

通风构筑物可分为两大类：一类是通过风流的通风构筑物，如主要通风机风硐、反风装置、风桥、导风板和调节风窗；另一类是隔断风流的通风构筑物，如井口密闭、挡风墙、风帘和风门等。

#### （一）风门

在通风系统中既要隔断风流又要在行人或通车的地方设立风门。在行人或通车不多的地方，可构筑普通风门。而在行人通车比较频繁的主要运输道上，则应构筑自动风门。

普通风门可用木板或铁板制成。

自动风门种类很多，目前常用的自动风门有以下几种：

1.碰撞式自动风门

由木板、推门杠杆、门耳、缓冲弹簧、推门弓和钗链等组成。风门是靠矿车碰撞门板上的门弓和推门杠杆而自动打开的，借风门自重而关闭。其优点是结构简单，经济实用；其缺点是碰撞构件容易损坏，需经常维修。此种风门可用于行车不太频繁的巷道中。

2.气动或水动风门

这种风门的动力来源是压缩空气或高压水。它是由电气触点控制电磁阀，电磁阀控制气缸或水缸的阀门，使气缸或水缸中的活塞做往复运动，再通过联动机构控制风门开闭。这种风门具有简单可靠的特点，但只能用于有压缩空气和高压水源的地方。北方矿山严寒易冻的地方不能使用。

3.电动风门

电动风门是以电动机做动力。电机经过减速带动联动机构，使风门开闭。电机的启动和停止可用车辆触及开关或光电控制器自动控制。电动风门应用广泛，适应性较强，只是减速和传动机构稍微复杂些。

永久风门的质量标准：

①每组风门不少于两道。通车风门间距不小于一列车长度，行人风门间距不小于 5 m。进回风巷道之间设风门的同时应设反向风门，其数量至不两道。

②风门能自动关闭。通车风门实现自动化，矿井总回风和采区回风系统的风门要装有闭锁装置；风门不能同时敞开（包括反风门）。

③门框要包边，沿口有垫衬，四周接触严密。门扇平整不漏风，门扇与门框不歪扭。门轴与门框要向关门方向倾斜 80°～85°。

④风门墙垛要用不燃性材料构筑，厚度不小于 0.5 m，严密不漏风。墙垛周边要掏槽，见硬顶、硬帮与煤岩接实。墙垛平整，无裂缝、重缝和空缝。

⑤风门水沟要设反水池或挡风帘，通车风门要设底坎，电管路孔要堵严。风门前后各 5 m 内巷道支护良好，无杂物、积水、淤泥。

## （二）风桥

当通风系统中进风道与回风道水平交叉时，为使进风与回风互相隔开，需要构筑风桥。按其结构不同可分为三种：

1. 绕道式风桥

开凿在岩石里，最坚固耐用，漏风少，能通过大于 20 m³/s 的风量。此类风桥可在主要风路中使用。

2. 混凝土风桥

3. 铁筒风桥

通过的风量不大于 10 m³/s，可使用铁筒风桥。铁筒可制成圆形或矩形，风筒直径不小于 0.8～1m。铁板厚不小于 5 mm。此类风桥可在次要风路中使用。

风桥的质量标准：

①用不燃的材料构筑；

②桥面平整不漏风；

③风桥前后范围内巷道支护良好，无杂物、积水淤泥；

④风桥通风断面不小于原巷道断面的 4/5，成流线型，坡度小于 30°；

⑤风桥两端接口严密，四周实帮、实底，要填实；

⑥风桥上下不准设风门。

## （三）密闭

密闭是隔断风流的构筑物。设置在需隔断风流、也不需要通车行人的巷道中。密闭的结构随服务年限的不同分为两类：

①临时密闭，常用木板、木段等修筑，并用黄泥、石灰抹面。

②永久密闭，常用料石、砖、水泥等不燃性材料修筑。

永久密闭的质量标准：

①用不燃性材料建筑，严密不漏风，墙体厚度不小于0.5 m。

②密闭前无瓦斯积聚；5 m内外支架完好，无片帮、冒顶，无杂物、积水和淤泥。

③）密闭周边要掏槽，见硬底、硬帮与煤岩接实，并抹有不少于0.1 m的裙边。

④密闭内有水的要设反水池与反水管；有自然发火煤层的采空区密闭要设观测孔、灌浆孔，孔口要堵严密。

⑤密闭前要设栅栏、警标、说明牌板和检查箱。

⑥墙面平整、无裂缝、重缝和空缝。

## （四）导风板

在矿井中常用以下导风板。

1. 引风导风板

压入式通风的矿井，为防止井底车场漏风，在入风石门与巷道交叉处，安设引导风流的导风板，利用风流动压的方向性，改变风流分配状况，提高矿井有效风量率。图5-19是导风板安装示意图，导风板可用木板、铁板或混凝土板制成。挡风板要做成圆弧形与巷道成光滑连接。导风板的长度应超过巷道交叉口一定距离。

2. 降阻导风板

通过风量较大的巷道直角转弯处，为降低通风阻力，可用铁板制成机翼形或普通弧形导风板，减少风流冲击的能量损失。

3. 汇流导风板

当两股风流对头相遇汇合在一起时，可安设导风板，减少风流相遇时的冲击能量损失。此种导风板可用木板制成，安装时应使导风板伸入汇流巷道后所分成的两个隔间的面积与各自所通过的风量成比例。

# 二、漏风及有效风

## （一）矿井漏风及其危害性

矿井中流至各用风地点，起到通风作用的风量称为有效风量。未经用风地点而经过采空区、地表塌陷区、通风构筑物和煤柱裂隙等通道直接流（渗）入回风道或排出地表的风量称漏风。

矿井漏风使工作面和用风地点的有效风量减少，气候和卫生条件恶化，增加无益的电消耗，并可导致煤炭自燃等事故。切实保障减少漏风、提高有效风量是通风管理部门的基本任务。

## （二）漏风的分类及原因

1. 漏风的分类

矿井漏风按其地点可分为：

①外部漏风（或称井口漏风）泛指地表附近如箕斗井井口，地面主通风机附近的井口、防爆盖、反风门、调节闸门等处的漏风。

②内部漏风（或称井下漏风）是指井下各种通风构筑物的漏风、采空区以及碎裂煤柱的漏风。

2. 漏风的原因

当有漏风通路存在，并在其两端有压差时，可产生漏风。漏风风流通过孔隙的流态，漏风风量大小随孔隙情况不同而异。

## （三）矿井漏风率及有效风量率

1. 矿井有效风量 Q

矿井有效风量是指风流通过井下各工作地点（包括独立通风采煤工作面、掘进工作、硐室和其他用风地点）实际风量总和。

2. 矿井有效风量率

矿井有效风量率是矿井有效风量 $Q_e$ 与各台主要通风机风量总和之比。矿井有效风量率应不低于85%。

$$P_o = Q_t / \sum Q_{li} \times 100\%$$

式中 $Q_{li}$ ——第 $i$ 台主要通风机的实测风量换算成标准状态的风量，$m^3/s$。

3. 矿井外部漏风量

矿井外部漏风量是指直接由主要通风机装置及其风井附近地表漏失的风量总和。用各台主要通风机风量的总和减去矿井总回（或进）风量。

$$Q_L = \sum Q_{fi} - \sum Q_{ti}$$

式中 $Q_{li}$ ——分别为第 $i$ 号回（或进）风井的实测风量换算成标准状态的风量，$m^3/s$。

4. 矿井外部漏风率

矿井外部漏风率是指矿井外部漏风量 $Q_L$ 与各台主要通风机风量总和之比。矿井主要通风机装置外部漏风率无提升设备时不得超过5%，有提升设备时不得超过15%。

$$P_L = Q_L / \sum Q_{ii} \times 100\%$$

## （四）减少漏风，提高有效风量

漏风风量与漏风通道两端的压差成正比，和漏风风阻的大小成反比。应提高地面主要通风机的风硐、反风道的质量及附近的风门的严密性，以减少漏风。对其他巷道、采空区及构筑物可以从以下几个方面防止漏风。

①在采用中央并列式通风系统时，进、回风井间应保持一定间距，并尽量减少进、回风井间的联络巷，行人或通车的联络巷则必须保持足够的长度，以便在其中安设两道以上高质量的风门及两道反向风门。

②矿井或一翼（或分区）的进、回风巷的岩柱或煤柱要保持足够的尺寸，不致被压裂而漏风；进、回风巷间必须保留少量联络巷道时，同时设置两道以上的高质量的风门及两道反向风门。

③提高通风构筑物的质量，加强通风构筑物的严密性是防止矿井漏风的基本措施。同时，要正确选择通风构筑物的安设位置。

④采空区注浆、洒浆、洒水等，可提高其压实程度，减少漏风。

⑤在利用箕斗井回风时，箕斗井井底煤仓必须留贮足够的煤量，防止漏风。为此应设置有效的煤位量测控制装置，井塔及井上下的装卸处均须有完善的密封措施。

⑥采空区和不用的风眼必须及时封闭。各种风门、风桥和密闭必须规范化、系列化，保证构筑质量。地表附近的小煤窑和古窑必须查明，标在巷道图上，有关的通道必须修筑可靠的密闭。必要时必须填砂、填土或注浆。有关的裂隙也必须填堵或注浆，严防漏风、渗水而引起重大事故。

# 第五章 煤矿开采新技术

## 第一节 煤层气开发利用

### 一、国内外煤层气开发利用现状

#### (一) 世界煤层气开发利用现状

世界煤层气资源极其丰富，根据国际能源机构估计全世界煤层气资源量达 260 万亿其中俄罗斯、加拿大、中国、美国和澳大利亚的煤层气资源均超过 10 万亿 $m^3$。目前，全世界每年因采煤向大气排放的煤层气达 315～540 亿 $m^3$，既是能源的极大浪费，又对全球环境造成严重破坏。以前，各国煤矿煤层气抽排放主要基于安全因素，最早开展煤层气抽放的是欧洲，那里采煤历史悠久。

目前，世界主要产煤国都十分重视开发煤层气。井下打长孔抽放瓦斯是常规技术，也是控制煤矿瓦斯事故的有效措施。但是，由于受井下条件限制，井下瓦斯抽放一般规模较小，几十年技术上没有新的突破。目前，美国圣胡安和黑勇士两个煤田的煤层气开发规模最大。实践证明，煤层气地面开发能够实现煤层气的规模生产，因此主要产煤国在继续改进井下抽放技术的同时，大力推广地面钻井技术回收煤层气，标志着世界煤层气开发进入一个新阶段。

澳大利亚的煤层气资源主要分布在悉尼煤田和鲍恩煤田。在悉尼煤田，一些矿井已经广泛应用水平钻孔、斜交钻孔和地面采空区垂直钻孔抽放技术，阿莫科澳大利亚石油公司采用航空磁测和地震勘探，以确定钻井的最佳位置。太平洋电力公司在该煤田已钻了 6 个评价孔。

煤层气的开发推动了煤层气利用市场的发展。煤层气是优质的洁净燃料，甲烷浓度 90% 以上，热值与天然气相当。美国有完善的天然气管道系统，生产的煤层气直接进入天然气管道进行销售。波兰雷尼克矿区也建立起管道系统，连接 9 座煤矿。近些年来，煤层气发电发展很快，英国有 8 座煤矿安装了煤层气发电机组。其中，哈华斯煤矿的联合循环发电厂装机容量为 15 MW。此外煤层气在其他应用领域的研究实验也取得新进展，包括煤层气加压液化作为汽车燃料或用于生产合成氨、甲醛和炭黑等。

## （二）我国煤层气开发利用现状

中国是世界第一大产煤国，以井工开采为主。中国许多井工煤矿瓦斯危害严重，瓦斯爆炸和瓦斯突出事故在煤矿重大恶性事件中长久以来占有很大比例，瓦斯事故已构成煤矿安全的最大威胁。

抽放煤层气是减少矿井瓦斯涌出量，防止瓦斯爆炸和突出事故的根本措施。

# 二、我国煤层气开发的政策与法规

煤层气除主要用于民用及商业燃料外，还用于发电、化肥及化工原料、工业和运输燃料。我国煤层气开发与能源可持续发展战略的基本思路和主要内容为节能优先、改善能源结构及环境保护与能源同步发展，煤层气作为天然气的补充，定将越来越受到重视。

从世界各国能源产业发展历史来看，一个新兴能源产业发展的初期，政府的资金投入和政策的扶持非常重要，对煤层气这种高投入、高风险、高技术、回收期较长的产业来说，更是如此。

## （一）国际社会对中国煤层气开发的援助

### 1.GEF 项目

GEF（全球环境基金）是专门向发展中国家旨在保护全球环境的项目和活动提供的赠款和特许基金，资助的领域主要涉及全球变暖、国际水域污染、生物多样化破坏和臭氧层破坏四个方面。

### 2.UNDP 项目

UNDP 资助我国的"深部煤层气勘探"项目于 1993 年 8 月启动，到 1996 年 12 月结束，目的在于勘探我国的深部煤层气这一新能源。项目总投资为 170 万美元（其中我国政府投入 40 万美元）。项目地点选在山西柳林地区，在该试验区钻探 7 口煤层气试验井，通过排采，最高单井产气量超过 7 000 m³/d，平均单井产量 1 000～3 000 m³/d。另外，通过执行该项目，获得了勘探煤层气的技术，培训了地质工程人员，引进了先进的装备和软件，初步形成了我国自己的勘探煤层气的技术力量。

### 3.USEPA 项目

美国环保局为了鼓励我国煤矿加强回收和利用所抽排的井下煤层气，减少温室气体排放，于 1994 年决定与我国原煤炭工业部合作，建立煤层气信息中心。该项目合作期限 5 年（1994～1999），美国环保局赠款 65 万美元，主要任务包括收集、整理和传播煤层气勘探、开发和利用信息、开发煤层气数据库，出版《中国煤层气》杂志和有关煤层气的研究报告及其他资料，并举办研讨会，促进中外煤层气技术交流，为国内外公司提供咨询服务和为政府有关部门提供政策性建议等。

### 4.APEC 项目

1995 年 11 月，日本通产省代表团来我国考察煤层气市场，拟利用 APEC（亚太经济组织）基金向我国提供煤层气开发利用的资金援助。1997年初，日本通产省同原中国煤炭部接触，拟将此项目纳入日本"绿色援助计划"（GAP）。

5.USDOE项目

USDOE（美国能源部）一位副部长在美国参议院的一次听证会上指出，在能源方面（包括开发和利用煤层气），中国及其他亚洲国家急需外国投资，开发中国煤层气将是一个长期的合作机会。1995年3月5日，原中国煤炭部部长和美国能源部部长在北京签署了两国政府间化石能源研究与开发议定书第十一附件"煤层气回收与利用领域的合作协议"。

## （二）我国的煤层气开发鼓励政策

鉴于资金和技术、设备上的原因，我国从20世纪80年代末开始试验从地面钻井开发煤层气，主要采取国际支持和对外合作的方式，到1999年9月止，全国已钻探155口煤层气勘探试验井，获得了具有工业价值的煤层气产量，但是，煤层气勘探开发并没有在全国范围内以一个产业的形式取得规模性的发展。

1.成立全国性龙头骨干企业

为统一规划和指导我国煤层气的勘探和开发，进一步吸引外资，尽早建立我国的煤层气产业，1996年3月30日经国务院批准，正式成立中联公司，作为发展我国煤层气产业的龙头骨干企业。中联公司的主要任务是从事煤层气勘探、开发、生产、输送、销售和利用，并授予其中外合作进行煤层气勘探、开发、生产的专营权。到现在为止，中国煤层气开发"一个窗口对外"，统一规划、统一标准，协调发展的局面已经形成，一个新兴的能源产业已经崛起。

2.优惠的产业政策

增加洁净能源，改善能源结构，提高能源利用效率是中国可持续发展的能源工业的基调。中国是1992年《气候变化框架公约》的缔约国之一，对控制$CH_4$和$CO_2$等温室气体排放，保护大气、创造人类良好生存环境，负有应尽的义务。以上两因素成为中国政府制定煤层气产业发展政策的出发点。经国务院批准，煤层气的开发利用已被列入中国政府鼓励外商投资的产业目标和当前国家重点鼓励发展的产业与技术目录，并对煤层气产业对外合作项目出台了一系列优惠政策、措施等。

3.财政支持

中联公司于1997年在国家计划中实行单列，按项目安排地质勘探费、资源补偿费和科研项目经费。

4.税收政策

中国对外合作开采石油天然气资源从20世纪70年代末开始的，为适应对外开采油气资源的需要，1983年中国政府决定成立海洋石油税务局，专门从事对外合作开采石油资源税收政策的制定和管理工作。经过不断补充和完善，中国已经建立了一套符合国际惯例的对外合作开采石油资源的税制，在促进对外合作开采石油资源方面发挥着重要作用。

5. 市场定价原则

煤层气销售价格按市场经济原则，由供需双方协商确定，国家不限价。常规天然气价格由国家限定。

### （三）我国开发煤层气的相关法规

立法是煤层气生产的关键和保证，只有通过立法才能保证煤层气投资者的合法权益，才能提高煤层气投资者的积极性，最终促进煤层气产量的提高。

目前，我国的煤层气勘探开发暂无专行法规予以规定。根据国务院有关文件的精神，煤层气开发许可证管理程序及有关税收政策都是参照石油、天然气的有关规定执行的。主要法律法规包括：《中华人民共和国矿产资源法》、《中华人民共和国煤炭法》及其配套的实施细则、《中华人民共和国对外合作开采陆上石油资源条例》及其他各有关规定、《中华人民共和国对外合作开采海上石油资源条例》及其他各有关规定、《矿产资源勘查区块登记管理办法》、《探矿权采矿权转让管理办法》、《矿产资源开采登记管理办法》及其他涉及煤层气产业方面的相关法规，包括税法、环境保护法、土地法等一系列的法规以及根据国务院有关文件精神为煤层气开采所适用的有关部门规定。

## 三、煤层气基础知识

煤成气是指腐殖型有机物在成煤过程中所形成的天然气的总和。地壳中的天然气可分为油成气、煤成气和它成气三大类。其中，煤成气和油成气的主要区别有以下几点：

①气源不同，煤成气来自煤系和煤层，油成气来自生油岩系。

②干酪根类型不同，煤成气以腐殖型为主，油成气以腐泥型和过渡型为主。

③甲烷同位素比值 $\delta(^{13}C_1)$ 不同。煤成气 $\delta(^{13}C_1) = -20\% \sim -30\%$，偏重；油成气 $\delta(^{13}C_1) = -30\% \sim -55\%$，偏轻。

煤成气可分为煤系气和煤层气两大类型。煤系气属于常规天然气，气源来自煤系地层，一般均经过大规模的运移，$\delta(^{13}C_1)$ 值偏高，$CH_4$ 含量相对偏低。煤层气属于非常规天然气，气源来自煤层，一般未经过长距离的运移，$\delta(^{13}C_1)$ 值偏轻，$CH_4$ 含量相对偏高。煤层气（即煤层甲烷）是一种储存于煤层及其邻近岩层中的以自生自储式为主的天然气。

煤系气和煤层气都可以分为两大部分，即留存在生气母岩（煤系或煤层）中，基本上未经过运移的那部分煤成气，称为煤中气。从生气母岩运移出去的那部分煤成气，称为煤出气。煤出气又分为两部分，即已经分散的失去工业价值的煤出气称为煤散气，它占煤出气的大部分；聚集在一起形成煤气田，可供开采利用的煤出气称为煤聚气，它占煤出气的比例很小。

综上所述，可列下面分类：

## 四、煤层气勘探

由于煤层气的特殊性和煤层气开发项目的经济状况的不确定性,因而为了更有效地开发一个地区的煤层气资源,特别需要有正确的策略和工作步骤。通常,一个煤层气开发项目的实施,要经过开发潜力的初步评价、小型试验性开发、项目可行性论证、大规模工业性开发等不同阶段.我们将大规模工业性开发前的各项工作统称为煤层气勘探阶段。

### (一)勘探阶段工作内容

煤层气资源勘探、开发的第一阶段主要是对该地区煤层气的生产潜力进行评价。这一阶段的工作,包括两个步骤,即地质评价和测试井施工。利用地质评价所获得的数据和资料,可以估计煤层气资源的前景,选择开发有利的目标区。当确定了有利的目标区后,就可以选择适当的位置施工若干口煤层气测试井,以便进一步确定目标区生产能力。

煤层气勘探、开发的第二阶段是进行小型试验性开发,当煤层气测试井所提供的资料不足以做出大规模井组开发的决定时,就应该通过小规模的井组试验以获取足够的信息,即进行小型试验性开发,若小型试验性开发是成功的,即可进入工业性开发阶段。

### (二)地质评价和煤层气资源量计算

对一个地区进行详细的地质评价,能够使人们在实施费用昂贵的野外测试之前.对煤层气的赋存状况有较深入的了解,并有助于确定测试井的位置。在地质评价阶段.应尽量从各有关方面搜集资料,对影响煤层气赋存和气井生产能力的地质因素,进行深入、全面的分析和评价,识别具有生产潜力大的区域。同时,计算评价该区的煤层气资源量。

1. 地质评价

地质评价主要包括区域地质分析、煤储层的几何形态分析、煤岩及煤质分析等。勘探区区域地质分析的内容包括地层、构造、火成岩、地质发展史及水文地质条件等。

2. 煤层气资源量的计算

煤层气资源量是资源评价和勘探工作的最终成果,煤层气资源量是指赋存于地下煤储层及其围岩中的甲烷估算量,这些甲烷量在现代技术和经济条件下可提供开采并能获得经济效益。在实际计算过程中,应考虑煤层气的赋存特征、煤田勘探程度、开采技术的有效性和开发利用价值等方面的因素。在实际工作中,通常只需要计算可采煤层中的气资源量,而不计算煤层顶底板及不可采煤层中的气量。

由于煤层气藏是一种裂隙—孔隙型气液两相、双重孔隙介质的储集类型,则容积法和气藏数值模拟法比较适用于计算煤层气储量,其他方法误差大,甚至无法应用。

煤层气资源量估算应以单一煤层或煤层组为单位,在专门的图件上,将所评价的区域划分为若干块段,分别计算。块段是储量计算和级别划分的最小单元,块段划分一般应考虑以下问题:各种自然界限,如构造线、煤层变薄尖灭线等;各种人为技术边界,如井田或采区边界、水平标高线、储量等级界限等,应把煤层埋深为 1。00 m 和 2 000 m 作为主要的块段划分界限；煤层瓦斯风化带范围内不计算煤层气资源量。

块段内需要确定的参数有：有效含煤面积、煤层厚度、煤层容重、煤炭储量及煤层气含量。

3. 有利区块选择

在选择勘探、开发煤层气的有利区块时，应考虑如下的条件，即煤厚、煤阶、气含量、渗透性、埋藏深度和构造条件，每个方面的理想条件是：煤层单层厚度＞1.5 m，煤阶为一种高变质烟煤，即气煤到瘦煤；渗透率＞$1.0 \times 10^{-3}$ $\mu m^2$ 埋深为 300～1 000 m；地质构造提高了渗透性的地区。

### （三）测试井勘探评价

在地质评价的基础上，选择具有开发潜力的地区，布置施工一些单独的煤层气测试井，利用这些测试井进行勘探评价，其目的：一是直接获得煤层厚度、质量、气含量等重要参数，以尽可能详细地确定煤层气资源量；二是进行试井（包括地层测试和生产试验），以便初步评估煤层气资源的生产潜力。

测试井中勘探评价要注意测试井施工的一般要求、数据采集、测试井试气及数据评价的有关问题。

### （四）小型试验性开发

地质评价和测试井勘探评价资料如果显示有利于开发，为了进一步评价生产潜力，就要设计并实施小型试验性开发。小型试验性开发的主要目的是确定目标层气体的可采性，其次是进一步证实测试井中所获得的气含量和渗透率数据。其程序有试井、采气试验、试验性开发数据评价及工业性开发设计。小型试验井的开发对所需要的资料及要求有明确规定，小型试验井开发时有关钻井和完井的技术要求按煤层气井钻井、固井、完井技术规定。另外，也应重视地球物理测井技术的应用。

## 五、煤层气开采

煤层气开发有"老区"和"新区"之分，前者是指在生产矿区的煤层气开发，后者是指在未开采的原始煤田的煤层气开发。目前和近期内，我国煤层气的勘探、开发活动更多地集中在生产矿区，因为在生产矿区煤层气勘探程度较高，对煤层气资源条件掌握比较清楚，市场条件也相对较好，当在生产矿区规划和建立煤层气勘探开发项目时，所提供的资料可能涉及煤矿开采有关情况。事实上，在生产矿区开发煤层气与煤矿开采活动密切相关，地面钻井开采煤层气和井下钻孔抽放煤层气对煤矿井下生产系统和采掘作业也有直接影响。

### （一）井下抽放煤层气

1. 井下抽放煤层气概述

我国的煤矿抽放煤层气是新中国成立后开始的。

### 2. 抽放煤层气工程设计

抽放煤层气工程设计涉及的内容较多，其工程投资较大。因此，矿井煤层气抽放工程设计应按照单项工程编制，一般按可行性研究、初步设计和施工图设计三个阶段进行。新建矿井的抽放工程设计应以已经批准的精查地质报告为依据，并参照邻近矿井的煤层气情况进行；改（扩）建及生产矿井还应以生产地质资料和抽放煤层气可行性论证等作为条件为依据。

（1）抽放煤层气的可行性和经济性

凡申请建立永久抽放系统的矿井，要符合原煤炭部 1989 年颁布的《矿井瓦斯抽放管理规范》的有关规定，即应同时具备下列四个条件：一个采煤工作面的瓦斯涌出量大于 5 $m^3$/min 或一个掘进工作面的瓦斯涌出量大于 3$m^3$/min，矿井瓦斯涌出量大于 15 $m^3$/min，每个瓦斯抽放系统的抽放量预计可保持在 3 $m^3$/min 以上，瓦斯资源可靠、储量丰富且预计瓦斯抽放服务年限在 10 年以上。

矿井煤层气抽放经济性评价的主要目的，就是要计算煤层气的经济回采量，煤层气经济回采量是指在井下抽放的条件下，通过对煤层气抽放成本和收益进行系统分析，并按一定数学模型计算出能够取得经济效益的煤层气抽放量。

（2）抽放设计

抽放要对可行性和经济性进行论证。在进行矿井抽放煤层气设计前，首先，要编制设计任务书和矿井煤层气抽放的可行性研究报告，并报请上级有关部门审批。设计任务书一般由生产单位与承担设计任务的单位共同编制，按隶属关系报有关上级批准后下达。其主要内容为：抽放目的、抽放规模、抽放量预计、工程量和投资额概算以及社会经济效益等。而矿井煤层气抽放的可行性研究报告通常必须要委托授权的专业研究机构编写。

抽放设计主要包括抽放工程设计说明书、抽放工程机电设备与器材清册、抽放工程设计概算书、施工图纸四部分。

矿井抽放设计需要计算矿井煤层气储量、可抽煤层气量、年抽放量及抽放系统服务年限等有关参数。

（3）抽放效果计算

抽放效果的计算不仅要考虑煤层气抽放量的大小，而且还要看其抽放率的高低和抽放后顺风风流中煤层气涌出量的减少程度。抽放效果常用煤层气抽放率表示，即指矿井、采区或工作面等煤层气抽放量占其煤层气排出量的比例。抽放开采层的煤层气时，矿井煤层气抽放率选取标准为 20%～30%。抽放邻近层煤层气时，矿井煤层气抽放率选取标准为 30%～40%。

### 3. 井下抽放煤层气技术

（1）抽放方法的分类及选择

煤矿井下煤层气抽放的目的是减少矿井和采区的瓦斯涌出量，防治瓦斯以及煤与瓦斯突出事故发生。因此，在许多情况下仅从煤层气利用角度考虑是不经济的。目前，在大多数情况下，煤矿抽放煤层气只有同时考虑其安全和利用的目的，才是合理和可行的。

目前，抽放方法尚无统一的分类，但常见的是根据煤层气来源和开采程序进行分类，一般可分为开采层抽放、邻近层抽放和采空区抽放。

选择抽放的方法，主要根据矿井（或采区）煤层气来源、煤层赋存状况、采掘布置、开采程序以及开采地质条件等。

如果煤层气来源于开采层，可用钻孔或巷道抽放开采层的煤层气；如果煤层气来源于上、下邻近层，可在开采层内或开采层外的煤、岩巷道中，打一些穿至邻近煤层的钻孔，抽放邻近层的煤层气；如果采空区涌出煤层气较大，可用钻孔或密封巷道抽放采空区的煤层气；如果煤层气储量很大，而地面又比较平坦，也可采用地面垂直钻孔抽放开采层、邻近层或采空区的煤层气；如果煤层透气性较差不易抽放时，则需采用采掘卸压或人工卸压抽放煤层气；如果掘进巷道遇到煤层气大量涌出，而用通风又难以解决时，则可视其煤层气来源采用预抽或边掘边抽的方法。

（2）开采层煤层气抽放

开采层抽放煤层气，即本煤层抽放煤层气，按收集煤层气的方式又可分为巷道抽放与钻孔抽放；按抽放与采掘时间的关系可分为预先抽放（简称预抽）和边采（掘）边抽。目前，国内外在开采层抽放方法中最常用的是用钻孔预抽。

采用巷道预抽开采层的煤层气，通常是利用回采准备巷道而不另掘专门巷道，但存在较多缺点。而钻孔抽放煤层气，其施工简单，成本低廉，在国内外得到广泛应用。

开采层预抽煤层气是指在煤层的天然透气性条件下抽放煤层气，这是目前我国抽放开采层煤层气的最常用方法。开采层卸压抽放指先通过采掘卸压或人为卸压提高煤层的天然透气性，然后再进行抽放煤层气，卸压抽放的效果要比预抽效果好得多。但利用采掘卸压抽放开采层煤层气因条件所限，使用量不广泛。目前，人为卸压的效果也不能令人满意。

开采层预抽煤层气方法，根据钻场的位置不同，可分为穿层钻孔和顺层钻孔抽放。

第一，穿层钻孔的钻场布置在开采层以外，抽放钻孔与煤层正交或斜交。穿层钻孔适用于透气性较好的倾斜或急倾斜中厚、厚煤层及煤层群。穿层钻孔通常需要在煤层的底（顶）板岩巷或相邻煤层的煤巷中施工。穿层抽放钻孔的直径应根据打钻技术、抽放量和抽放半径等因素考虑，通常采用直径为 75～100 mm 的抽放钻孔。然而对于透气性较差的煤层，为提高抽放效果，也可以采用网络式预抽方法，即加大钻孔密度的方法。

第二，顺层钻孔抽放煤层气的钻场通常位丁开采层的煤巷内，抽放钻孔的抽放量随着钻孔长度（揭露煤的长度）的增大而增加。因此，应尽可能打长钻孔，以提高抽放效果。顺层钻孔的长度，一般为工作面长度的 70%～90%。如打顺层长钻孔有困难时，可分别从回采工作面的运输巷和回风巷布置钻孔，以增大煤层气抽放量。

目前，大多数顺层钻孔都是平行布置的，钻孔之间互不交叉。

（3）邻近层煤层气抽放

邻近层抽放煤层气，即通常所称的卸压层抽放。在开采煤层群条件下，由于开采层的采动影响，使其上下邻近煤层产生卸压，并引起这些煤层的膨胀变形和透气性的大幅度提高，为了防止和减少邻近煤层的卸压煤层气通过层间裂隙大量涌向开采层，避免开采层的煤层气超限，可以抽放邻近层的煤层气。因此，邻近层抽放煤层气通常是在开采层开采的同时开展的。

采煤工作面的煤层气涌出量包括开采层和邻近层煤层气两部分。在开采初期，回采工作面的煤层气涌出量主要来自开采层，煤层气涌出比较均衡。随着采煤工作面的推进，顶板冒落和沉陷，邻近层煤层气泄出，采煤工作面的煤层气涌出量逐渐增大以至出现峰值。来自邻近煤层的煤层气涌出量通常占工作面总涌出量一半以上。

根据钻场的位置不同，可将邻近层煤层气抽放分为在开采层层内巷道和在开采层层外巷道布置钻孔两种方式：

第一，在开采层内巷道布置钻孔。在开采层层内巷道布置钻孔的抽放方法适用于缓倾斜或倾斜煤层的走向长壁工作面，钻场可设在回风巷、回风副巷（瓦斯尾巷）、运输巷、中间巷等地方。在回风水平打钻孔较在运输水平打钻孔短些。钻场设在回风副巷时抽放负压和通风副压一致，有利于提高抽放效果。

邻近层抽放钻孔布置的原则是：尽可能地利用已有的开采和准备巷道打钻孔，应把钻孔打在回采工作面所能形成的高裂隙带内，便于提高抽放钻孔的封孔质量。布孔时应考虑满足钻孔的合理服务时间。

第二，由开采层层外巷道打钻孔。根据钻场的位置可分为在邻近煤层巷道以及底板和顶板岩巷布置钻孔的抽放方法。最常用的方法是通过邻近层的底板和顶板巷道布置钻孔的抽放方法。

顶板岩巷抽放方法适用于倾角较大的煤层，多用于抽放上邻近层的煤层气。底板岩巷抽放的方法适用于倾斜或急倾斜煤层，多用于抽放下邻近层的煤层气。

确定钻孔间距的主要依据是钻孔的影响范围。由于邻近煤层赋存与开采层之间的差别较大，一般上邻近层的钻孔间距大些，下邻近层的钻孔间距小些；近邻近层的小些，远邻近层的大些。

确定邻近层抽放钻孔角度的原则是：钻孔进入工作面采动影响的裂隙带内，而且伸进工作面方向的距离越大越好。抽放上邻近层煤层气时，钻孔始终要处于垮落带之外，避免穿入采空区，以防大量漏气。

抽放邻近层煤层气时，抽放钻孔仅是作为引导的通道。其孔径大小对抽放的影响，主要表现为煤层气沿钻孔流动时所受的阻力不同。实践表明，孔径应大于 75 mm。

抽放负压过低，大量煤层气涌入采空区；抽放负压过高，则可能使采空区空气经裂隙网抽进钻孔，从而降低抽出的煤层气浓度。因此，在保证抽放煤层气浓度为 30% 以上的前提下，尽可能地增大抽放负压，对提高邻近层煤层气的抽放效果是有利的。一般孔口负压应保持在 6.7 ~ 13.3 kPa 以上。

（4）采空区煤层气抽放

一般情况下，开采高含气量煤层，尤其是开采特厚煤层和煤层群时，从邻近层、煤柱及工作面丢煤中向开采层采空区涌入大量煤层气，这种采空区煤层气的大量涌出将增加矿井的通风负担，对安全生产造成危害，而采空区抽放煤层气主要是解决回采工作面的瓦斯超限问题。近年来采空区煤层气抽放正在逐步增加。

第一，半封闭采空区的煤层气抽放。半封闭采空区指的是正在生产的采煤工作面的采空区。其采空区与工作面相通，则一部分来自开采层和邻近层的煤层气通过采空区涌入工作面的回风流中。采空区煤层气的大量涌出造成工作面上隅角瓦斯超限。这种抽放方法主要是解决安全生产问题。通常有插管抽放、顶板尾巷抽放、顶板钻孔抽放等。

插管抽放方法是在顶板冒落之前，把抽放管直接插入采空区，使其尽量靠近煤层顶板，以提高煤层气的抽放浓度。这种方法主要适用于未进行预抽的煤层或有近距离邻近层的采煤工作面。

向冒落拱上方打钻孔抽放采空区煤层气的方法，既可用于有上、下邻近层的采煤工作面，同时也可用于单一厚煤层的采煤工作面。抽放钻孔的孔底应处在冒落拱的上方，这种方法主要是拦截来自上邻近层和厚煤层的未开采层中的煤层气。

第二，全封闭采空区的煤层气抽放。全封闭采空区指工作面（或采区、矿井）已采完并封闭的采空区。这种采空区常储存大量的高浓度煤层气，影响安全生产，增加矿井通风负担。

全封闭采空区的抽放方法通常有密闭巷道抽放、均压密封抽放煤层气和地面钻孔抽放煤层气等方法。

密闭巷道抽放方法首先是在巷道中打密封墙，然后把管子插入采空区直接抽放煤层气。

采用的均压方法就是将漏进均压室的空气及时排出，以降低均压室的压力，使之与采空区内平衡。均压是向冒落拱上方打钻孔抽放采空区煤层气，使均压室的气压与采空区的气压保持大致相等，以免密封墙外面的空气漏进采空区。

4. 抽放钻孔的施工与密封

（1）钻孔的施工设备

煤矿井下主要是通过钻孔抽放煤层气。因此，施工钻孔的钻机具及工艺的选择是抽放工作的重要组成部分。抽放钻孔的施工设备主要有钻机、钻杆及钻头。应当特别注意用于煤矿打抽放钻孔的钻机应具备的特点及对钻杆和钻头的要求。另外，也应考虑对岩心管、套管及小接头等的要求。

（2）钻孔的施工工艺及故障处理

钻孔施工工艺中应该注意如下问题：施工顺层抽放孔时的钻孔偏离煤层、出现钻孔垮塌及卡钻、孔深现象等。打钻时钻头压力、回转速度的控制及钻孔排渣的方法，钻进过程中冲洗液连续适量供应的问题等。

钻孔施工中常见的故障有钻孔垮塌、卡钻等。要了解这些故障出现的原因、发生前的征兆，并能对其进行有效的处理。

对于钻孔施工中煤层气涌出事故、煤与瓦斯突出事故、机械伤人事故的防止，要有具体切实可行的安全措施。

（3）钻孔密封方法

钻孔密封是抽放煤层气工作的重要环节之一。密封效果不好，不仅会影响抽放煤层气的效率，而且还将降低抽放煤层气管路中的煤层气浓度。可以采用机械式直接密封抽放钻孔。但常用的是用黄泥、水泥砂浆或聚氨酯等材料来密封抽放钻孔，这些封孔的方法对程序、封孔材料及工艺等都有具体要求。

5. 煤层气抽放系统及设施

在抽放钻孔封闭后，与钻孔相连的管路接入抽放网管（路）。最后，通过在地面或井下设置的抽放泵使管网中产生负压，从而形成煤层气抽放系统。抽放系统包括抽放泵、抽放管路及抽放系统的附属装置。

6. 抽放煤层气的计量与检测

抽放煤层气的计量与检测，主要包括抽放网络各个部位的煤层气流量、抽放负压、煤层气浓度和温度等参数的测定。其目的是研究煤层气涌出规律。

（1）煤层气抽放泵

目前，国内常用的煤层气抽放泵（即瓦斯泵）有离心式鼓风机、罗茨鼓风机和水环式真空泵三种。不同类型的瓦斯泵具有不同的优缺点及适用条件。因而，抽放泵的选型计算相当重要，尤其是抽放泵容量及抽放泵压力的计算。

（2）抽放管路

煤矿井下抽放煤层气，必须在井上、下敷设完整的管路系统网，煤层气管路系统的选择是矿井煤层气抽放工作中的一项重要环节。

煤层气管路系统由主管、分管、支管和附属安全装置构成。主管的用途是抽排和输送整个矿井或采区的煤层气。分管的用途是抽排和输送一个采区或一个区段的煤层气。支管的用途是抽排和输送一个回采工作面或一个掘进区的煤层气。井下煤层气管网的布置必须满足所要求的条件。

（3）抽放系统的附属设施

管路上的附属装置主要分为两类：一类是用来调节、控制抽放管路中煤层气的压力和流量，如阀门、测压嘴等；另一类是安全装置，如放水器、防爆炸、防回火装置、放空管等。

煤矿井下抽放煤层气测定管路中煤层气流量最常用的装置是孔板流量计、皮托管、均速管、文丘里流量计、风速计（表）等。

为了了解煤层气抽放系统的工作状态，需要确定抽放管路中煤层气的压力大小及其分布，如测定抽放煤层气管网中某一点管内外压力差，其主要包括钻孔和管道内的负压值或正压值，测定抽放管道两点间的压力差，测定抽放管道内某点的绝对静压力，通常使用压差计和气压计测定上述压力值。

确定抽放管路中的煤层气流量以及调节和控制抽放负压都需要测定管道中的煤层气浓度，测定抽放负压都需要使用瓦斯检测仪和高负压管道瓦斯气样采取器。

综合参数测定仪是一种能测定抽放泵站内煤层气的浓度、流速、压力和温度各参数的多功能测量仪器，具有快速、准确及方便等特点。

7.提高煤层气抽放率的方法

钻孔抽放煤层气流量的大小取决于煤层的透气性、煤层气压力、钻孔穿煤长度以及抽放负压等条件。而煤层气抽放率的大小不仅取决于钻孔煤层气流量的大小，同时还取决于抽放工艺。

目前，提高煤层气抽放率的方法有：提高煤层透气性，这是一种最直接的方法，可以通过水力压裂或爆破致裂的方法来实现，采用综合抽放煤层气方法以及利用先进的钻机具等。

### （二）煤层压裂技术

利用地面钻井开采煤层气，是在常规天然气开采技术的基础上，根据煤层的岩石学特性、煤层气的储存特点及产出规律而发展起来的新技术。它与常规天然气开采技术既有共性，又有其特殊性。利用地面钻井技术，可以实现煤层气大规模生产，提高煤层气开发利用的经济效益。

煤层气地面开采的一般程序主要包括煤层气钻井、固井、完井和煤层压裂以及排水采气三大部分。

煤层气钻井技术主要包括煤层气开发的井网布置以及煤层气钻井的有关技术和装备。煤层气完井技术，主要是根据煤田区域地质情况、煤层深度、水文地质、开采方式、出水和煤粉多少等具体情况优选完井方法和井底连通方式及参数。煤层气钻井技术、固井及完井技术、排水采气技术的有关内容在一些手册及指南中已有详细介绍，在此仅就煤层压裂技术加以介绍。

水力压裂是一种广泛应用于油气井的增产措施。它是采用地面高压压裂泵车，以高于储层吸入的速度，从井的套管或油管向井下注入压裂液，当井筒的压力增高达到克服地层的应力和岩石抗张强度时，岩石开始出现破裂，形成一条或数条裂缝。为了使停泵后裂缝不完全闭合，获得高的导流能力，在注入压裂液的同时注入大颗粒的固体支撑剂（石英砂或陶粒砂），并使之留在裂缝中，以保持裂缝内高的渗透率，从而扩大油气井的有效井径，减少油气流入井底的阻力，最终达到增产的目的。

煤层压裂与常规油气井压裂有很大差别。由于煤层杨氏模数低、压缩性大、天然裂隙发育，故煤层压裂时，漏失量较大，形成的人工裂缝往往是宽缝、短缝并且不规则。

目前最成功的提高煤层气产量的技术之一是水力压裂，下套管多煤层完井也可以压裂，其压裂措施一般用水基压裂液加砂。煤层气井的压裂方法包括：进行小型压裂试井、提出压裂设计、为压裂工作做准备、实施压裂、对压裂结果进行评价。

（1）煤层压裂机理

在煤层中造缝，形成裂缝的条件与地应力及其分布、岩石力学性质、压裂液性质及注入方式有密切关系。

对于煤层气，增产措施是必要的手段，水力压裂根据具体地质条件的不同，将产生四种不同的人工裂缝形态：浅煤层，将产生水平裂缝；同一深度范围内的多层、薄煤层将产生单一垂直裂缝；单一厚煤层，裂缝将限制在煤层中，并产生复杂裂缝；单一煤层，裂缝开始在煤层形成，然后垂向扩展到夹层。

（2）小型压裂测试技术

小型压裂测试技术是一系列的泵入试验，可以在压裂设计之前进行，可提供决定压裂设计参数，如漏失系数、裂缝尺寸、压裂液效率及闭合时间等，并可用于优化压裂设计。

常用的小型压裂测试方法有：阶梯速率测试、注入—返排测试及注入—关井测试。通过估计破裂梯度、液体漏失量、裂缝的闭合压力及识别高的破裂压力，有助于完成水力压裂。

（3）压裂设计

做一个有效的压裂设计是一个复杂的过程，需要周密地考虑地层特性、井筒设计、压裂方法和压裂材料等方面。由于每道作业工序的要求不同，所选择的压裂方法与材料的结合将决定作业的成败。

（4）压裂工作的准备

在钻井、完井时，在单煤层中压裂的成功一般取决于避免产生水平裂缝和复杂裂缝以及复杂裂缝导致高作业压力和脱砂现象。压裂作业前一周，要把压裂设计定案，评估压裂处理总成本，确保了解凝胶液中所用的液体、交联剂和破胶剂的种类，确保了解计划使用的压裂液和任何潜在负面效应，把设备运至现场，备用泵部件的准备，装入压裂液前压裂液罐的彻底清洗，压裂车的准备等。压裂作业前一天的有关准备有：筛选压裂砂，以确保其正确筛选（粒级正确）。检验凝胶压裂液，确保它将在储层温度下混合、交联、破胶，测定凝胶压裂液的 $pH$ 值；测定凝胶液的黏度。

（5）实施压裂

在将压裂设备安装好、检查了压裂计划之后，就可以开始进行压裂泵注液，要按照压裂工艺技术要求及程序实施。压裂之后实施压裂后的返排，其主要返排方法有关井并低速返排、快速返排、泡沫压裂液返排，要根据情况选取合适的返排方法。

（6）压裂处理

评价每次压裂效果，对今后改进压裂工作设计和实施相当重要。在常规气田中，最简单和最有效的评价压裂的方法是在压裂前试井，然后比较压裂前后的产量。但对煤层气井会造成误导，则产量对比对压裂评价可能有用，但不是唯一的评价手段，而且压裂评价主要依靠试井和监测井数据；压力瞬变试井主要是有助于确定压裂裂缝的有效长度和导通性；

邻井中的响应主要是为了获得确定压裂裂缝方向的有用资料；放射性示踪剂及伽马射线测井，两者共同作用，有助于确定压裂裂缝高度和压裂位置。

# 第二节 煤炭气化与液化

煤炭地下气化是指在煤层赋存地点直接获得可燃气体的过程，即在地下将固态矿产通过热化学过程变为气态燃料，然后由钻孔排到地面，供给用户。

煤炭的地下气化原理是由俄国著名化学家在1888年提出的。

## 一、煤炭地下气化理论

### （一）气化原理

煤炭地下气化是以含碳元素为主的高分子煤，在地下燃烧转变为低分子的燃气，直接输送到地面的化学采煤方法。地下气化与地面气化的原理相同，产品也相同。它是将煤气发生炉与焦化炉产气原理融为一体。

煤炭地下气化过程中可燃气体的产生，是在气化通道中三个反应区里实现的，即氧化区、还原区和干馏干燥区。

当气化通道处于高温条件下时，无氧的高温气流进入干馏干燥区时，热作用使煤中的挥发物析出形成焦炉煤气。

经过这三个反应区后，就形成了含有可燃气体组分，主要是含 $CO, H_2, CH_4$ 的煤气。

地下煤气是洁净能源，同时也是化工原料，可用于发电、工业燃烧、城市民用和冶金工业的还原气，还可以合成汽油等。煤气净化后的煤焦油含量丰富，从中可以得到200多种化工产品。

### （二）工艺理论

经过多年的研究，将地面水煤气生产工艺移植到地下，开创了长通道、大断面、双火源、两阶段地下气化的工艺理论。

提高产气率和稳定产气的有效方法：一是提高还原区的温度，扩大还原区域，使 $CO_2$ 还原和水蒸气的分解更趋于安全；二是增加干馏区的长度，生产更多的干馏煤气。为达到以上目的，煤炭地下气化反应通道，必须是长通道、大断面，这样就能为煤气反应提供最佳环境。

两阶段煤炭地下气化，是一种循环供给空气和水蒸气的气化方法。每次循环由两个阶段组成，第一阶段为鼓空气燃烧煤蓄热，生成空气煤气；第二阶段为鼓水蒸气，生成热解煤气和水煤气。在该煤气中氢的含量可达50%以上，故可提取纯氢气。

双火源能提高气化炉温度，增加燃烧区长度，以扩大水蒸气分解区域，提高水蒸气的分解率，并得到中热值煤气。其热值能提高的原因主要有以下几点：

①汽化剂为水蒸气，消除了$N_2$，使煤气中可燃气体比例增大。

②水蒸气不仅在氧化区被分解，而且在还原区和第二个火源处进一步分解。

③在整个气化通道内都能产生干馏煤气，煤气中$CH_4$，含量得到提高。

④气流中$H_2$浓度较高，在煤层中一些金属氧化物的催化下，将发生一定程度的甲烷化反应：

$$C + 2H_2 \to CH_4 + 74.9 kJ/mol$$
$$CO + 3H_2 \to CH_4 + H_2O + 206.4 kJ/mol$$
$$2CO + 2H_2 \to CH_4 + CO_2 + 247.4 kJ/mol$$
$$CO_2 + 4H_2 \to CH_4 + 2H_2O + 165.4 kJ/mol$$

经过在实验室内的模型试验，马庄矿、徐州新河矿和唐山刘庄煤矿的工业性试验，证明该理论是正确的。

## 二、煤层地下汽化工艺

由气化原理可知，必须首先建造地下煤气发生炉，即生产车间。为此，有两种准备方式：矿井式和无井式气化方法。

矿井式方法是从地面向煤层凿出井筒后，用煤层平巷连通，点燃煤层，生产煤气。显然这种方法有下列缺点：避免不了井下作业；密闭井巷工作复杂，漏气性大；气化过程不易控制。总之，由于经济和技术原因，矿井式方法现已被无井式气化方法所代替。无井式气化方法就是用钻孔代替井筒，然后贯通两个钻孔，并点燃形成火道，进行燃烧。

### （一）火道的贯通方法

建成地下发生炉的主要工程是如何将两个钻孔贯通，形成火道。其方法主要包含下列几种：

#### 1. 火力贯通

在煤层中用燃烧源烧穿两钻孔间的煤层，这种方法叫空气渗透或火力贯通。在贯通中按照迎着鼓风方向燃烧或顺着风流方向燃烧移动的不同，分别叫作逆风贯通和顺风贯通。由于烧穿速度和耗风量的原因，多使用逆风贯通方法。其施工过程为：先打两排钻孔，下套管并对套管外的空隙进行注浆，将钻孔的周壁封闭，但在底部煤层中则不封闭，然后向两排钻孔内鼓风，把煤层中水分压出。预干燥后，停止向其中一排钻孔鼓风，让其与大气相通，并在孔底（从顶板向下煤层厚度的2/3处）点燃煤层，这排钻孔叫作点火钻孔。采用向点火钻孔间断鼓风和使钻孔周期性减压的方法，以保证燃烧点不断扩展。

在全部贯通期间需将气体从点火钻孔中排出，才能使煤的燃烧达到稳定。煤的继续燃烧是依靠鼓入含氧风流来维持的。风流是由另一个钻孔以0.4 MPa的压力压入，向燃烧源方向渗透。压力迅速下降，气体大量泻入和气体质量提高，是煤层全部贯通阶段结束的标志。这种渗透贯通方法风耗大,如莫斯科近郊气化站的贯通速度为 0.64m/d。

电力贯通方法的平均贯通速度为 2.0～4.0 m/d,对煤层顶底板没有破坏作用,只有预热干燥作用,有利于气化。但这种方法耗电量大,并且非生产漏电达 70%～80%,即电的利用率低,至今未推广使用。

3. 定向钻进贯通

定向钻进是控制钻孔的斜度和方向,使钻孔由垂直逐渐改变斜度进而变为水平,使两钻孔连通。无疑,用这种方法形成火道是最佳的方法。

这种方法的难点在于钻具。专门设计了一种打定向钻孔的涡轮钻机,在利西昌斯克气化站进行了试验,证明可以由地面按 60°做斜角,以曲率半径 R=115 m 钻入煤层。

中国矿业大学在实验室内已经试验成功拐角钻进,即在垂直钻孔接近煤层处,以曲率半径 R=2～5 m 拐 90°角达到水平方向钻进。

4. 水力压裂贯通

水力压裂法,其实质是用高压将黏性液体或水注入煤,在煤层中形成许多裂缝,然后再向裂缝中注砂,以使裂缝保持良好的透气性,经点火烧穿后形成火道。此方法由于注水对气化过程有影响,所以未被采用,但对不含水的煤层仍可以采用。

### (二)地下气化发生炉的结构及开采顺序

地下发生炉的结构分为:有隔离火道的气体发生炉和所有火道德与一个点火道相连的气体发生炉。

## 三、提高燃气热值的措施

### (一)影响燃气质量的主要原因

影响地下气化过程及燃气质量的因素很多,但保持高温是提高地下气化强度和燃气成分的必要条件之一,高温可以加快化学反应速度。因而,决定气化工艺过程的主要因素有两个方面:生产气体的真正化学过程和煤层表面反应作用的特性。其中影响最大的因素有:煤层厚度、灰分、水分含量、鼓风强度和鼓风中氧气浓度。

1. 煤层厚度

当煤层厚度增大时,所得到的燃气热值也随之增加,而煤的气化程度则降低。目前,所采用的气化方法,在厚度 1 m 以内的煤层中是可行的,但只有煤层厚度大于 1.3 m 时,气化站才能获得较好的经济指标。

2. 煤层中的灰分含量

当灰分含量超过 40% 时,热值急剧下降。此外,当煤层中岩石夹层的厚度占煤层总厚度 30% 以上时,煤的损失达 15%～40%。因此,气化这类煤层在经济上是不合算的。

3. 煤层中的水分含量

煤层的水分 $W$ 对气化过程和热值有重要影响。当煤层的水分超过一定限度时,还原带的温度及气化过程遭到破坏，且使反应区燃烧热分配不均，造成很大损失。当地下水蒸发和分解所需要的热量占全部气化总热量的35%以上时，则需疏于煤层。

4. 鼓风强度

可以看到，气化过程并不永远随着送入风量的增大而无限地得到改善。当风量和速度超过一定程度时，使煤层周围岩石移动速度相应增大而产生裂隙，导致鼓风和燃气的漏损以及热能的损失，扰乱火焰工作面的气流，恶化了气化条件。最适宜的送风量与煤层埋藏的自然条件及物理性质有关，其值由实验确定，并且在整个气化过程中应随时调节，使燃气保持恒定的热值。

5. 鼓风中氧气的含量

显然，在鼓风空气中增加氧气成分，不仅减少了空气本身的氮气（惰性气体）含量，而且使气化过程中的氧化反应速度加快，产生高温，并促使$CO_2$还原，得到再生燃气。因此，用富氧空气作为汽化剂，可使煤气产品中的含氮量减少，可燃成分增加，从而大大地提高燃气的热值。

（二）提高燃气热值与稳定产气量的措施

1. 多功能钻孔的应用

传统气化炉的进、排气孔的功能是固定的。但气化炉氧化区、还原区、干馏干燥区的长度及温度，时刻都在变化着。周围介质的状态，顶底板受热破碎和顶板的塌落，燃空区状态等，无一不随着客观条件的变化而变化。因此，固定功能的钻孔要实现对气化过程的有效控制是十分困难的。必须将所有的钻孔与总进排气管、供蒸汽管连接起来，每一个钻孔都设有注浆口。这样每一个钻孔都可以起到供风、供汽、排气、注浆、点火、测试的作用，构成多功能的用途。使用长通道、大断面、双火源、两阶段煤炭地下气化的新工艺，具有更高的可靠性、灵活性和可控性。

2. 反向燃烧气化

当正向气化时，火焰工作面将渐渐向出气孔移动，干馏干燥区越来越短，到后期还原区也将越来越短，最终还原区长度将不能满足氧化区生成的$CO_2$还原和水蒸气分解反应的需要，而使煤气热值降低。这时，必须采用反向供风气化方案，则由出气孔鼓风，进气孔排气，使火焰工作面向进气孔方向移动，重新形成新的气化条件。因此，反向气化时，同样可以得到与正向气化相同热值的煤气。反向气化同样可以利用辅助孔建立双火源，实现双火源两阶段气化。反向供风气化的最主要目的是提高煤层气化率。

3. 压抽相结合气化

由还原区的两个主要反应可知，$CO_2$还原和水蒸气的分解都是体积增大的反应。因此，降低还原区的压力，能够提高其反应速度。但是氧化区压力不宜降低，因为氧化区压力越高，向煤层里渗透燃料的能力越强。为了能同时满足氧化区和还原区的要求，可以采用压抽相结合的气化方案，则进气孔鼓风（氧化区一侧），出气孔用引风机向外抽风，调节鼓风压力和抽气压力，使还原区处于相对较低的压力条件下，这样也同时降低了干馏干燥区的压力，有利于干馏煤气及时排放。更重要的一点是：压抽相结合气化减少了煤气漏失，能确保矿井安全。

空气煤气生产都采用压抽相结合气化工艺，压抽相结合气化工艺与长通道大断面气化炉相结合，使空气煤气热值达到 4.18 MJ/m³ 以上，与传统工艺相比，空气煤气热值提高了 1 MJ/m³ 以上。

4. 气化空间充填

在连续的煤层气化过程中，顶底板受热破碎使地下气化炉染燃空区不断扩大。一方面是冒落的岩石填充了燃空区；另一方面，岩石中出现了裂缝，破坏了气化工作站的密闭性，造成气流漏损和围岩的热损，甚至地表出现塌陷，当燃烧在气化炉中不断进行时，炉体空间会不断向地上移动，这样气化反应的空间不断增大，使鼓入的空气在较大范围内扩展，反而缩小了反应比表面积，导致煤层气化率的降低。

为了防止上述情况，必须及时地向地下气化燃空区填充。充填物为黄泥、粉煤灰加水泥的混合物，用水使混合物成为流体，通过钻孔输送到地下气体通道内，通过自然流动在通道内延伸，达到燃空区充填的目的。

5. 双向气化技术

地下气化炉温度场的分布特点是靠近进气孔测温度高于出气孔测温度 10 倍左右。双向气化技术根据两阶段地下气化的原理，将第二阶段鼓水蒸气改进气孔为出气孔鼓入，水蒸气将由低温处向高温处流动。双向气化在多功能钻孔气化炉结构的条件下，也同样可以建立双火源，两阶段地下气化的工艺过程。双向气化生产的水煤气的数量和热值，都高于单进气孔，既鼓风又鼓水蒸气的气化发生炉。

6. 温控爆破渗流燃烧技术

初期在原始煤层进行地下气化时，由于原始地应力没有释放，煤层不容易渗透疏松，这将影响煤炭地下气化的效果。因此，必须采用在气化煤层中预埋炸药，利用温度控制炸药的爆炸。利用爆炸的能量使气化煤层疏松、碎裂，创造渗透的条件，提高煤层地下气化的效果和热值。

# 四、技术经济评价

1. 经济效益

经核算煤炭地下气化的产量与成本关系为：日产煤气 $6 \times 10^4$ m³，成本为 0.20～0.28 元/m³；0 产煤气 $8 \times 10^4$ m³，成本 0.18～0.23 元/m³；日产煤气 $10 \times 10^4$ m³，成本 0.15～0.18 元/m³；0 产煤气 $12 \times 10^3$ m³，成本 0.10～0.16 元/m³。

由此看出，煤炭地下气化的成本比地面气化成本（0.40～0.50 元/m³）降低 50% 以上，从成本上看煤炭地下气化经济上是合理的。

2.社会效益

报废矿井煤炭地下气化新工艺与国外无井式气化老工艺相比，具有以下优势：

①报废矿井具有完备的基础设施，如土地、道路、电网、通讯网、机电维修车间、工厂、办公楼、家属宿舍等，这些全部可以复用，可以大大节省基建投资。

②报废矿井经过多处开采，地质资料十分详细，煤层的构造也调查清楚，其精确性与可靠性是地面勘探无法比拟的，这样气化站的地质勘探投资也将节省。

③报废矿井在多年开采过程中，煤层已经疏松，煤层中地下水也已疏干。因此，气化盘区疏水工程投资也将节省。

④地下气化发生炉的通道建设，可以使用老矿井的全部井下设施，既可以节约部分建炉外，还可以出工程煤补偿投资。

⑤由于老矿井的特殊情况，气化发生炉的通道断面可以尽量大，因此通风阻力就小，供风压力也可以小，可以减少运行时的电耗。

⑥煤炭在开采、运输、装备和加工利用过程中，给人类生存环境造成了多项污染，如地面坍塌、污水和有害气体的排放等等，严重影响人们身体健康和生活环境。而煤炭地下汽化过程中，燃烧过的灰渣、其他有害物及放射物质留在地下，减少了地面沉陷及上述各过程中的环境污染。煤气能集中净化，分离后可得到洁净的能源—氢。因此，地下汽化技术的环境效益也是十分明显的。

⑦煤炭地下气化的过程，始终没有离开煤矿企业，这就为报废煤矿以及将报废煤矿转产提供机会，安排闲散劳力，是新型煤矿联合企业的雏形，是我国老矿井及煤炭行业的必由之路。

纵观全局，在报废矿井发展煤炭地下气化，是符合我国国情的，它不仅在经济效益上是可观的，同时其社会效益也十分显著。

## 五、煤炭液化简介

### （一）水煤浆燃料技术

水煤浆是20世纪80年代初出现的一种新型煤基流体燃料，国际上称为CWM(coal water mixture)，或CWF(coal water fuel)。它含煤约70%，化学添加剂约1%，其余为水，其中的水并不能提供热量，在燃烧过程中还会因蒸发造成热损失，不过这种损失并不大。以含煤70%的水煤浆为例，1 kg水煤浆中含水0.3 kg，水的气化潜热不到2 512 kJ/kg，故燃烧1 kg水煤浆因其中水造成的热损失不到753.6 kJ，约占水煤浆热值的4%，可它却使煤炭从传统的固体燃料转化为一种流体燃料，从而带来很多优点：水煤浆像油一样，可以泵送、雾化、贮存与稳定着火燃烧，2 t水煤浆可以代替1 t油。由于水煤浆与燃油在相同热值下相比，其价格仅为重油的1/2左右，以水煤浆代油具有显著的经济效益。燃用水煤浆与直接燃煤相比，具有燃烧效率高、负荷易调控、节能和环境效益好等优势。水煤浆经长距离管道输送到终端后可直接燃用,储运过程全封闭,既减少损失又不污染环境,是解决我国煤炭运力不足的重要运输方式之一。

石油是重要的战略物资,我国每年烧油量仍在 3 000 万 t 以上,占石油产量的 1/5。我国煤多油少,并致力于控制燃煤污染。所以,水煤浆技术在我国受到政府的特别重视,国家领导人多次亲临考察。

1. 水煤浆的质量特征与制浆技术简介

水煤浆和一般的煤泥水不同,因为它是一种燃料,所以必须具备某些便于燃烧、使用的性质,主要有以下几点:

①为利于燃烧,水煤浆的含煤浓度要高,通常要求在 62% ~ 70% 左右。

②为便于泵送和雾化,黏度要低,通常要求在 100(1/s) 剪切率及常温下,表观黏度不高于 1 000 ~ 1 200 mPa·s。

③为防止在贮存过程中产生沉淀,应有良好的稳定性;一般要求能静置存放一个月不产生不可恢复的硬沉淀。

④为提高煤炭的燃烧效率,其中煤粒应达到一定的细度。一般要求粒度上限为 300 $\mu m$,其中小于 200 网目(74 $\mu m$)的含量不少于 75%。

使水煤浆能满足其中单项性能并不难,但要同时满足各项要求就会遇到许多困难,因为有些性能间是相互制约的。例如,要使水煤浆中含煤浓度高,就不能多用水;水少了,又会引起黏度高,流动性差;要流动性好,黏度就应低,但黏度低又会使稳定性变差。所以,它的制备技术难度大,涉及煤化学、颗粒学、胶体与有机化学及流变学等多学科技术。高浓度水煤浆的制备技术,在 20 世纪 80 年代初期只有瑞典和美国掌握,并严加保密。由于引进技术代价太高,1982 年我国开始自主研制。

要做出符合上述性能要求的高浓度水煤浆,单用细煤粒与水简单混合起来是无法实现的,还必须采取一些特殊的技术措施,主要内容如下:

①要使煤与水能混为一体,至少必须使煤粒能全部为水所浸没。在通常情况下,煤粉中颗粒间往往存有较多的空隙,水首要将这些空隙充满才可浸没全部煤粒。所以,耗水量大,难以做成高浓度水煤浆。为了提高制浆浓度,必须使煤的粒度分布具有较高的堆积效率,即颗粒间空隙要少,使空隙最少的技术称"级配",是制浆的关键技术之一。其中涉及两项技术,首先是要能判定什么样的粒度分布才具有较高的堆积效率,更重要的是如何根据给定的煤炭性质与粒度组成,制定合理的制浆工艺、选择磨碎设备的类型、设计磨机的结构与运行参数,使产品能达到具有较高堆积效率的粒度分布。

②煤炭的主体是有机质,它是结构十分复杂的大分子碳氢化合物。这些有机质的表面具有强烈的疏水性,不易为水所润湿。细煤粉又具有极大的比表面积,在水中很容易自发地彼此聚结,这就使煤粒与水不能密切结合成为一种浆体,在较高浓度时只会形成一种湿的泥团。所以,制浆中必须加入少量的化学添加剂,即分散剂,以改变煤粒使其均匀地分散在水中,防止煤粒聚集,并提高水煤浆的流动性。由于各地煤炭的性质千差万别,适用

的添加剂会因煤而异，而不是一成不变的。

③煤浆毕竟是一种固、液两相粗分散体系，煤粒又很容易自发地彼此聚结。在重力或其他外力作用下，很容易发生沉淀。为防止发生硬沉淀，必须加入少量的化学添加剂，即稳定剂。稳定剂有两种作用：一方面使水煤浆具有剪切变稀的流变特性，即当静置存放时水煤浆有较高的黏度，开始流动后黏度又可迅速降下来；另一方面是使沉淀物具有松软的结构，防止产生不可恢复的硬沉淀。

从上述可以看出，煤炭的制浆效果与煤炭本身的理化性质有着密切关系，制浆用原料的性质直接影响到水煤浆的质量与生产成本。所以，建设制浆厂时，根据用户对煤浆质量的需求以及煤炭成浆性规律，合理选择制浆用煤是十分重要的。

从燃烧角度出发，制浆用煤的挥发分含量不能太低，锅炉用水煤浆时，通常要求大于28%，否则煤浆不易稳定着火燃烧。此外，为防止炉内结渣，对于大多数采用固态排渣的炉子，要求煤炭的灰熔点（$T_2$）高于1 250 ℃。至于煤炭的发热量、灰分与硫分指标，则应根据用户的需求而定。至于煤炭的成浆性，则需要对有代表性的煤样进行专门的试验研究后才能判定。一般来说，煤炭的内在水分越低、可磨性越好、煤中氧含量越低，则成浆性越佳。

3. 制浆厂的投资、生产成本与效益

制浆厂投资取决于生产规模、制浆工艺及建厂条件等因素。生产规模应根据用户的需要而定。用户集中的地区可建设规模较大的中央制浆厂，生产商品浆，供本地区若干用户燃用。分散的小用户或自身需浆量大的用户，可建用户自备制浆厂或炉前期制浆系统，专供本厂使用。根据已有制浆厂的建设资料，在一般情况下，全部采用国内技术与装备，因规模大小和工艺不同，吨浆投资大致在150～200元范围。用户建设的自备浆厂及炉前制浆系统因生产的不是商品浆，制浆工艺可以简化，不需要庞大的储浆设施，并可充分地利用工厂已有的内、外部条件。所以，投资省，吨浆投资有可能节约在100元左右。

制浆厂的投资构成中，设备购置和安装约占40%～60%，建筑约占20%～30%，其他费用约占15%～25%。

水煤浆的生产成本主要包括原料成本（每吨约需用0.7 t煤）和制浆加工费。制浆加工费的多少主要取决于所采用的制浆工艺与原料煤性质。在制浆加工费中，主要是动力电费与所需化学添加剂费用。制浆电耗约吨浆40～60 kW·h，添加剂费用与所选用制浆原料煤成浆性的难易程度有密切关系，一般在吨浆20～60元左右，加上成本中的材料消耗、折旧、工资及其他费用等项，每吨浆的加工成本（不包括原料煤）估计在90～140元之间。

由于水煤浆是一种新型燃料，商品水煤浆的售价目前由供需双方议价确定，按当前重油和渣油价每吨1700元测算，水煤浆运到用户的价格每吨在400～500元之间，用户将有很高的效益，制浆厂也有较好的效益。

水煤浆的工业应用是一项系统工程，它涉及制浆与燃料技术、工程设计、专用设备与检测控制技术等方方面面，单靠一个单位是难以做好的。为了推动我国水煤浆事业的健康发展，也为了对制浆与燃烧客户负责，主张技术单位与工程单位和生产单位联合承担项目，各自发挥自己的优势，扬长避短，通力合作。目前，中国矿业大学"制浆技术研究所"已与浙江大学"燃烧技术研究所"、原煤炭工业部选煤设计研究院"洗选、制浆工程设计研究所"、枣庄矿业集团公司八一煤矿"水煤浆工业生产培训基地"等纳入国家水煤浆工程技术研究中心的专业研究所及制浆与燃烧专用设备制造厂家结成了长期、良好的合作伙伴关系，通力配合承担水煤浆工程项目，使工程项目能得到可靠的保证。

### （二）煤炭液化

经过多年的努力，我国科学家近年来在煤基液体燃料合成技术上取得重大突破，即在催化剂的作用下，5 t 煤炭经过一系列工艺流程可以合成 1 t 成品油。我国因此成为世界上少数几个掌握"煤变油"技术的国家之一。

我国煤炭资源十分丰富，煤炭在能源消费结构中仍占 60% 以上。近年来，我国液体燃料的需求急剧增长，专家认为，通过煤液化合成油是实现我国油品基本自给的有效途径之一。

#### 1. 直接液化

直接液化工艺旨在向煤的有机结构中加氢，破坏煤结构产生可蒸馏液体。直接液化是目前可使用的最有效的液化方式。在合适的条件下，液体产率超过 70%（以干燥、无矿物质煤计）。如果允许热量损失和其他非煤能量输入的话，采用现代化的液化工艺时总热效率一般为 60% ~ 70%。

直接液化工艺的液体产品比热解工艺的产品质量要好得多。但是，直接液化产品在被直接用做运输燃料之前需要进行提质加工，把液化厂生产出来的产品与石油冶炼厂的原料混合进行处理。

（1）单段直接液化工艺

该工艺是通过一个主反应器或一系列反应器来生产馏分的。这种工艺通过在线加氢反应器，对原始馏分提质，而不能直接提高总转化率。仍被广泛采用的有 Kohleoel 和 NEDOL 液化工艺。

（2）两段直接液化工艺

该工艺是通过两个反应器或一系列反应器来生产馏分的。其中第一段的主要目的是进行煤的溶解，不加催化剂或只加入低活性的可弃催化剂。第一段生产的煤浆在第二段中，在高活性催化剂的作用下加氢，生产出馏分。目前只有 C7SLJ.SE 和 BCL 液化工艺在 20 世纪 80 年代末之后继续得到开发。

#### 2. 共同液化

它指同时对煤和非煤烃类液体的提质加工。烃类液体也可作为制备煤浆和运移煤的介质，通常是一种价值低、沸点高的物质，如传统原油提炼过程中生产的沥青、超重质原油、蒸馏残渣或焦油。共同液化的基本工艺采用单段或两段形式，溶剂不进行循环使用。共同液化技术基于现有的直接液化工艺,是依次通过无循环的液化过程。大部分液体产生于油,而不是煤。

共同液化在煤炭液化的同时将石油提炼出的溶剂提质,这样可以降低单位产品的投资和操作费用。但是,非煤溶剂的物理性能较差,其供氢能力也弱,这将导致煤转化成液体产品的转化率较低。因此,共同液化工艺的经济性主要决定于重质液体原料成本与常规原油价格之间的差价。如果作为原料的煤炭的价格较低,则平均原料成本会降低,共同液化工艺经济效益将提高。与其他液化工艺相比,共同液化工艺的单位产品投资成本显著降低,因为大部分产品均来自原料油。实际上,共同液化工艺的真正竞争对象可能是重质油提质加工。

3. 间接液化

煤炭间接液化的核心部分是合成反应环节,人们普遍认为应当优先选用浆态流化床反应器。最近大部分研究工作集中在研制性能先进的催化剂上,因为间接液化催化剂并不针对具体的工艺。

合成反应技术大量应用于煤炭液化之外的领域。目前由 Mobil 公司和壳牌公司合作开发的两种煤炭间接液化工艺已经被投入商业化生产。其他的间接液化工艺只达到小规模试验的程度,这些工艺与 Shell 间接液化工艺(或者 Sasol 间接液化工艺)基本类似,只是它们使用了不同的专有催化剂。

煤炭间接液化的第一步是利用蒸汽气化来完全打破煤的原有化学结构,气化产物的组成可以调节而达到所需 $H_2$ 和 $CO_2$ 组成比例,并除去对催化剂有毒的含硫成分。生成的"合成气"在催化剂的作用下,在较低的压力和温度条件下发生反应。根据所选用的催化剂以及反应条件的不同,最终的产品可以是石蜡、烯烃类化合物或醇类(特别是甲醇)。

目前进行商业化生产的唯一煤炭间接液化工艺是南非的 Sasol 间接液化工艺。Sasol 公司的三家液化厂生产汽油、柴油以及一系列的化工原料和各种蜡。

# 第三节　煤矿开采设计新技术

煤矿开采设计工作是煤矿进行生产和建设的主要依据和关键环节。开采设计质量的优劣直接关系到矿山企业的技术经济指标的好坏。因此,开采设计必须以原始的矿山地质条件为依据,按照现有的技术条件选取经济合理的设计方案,其中包括矿井开拓布置方案设计、采准巷道布置及生产系统设计、采煤工艺设计等。开采设计方案必须符合国家和行业技术方针、政策,并要有科学依据;同时,开采设计方案要利于采用先进的技术、装备、工艺等,并具有一定的特点和适用性,易推广。应用后能达到高产、高效、经济合理,生产成本低,见效快,煤炭回收率高。这同时也是对煤矿开采设计新技术的基本要求。近些年来,国内外出现了许多开采设计新方案、新工艺等,这些新技术的出现促进了矿山企业的经济效益更上新台阶。

本节介绍的是近些年出现的开拓方案、采准巷道布置及采煤工艺等开采设计新技术。

# 一、矿井开拓系统设计

矿井开拓系统设计是矿井开采中具有长远影响的战略部署问题，它关系到矿井生产的大局，决定着矿井的生产条件、生产环节及整个矿井的技术经济面貌。矿井开拓系统和巷道布置方式，是由各类井巷在地下的不同空间层位上布局而形成的相互有机连接的动态生产系统。合理的矿井开拓系统和巷道布置方式，将为矿井内部的采准巷道布置和先进采煤工艺技术以及装备的采用创造广阔的空间，为矿井各项生产技术方案和参数的优化选择创造更为有利的条件，从而为矿井生产技术的进一步发展奠定坚实的基础。

先进的矿井开拓系统和巷道布置方式将适应煤炭生产技术未来的发展，即高度集中化、机械化、电气化、现代化、信息化、高产高效等。因而，传统的开拓系统和巷道布置方式必须进行改革和改造，以求达到矿井生产系统简单、采掘速度快、投资少、见效快，系统配套、能力大、系统畅通、安全可靠，为新方案、新技术、新工艺、新设备的应用留有一定的发展余地。

## （一）分区（域）矿井开拓布置设计

1. 特大型矿井分区（域）联合开拓布置

随着高度工业化和采矿技术的发展，大能力、高强度的提升、运输和综采设备的出现，使矿井开采的集中化程度进一步提高，为设计特大型矿井创造了有利条件。近些年来，国内外出现了年产400万t以上的特大型矿井和巨型矿井。这些联合开拓矿井的共同特点如下：

①将大面积的井田划分成若干个相对独立的开拓区域，每个区域相当于一个中型或大型矿井。分区建设，分批投产，既加快了施工速度，也缩短了建设工期。同时，可采用大型设备（每个分区）建设特大型矿井。

②每个分区内建立独立的通风系统和采掘系统及辅助生产系统，有效解决了井田范围大而导致的通风和辅助运输线路过长的问题，这对于高瓦斯的深井开采更具有现实的意义。

③利用强力带式输送机或大型箕斗统一将各分区的煤集中提升到地面，由矿井地面集中储运生产系统外运。主要生产系统高度集中，充分发挥了主井和大型高效运输设备的能力，有利于实现主运输系统由工作面到采区、大巷、主井全程输送机械化，可实现利用计算机等先进的自动监控设备进行调度和指挥。

特大型矿井分区（域）联合开拓布置的一般条件为：近水平煤层，层数多，储量大，宜采用综合机械化开采；煤层埋藏深度超过600 m；瓦斯涌出量大，井田、分区范围大，运输、通风线路长；同采的分区数应为2~3个。

大巷布置方式为分区对角大巷和分支大巷盘区式布置。初期开掘东西一、二分区两条分支运输大巷,在分支大巷两侧布置盘区内倾斜长壁工作面进行开采;后期向井田西南方向开掘对角大巷;同时,从对角大巷分别向东西开掘其他分区的分支大巷,布置盘区及倾斜长壁工作面进行开采。

2. 分区一多井筒开拓布置

这种开拓布置的特点是:利用大直径(2~3 m)钻孔或小断面井筒取代大量的平巷、斜巷等井巷工程,并尽量地减少这些井巷工程量。这种开拓布置有两种分区方案:即小分区和大分区布置。

### (1)小分区一多井筒开拓布置特点及生产系统

小分区布置的井田划分特点是,把井田划分为 300 m×150 m 的若干个小分区,每个小分区布置一个大直径钻孔井筒,负责本区内的主、辅运输任务,并铺设相应的管线等。地面布置相应的简单的工业广场,采用移动式轻型结构物组成地面生产系统。正常生产时可以有几个小分区回采。而每个小分区独立进行准备和回采,其回采期为1年左右。

这种开拓布置方式只设简易井底硐室即可,节省了井巷工程量。由于井巷服务期短、断面小,可采用轻型临时支架进行支护。

### (2)大分区一多井筒开拓布置特点及生产系统

大分区布置的井田划分特点是:把井田划分成约 1 600 m×1 500 m 的若干个大分区,由于每个分区范围较大,分区井筒可采用中央式或边界式布置方式。而大分区内的每个区段必须布置两个最小直径的井筒和一对平巷。

上述分区一多井筒开拓布置方案,其井巷施工简单;建设工期短;投资少;出煤快;见效快;生产成本低;井下所需生产人员少;工效高;井巷服务期短;断面小;维护费低;准备、回采方便、灵活。此开拓布置方案适合于煤层埋藏浅(小于 500 m)的缓倾斜煤层,采用炮采或普采等采煤工艺方式。

## (二)单水平上下山联合开拓布置

一般情况下,《煤炭工业设计规范》规定矿井同时生产的水平数为一个。这是为了提高矿井生产集中程度,防止战线过长,生产分散,相互干扰,系统混乱、复杂,占用非直接生产人员多,致使生产效率低。而为了确保矿井设计产量,需适当加大水平范围、水平内储量和水平服务年限。长距离高效高能带式输送机则可从技术上解决主运输问题。因此,我国一些煤矿设计院在设计新矿井的水平数目时,已将单水平上下山联合开拓布置作为优选方案。整个井田划分成一个开采水平,负责开采上下山两个阶段。上山阶段的煤下运至开采水平井底车场,而下山阶段的煤则上运至开采水平井底车场,由主井集中运至地面。这种上下山联合开拓布置方案的主要优点是:充分利用了开采水平的井巷、设施等,占用设备少,设备利用率高;扩大了开采水平的服务范围,延长了水平的服务年限,减少了水平数目,减少了相应的井巷工程量和投资,且无后期矿井的开拓延伸问题,使生产更加集中、持续、均衡、稳定,无水平延伸的干扰;且水平大巷和上下山均可安设强力带式输送机，确保运煤的连续化，同时有利于对煤流量的自动监测与控制。

为确保单水平上下山联合开拓布置方案的顺利实施，这种设计方案的应用条件如下：

①由于存在下山阶段，要求煤层倾角小于6°，瓦斯涌出量小，矿井涌水量小。

②矿井深部储量不多，不足以（或不值得）再设置一个新的开采水平，而设置下山阶段进行开采，或深部有大的地质构造，设置开采水平、布置井底车场等均有困难，此时可设置下山阶段。

③水平接替紧张，上水平将要采完，而下水平还未开拓准备出来，此时可设下山采区，采一部分下山煤。直到下水平准备完毕，开采工作全部进入下水平后，再转成上山开采。此为上、下水平过渡时期的临时应急措施。这种开采布置措施确保了上、下水平的平稳过渡。

④煤层底板有富含承压水的奥灰岩，井筒不能直接延深而形成新水平，则可采用下山阶段开采。

### （三）无开采水平的开拓布置设计

无开采水平的开拓布置设计的特点是：对煤系地层的露头或浅部采用无水平或单水平开拓。主要输送机线路布置在地面。在每个采区布置分区工业广场，装备轻型可移动式的构筑物和设备，而只在中央广场装备固定的建筑物和结构物。表土层以下或深部煤层开拓的特点是，井田划分成若干个采区，从地面掘进准备每个分区的中央下山和两翼边界下山。在煤层上部边界（或地面）开掘各采区共用的主要运输石门（或地面运煤走廊）工作面出煤，经中央下山、主要运输石门或地面运煤走廊、带式输送机运至地面煤仓。

国外的实践经验证明，这种开拓布置方式的主要开拓巷道工程量可减少40%左右，生产费用可降低40%以上。而且，巷道布置灵活，运煤集中、连续，工效高。但这种开拓布置方式只适合于煤层埋藏较浅或露头煤层的开采。

### （四）无采区的开拓布置设计

无采区的开拓布置设计的井田划分特点是：将整个井田范围划分成一个大采区或盘区。因此，这种开拓布置方式的开拓巷道工程量小，生产系统（掘进、运输、通风、提升等系统）简单、建井期短、投资少、出煤快。这种开拓布置方式的一般适用条件是：煤层赋存稳定，井田范围内无较大的地质构造，井田的划分不受其限制或影响，可人为地划分成一个完整的大区域进行开采。正是由于这种较好的开采自然条件，再加上先进的工艺方式和技术装备，可实现一井一采区一面，生产高度集中，高产高效，可满足大型甚至特大型矿井的产量。对于煤层埋藏较浅、表土层薄、无流沙层、水文地质条件简单、构造简单的缓倾斜煤层，可采用斜井开拓。井下全部煤层如同一个下山采区，沿倾斜将井田划分成若干个区段，而斜井本身则相当于采区下山的作用。这样，在斜井两侧布置走向长壁工作面进行全矿井的前进式或后退式开采，从而实现了沿整个井田走向全长一次连续推进，生产集中、连续，搬家倒面次数少，可充分地发挥大型采煤机械的效能；而当煤层埋藏较深、倾角较大时，可采用立井主石门中央集中上山开拓布置方式，在中央集中上山两侧布置沿全矿井走向推进的后退式或前进式开采工作面；若煤层埋藏深度较大，而倾角较小（近水平煤层）时，采用立井主石门水平大巷开拓布置方式。水平大巷将煤层分为上下两大部分，则在大巷上下两侧布置成沿全矿井倾斜全长开采的前进式、后退式或混合式倾斜长壁工作面即条带工作面，直至采到全矿井的走向边界。其巷道布置方式可有对拉条带布置和分区域多条带布置两种。对拉条带巷道布置的特点是：相邻两个条带工作面组成一个采准系统，此两个条带工作面共用一个煤仓，可同采或不同采。而各煤层（或分层）可采用单层准备或集中斜巷联合准备。这种巷道布置方式生产系统简单、能力大。但大巷装车点较多，条带斜巷与大巷间的联络巷道及相应车场、装车站工程量较大。分区域多条带布置方式的特点是：根据井田地质构造等具体条件，将井田划分成若干个小的区域，而在每个区域内布置多个倾斜条带（4~6个或以上），工作面组成一个相对独立的采准生产系统。

对于具有比较复杂地质构造的现场具体条件，区域及条带工作面的划分应灵活考虑。上述对拉条带布置和分区域多条带布置方式主要适用于以下条件：

①倾斜断层较多，沿走向连续推进（即布置走向长壁工作面）受阻；

②沿走向留设的各种煤柱太多，不能实现沿走向连续推进；

③受地质构造影响，倾斜长度偏短；

④薄及中厚煤层，煤层倾角12°以下。

## 二、采准巷道布置及生产系统设计

### （一）采准巷道多巷布置

对于传统的长壁开采体系，其准备巷道一般采用双巷布置，如布置输送机上山和轨道上山。回采巷道一般采用单巷布置，如只布置区段运输巷和区段轨道巷。而美国和澳大利亚的长壁体系开采，其采准巷道则采用多巷布置。采区准备巷道如上山三条、四条等，回采巷道如区段平巷也至少三条、四条以上。这主要是由于美、澳在长壁工作面开采过程中，采用连续采煤机掘进巷道和回收巷间煤柱，可以保证采准巷道多巷布置的巷道准备速度，保证采掘平衡关系。采用锚杆机对采准巷道及工作面进行支护，实现了主动支护及支护工作的机械化，支护速度快、效果好。且美、澳的煤层开采条件得天独厚，如煤层倾角很小，埋藏稳定，瓦斯涌出量小，工作面布置灵活；开采方向灵活，可沿走向或倾向推进；开采顺序灵活，可顺序开采或跨采；工作面连续推进距离长，能力大；顶板稳固，采空区处理简单，可任其垮落或局部打锚杆支护；低瓦斯矿井，对通风条件要求不严等。这些优越条件加上采准巷道多巷布置的实施，使得这种巷道布置方案掘进出煤量增加。多巷布置使运煤、运料、通风、行人等方便灵活，其中一条巷道需维修时，利用其余几条巷道也可保证工作面正常生产，确保采煤工作面实现高产高效。美、澳的这种长壁综采工作面的平均日产可达万吨。这种多巷布置方式中，最常用的是三巷布置。三条下区段平巷中，一条铺设带式输送机、一条运煤兼进风巷、一条为专用进风巷。上区段平巷可有两条,均为回风巷。为确保巷间保护煤柱的作用,应合理设计煤柱尺寸,一般主要采用如下几种留设方式:

①煤柱的长、宽等长留设,一般取(18~20)m见方。

②煤柱的长、宽不等长留设,一般取(18~25)m×(25~30)m。

③在三条区段平巷中,靠工作面采空区一侧的两条巷道间留设大煤柱25 m×30 m,靠未采区一侧的两条巷道间留设小煤柱25 m×8 m。

### (二)走向长壁双工作面布置及生产系统设计

走向长壁双工作面布置,按区段共用运输平巷的设置情况,一般采用如下两种布置方式:

1. 共用一条区段集中运输平巷(煤层中间运输平巷)

上、下区段工作面共用一条煤层中间集中运输平巷。该中间集中运平巷一次掘出,沿巷道中线掘进。而上、下轨道平巷则沿腰线掘进。由于下区段工作面的煤上运至中间集中运输平巷,运输相对困难,设计时其工作面长度一般比上区段工作面要短些。为了确保区段巷道的良好维护以及生产安全,上、下区段工作面错距应小于10 m。若工作面顶板淋水较大,也可设计成下区段工作面超前于上区段工作面。双工作面运料系统则由上、下区段各自的轨道巷担负。

2. 共用一条区段岩石集中运输平巷

这种布置方式的特点是:上、下区段间设置共用的机轨合一岩石集中运输平巷,该巷道一次掘出,为上、下区段运煤共用;同时,上、下区段设置各自的岩石集中回风平巷,该巷道一次掘出,为上、下区段通风专用。上、下区段运输、回风煤层平巷则采取超前掘进,随采随掘,随采随废,解决了区段煤巷维护费用高的问题,利用了岩石集中平巷易维护的优点。

上、下区段工作面的煤经各自的超前区段运输平巷运到共用区段岩石集中平巷运出。上、下区段工作面和超前区段回风平巷掘进所需的材料,经上、下区段岩石集中回风平巷和上、下超前区段回风平巷运送。上、下区段超前运输平巷掘进所需的材料则经共用的机轨合一岩石集中运输平巷运送。此双工作面的通风方式为W型,中间的机轨合一岩石集中运输平巷进风,经上、下区段的超前运输平巷进入上、下区段工作面,冲洗工作后之风,经上、下区段的超前回风平巷,上、下区段岩石集中回风平巷排走。一般情况下,上区段工作面超前于下区段工作面,上、下区段工作面的错距则不严格控制。

走向长壁双工作面布置方式的适用条件如下:

①由于下区段工作面的煤要上运至中间煤层集中运输平巷或中间岩石集中运输平巷。所以,要求煤层倾角较小,现场的经验认为倾角最大不超过15°。

②由于上述共用一条区段煤层集中运输平巷布置方式,存在上、下区段工作面串联通风问题及上区段工作面风速可能超限,而共用一条区段岩石集中运输平巷布置方式下区段

工作面存在新风下行问题。因此，要求煤层瓦斯含量不大。

③对于共用一条区段煤层集中运输平巷走向长壁双工作面布置方式，上、下区段工作面的错距不能太大。这就要求上、下区段工作面的推进速度要保持基本一致，因而对生产技术水平和管理水平都提出了较高的要求；否则，中间共用区段集中煤层运输平巷的上侧为采空区的一段较长时，维护困难且维护费用高。同时，其上侧采空区的漏风量也随之增大，很难确保上区段工作面有足够的风量，影响通风效果。

### （三）往复式开采设计

往复式开采指工作面的推进方向相对于上山（走向长壁）或大巷（倾斜长壁）为前进式和后退式相结合，因而它是综合了前进式与后退式开采的优点而发展的新工艺。其巷道布置的特点是，变采区中央上山为两翼边界上山，回采巷道由边界上山直接准备。第一个工作面若自左翼向右翼上山推进，则第二个工作面接下去自右翼向左翼上山推进，如此循环推进下去，直到采完整个采区为止。根据工作面运输巷的留设方式不同，往复式开采工作面布置形式可分为"Y"形和"Z"形工作面，这两种布置形式属于折返往复式，其工作面回风巷随采随废，而工作面运输巷则需留下作为下一个工作面的回风巷。若工作面运输巷预先一次掘出，采后留下。此即，所谓的"Y"形工作面布置。也可随着工作面向前推进而紧跟工作面后方成巷，此即所谓的"Z"形工作面布置。

往复式开采具有下列优越性：

①巷道准备工程量少、简化了巷道布置、降低了巷道掘进率，特别是"Z"形工作面，工作面运输巷随采随掘，减少了巷道维护费。

②利于采掘接替，且采煤工作面搬家方便、容易。工作面设备搬迁距离短、缩短了搬迁时间、增强了开采的连续性，这对于综采工作面非常有利。如倾斜长壁往复式开采，当一个综采工作面采到停采线后，首先将工作面刮板输送机拆除，移到新工作面。然后在原刮板输送机道上铺轨，其上设置爬犁车（比支架底座略大的厚钢板），拆除的支架装在爬犁车上，通过绞车拉到新工作面。由于搬迁距离短，运输环节少，搬迁时间和用工量比非往复式开采可减少一半左右，而且不需开掘专用的拆架巷道。

③由于区段间实现了无煤柱开采，提高了煤炭回收率、节省了煤炭资源、消除了应力集中，更利于区段巷的维护。

④由于采区巷道工程量少，且工作面留巷费用远远小于掘进巷道费用。因此，采区吨煤费用低，经济效益明显。

往复式开采沿空留巷的维护，可采用锚—梁或锚—网—梁等联合支护方式。留巷的巷旁支护可采用矸石墙加细砂袋，细砂袋应填满隔绝整个空间，起到挡风墙作用。此外，巷旁支护还可采用砌矸石带墙或预制混凝土墙等方法，为了防止其漏风，可采用黄泥或化学试剂等堵墙缝。

往复式开采实施的关键是如何采取有效的沿空护巷支护技术和防漏风措施。留巷要经受工作面两次采动影响，支承压力较大，除了要求巷道支架要有一定的支护强度和稳定性，还必须加强巷旁支护。并且留巷要有足够的断面积，要为下一个工作面通风、运料、行人等服务。对于有自然发火危险的煤层，还必须对巷旁支护加强堵漏措施。这些都是确保往复式开采成功实施的技术前提条件。

### （四）跨上山（石门）开采的巷道布置

当采区上山或石门布置在底板或煤层群的最下煤层中时，其上各煤层工作面可跨过上山或石门开采，即所谓的跨采，它可分为跨本采区上山（石门）及连续跨多上山（石门）开采两种。

1. 跨本采区上山（石门）开采

（1）双翼对采工作面的跨采

此种采区将采区上山都布置在采区走向中央的底板岩层中，两翼布置后退式采煤工作面对采，其中一翼的工作面跨过底板上山。使用这种开采布置方式应注意以下几个问题：

①跨采的工作面应在非跨采的工作面还远离上山时跨过，且要求非跨采面滞后跨采面3个月以上时间到达上山附近的停采线，以防止双翼工作面同时对上山的采动冲击影响，确保上山的完好使用状态。

②上山应布置在坚固稳定的岩层中，且与煤层垂直距离应大于 10 m，以保证上山具有较好的维护条件。

③跨采面的停采线与上山的水平距离应大于 20~30 m。停采后应将其充分放顶。

④区段煤柱应在采下区段时尽可能回收，以免在此处产生集中应力而破坏相对应的上山部位。若不能回收区段煤柱，其下方对应位置的上山应采用可缩性较大和便于维修的支架。

这种开采布置方式的优点是：取消了上山煤柱，提高了采区回采率，实现了采区无煤柱开采。同时，上山位于采空区下，改善了上山的维护状态，利于上山的维护。

（2）单翼工作面的跨采

通风等工作由中央岩石上山和边界煤层上山共同担负。

这种开采布置方式除了具有双翼对采工作面跨采的优点外，由于加长了采煤工作面连续推进长度，更有利于采用综采工艺方式，充分发挥综采设备的效能，减少综采面搬家次数，提高生产效率。对于设置边界煤层上山的跨采形式，采煤工作面跨过上山后，可利用边界煤层上山为工作面的各生产系统服务。若采区两翼均布置边界煤层上山，则可实现前已述的往复式开采，即工作面自左翼边界推进，跨过上山后连续推进到右翼边界，然后直接搬入右翼下区段工作面，减少了搬家倒面的距离和时间，这对于综采工作面更为有利。

2. 连续跨多上山（石门）开采

连续跨多上山（石门）开采是近些年随着采煤机械化，特别是综采工艺的发展而出现的一种跨采布置形式。其巷道布置特点是：采区上山（石门）一般布置成岩层上山，沿煤层走向每隔500～1 000 m（一部带式输送机的铺设长度）布置一组。采煤工作面自本采区的一翼边界连续推进，跨过相邻一个或数个采区的岩石上山（石门），以减少工作面搬迁次数。这种跨采设计方案除了具有单翼工作面跨采的优点外，其突出优点就是有利于采掘接替，可实现多面同采和多头掘进。因此，这种跨采方案目前在新采区设计中已被采用，也用于改造旧采区设计，以扩大采区走向长度。因而，这种跨采布置形式相当于由若干个单翼采区构成一个大采区，扩大了采区范围和储量，更有利于发挥综采综掘等大型采掘设备的潜能。但这种跨采方案一般用于地质构造比较简单的条件下，而连续跨多上山（石门）的次数要与具体的矿山地质条件相适应。

### （五）倾斜长壁开采巷道布置的改进设计

1. 倾斜长壁与走向长壁开采联合布置

对于缓倾斜煤层，特别是近水平煤层，除了可采用跨上山（石门）连续开采、折返往复式开采，还可大幅度地增加工作面连续推进长度，将工作面搬家次数和距离减少到最低限度之外，工作面推进方向也可不受限制，灵活运用。如在地质构造复杂，断层多而无规律，走向、倾斜断层都有条件下，可根据各部分煤层切割区块的特点，布置成倾斜或微倾斜条带式开采，也可布置走向长壁工作面，即采用倾斜长壁与走向长壁开采联合布置方式，这种布置方式可扩大综采机械的使用范围。

2. 倾斜长壁超前掘进双工作面开采的巷道布置

在倾斜长壁开采工作面，可采用随采随掘随留巷的新技术。其工作面巷道布置为：沿煤层倾斜掘进工作面斜巷，一条进风，一条运输中巷，此两条斜巷采前一次掘出，随采随废。而运料回风斜巷则实行超前掘进，随采随掘，并沿空留巷，从而形成了倾斜长壁超前掘进双工作面开采。工作面通风方式为Y形掺新式。双工作面的错距不大于工作面最小控顶距。错距处可采用单体支柱加长钢梁（沿倾斜布置）支护。工作面两端头采用单体支柱支护。进风和运输中巷均需超前工作面20 m左右加强支护。运料回风斜巷留巷的作用是保证整个回采期间的运料、通风、行人等系统的通畅；同时，该巷可做下一个条带工作面的进风斜巷。

上述布置方式，其工作面搬家次数少，节省了大量的巷道掘进和维护费用，且系统简单、环节少、生产集中、通风效果好、费用低。随采随掘随留巷新技术的采用，为采用对拉工作面创造了有利条件，相当于将回采工作面长度增加了一倍，有效提高了工作面单产，实现了高产高效工作面；同时，煤柱损失减少，掘进率降低，沿空留巷新技术的应用，可实现前进式和后退式相结合的往复式开采。留巷为一巷两用，其总费用比重新掘巷少。而采用砌矸石带方法进行巷旁支护，又使掘进矸石得到妥善处理，操作简单方便，并解决了漏风问题。巷内支护可采用先进的锚网支护，降低了支护成本，减轻了工人的劳动强度，且维护费用低、维护效果好、复用率高。

### (六)采空区内布置采准巷道

**1. 预采大煤柱的巷道布置**

对于传统的煤柱护巷法，煤柱的尺寸大小主要取决于巷道深度和是否受采动影响。若不受采动影响，一般经验是煤柱的宽度应大于埋深的 1/10，现场一般取值都在 25～30 m 以上。这些煤柱一般都要尽量回收，以提高回采率，节约煤炭资源。传统的做法是：在正常回采工作全部结束后进行回收。回收工作较麻烦且回收率低。从巷道维护角度来看，煤柱护巷效果不够理想，由于煤柱之处的应力集中往往造成巷道维护费用高，甚至难以维护。近些年来，采用留设相当于一个长壁工作面长度的宽煤柱，并预先采用正规工作面将其回收，然后在此采空区的上（下）方掘进巷道，使该巷道处于采空区上（下）的应力降低区内，受采动影响小，改善了巷道的维护状态。这种布置采准巷道的方法，对于深井巷道和松软岩层内服务年限长的巷道维护是十分有效的方法。

**2. 宽面掘进沿空留巷巷道布置**

根据矿压理论，采空区一般处于降压区（或卸压带）内。这样，在其中成巷有利于巷道的维护。因此，国外已经采用在煤层中预先宽面掘进出煤，然后在其采空区中留巷的成巷方法。由于其中应力已经解除，成巷的两帮为巷旁充填物取代实体煤柱，减轻甚至消除了应力集中和采动影响。但是由于巷旁充填量较大，因此这种成巷方法适合于薄煤层的采准巷道。

**3. 老空区内布置采准巷道**

根据矿压理论，已冒落矸石压实后形成的采空区为降压区，在其中布置巷道，可以不受支承压力的影响，工作面对其采动冲击影响较小，便于采准巷道的维护。国外已采用将准备巷道（如采区上山等）直接布置在相邻的老空区内，将回采巷道（如工作面上下平巷）布置在阶段大煤柱已回收的老空区内，使采准巷道位于采空区卸压带内，维护效果很好。

# 第四节 煤炭清洁开采技术

## 一、煤炭清洁开采的含义

煤炭是一种重要的能源和原料，在煤炭的开采、加工和利用过程中排放出大量的污染物，极大地污染了环境。从采矿工业的特点看，对环境的污染是不可避免的，正如所有工业发展都对自然环境有所污染一样，重要的是控制污染的程度。控制污染的措施之一就是清洁开采。本节对清洁开采的含义及技术途径做一简单的介绍。

### (一)煤炭生产引起环境污染和破坏的表现

煤炭是埋在地下的可燃矿产，煤炭生产的特性决定了煤炭开采势必污染环境。煤炭开采对环境所造成的污染和破坏主要表现在以下几方面：

1. 煤矿地下开采造成地表塌陷

在地下开采过程中形成的采空区和巷道，破坏了原岩的应力平衡状态，引起顶板和围岩的垮落、下沉，并向上部发展。随着采空区的扩大，在地表形成塌陷。地表塌陷不仅引起土地资源劣化，而且破坏了土地原有水循环系统。

2. 煤炭开采中产生大量矸石

煤矿生产的主要特点之一是工作地点不停地向前移动采出煤炭。为了能使开采工作连续、稳定地进行，就必须在回采的同时，开掘大量岩石巷道，为回采工作准备出新的工作地点，这就不可避免地要开掘出一定量的矸石。目前对矸石的处理方法是运至地面，堆积成矸石山。大量的矸石山占用了大量的土地和良田，而且形成污染源。

3. 煤炭开采中产生了大量的瓦斯

瓦斯对大气环境的温室效应有严重的影响，而且其浓度的提高使空气对流层中的臭氧增加，平流层中的臭氧减少，导致太阳照射到地球的紫外线增加，会诱发人类皮肤癌患者增加。每年我国煤矿向大气层排放的瓦斯约 100 亿 $m^3$，不仅对区域环境造成严重破坏，同时也是煤矿安全生产的重大隐患。

4. 煤炭生产过程中排放污水

全国煤矿每年排出矿井水约 22 亿 t。矿井水是由伴随煤炭开采而产生的地表渗透水、岩溶水、矿坑水以及生产、防尘用水等组成。矿井水的性质主要取决于成煤的地质环境和煤系地层的矿物成分，矿井水中普遍含有以煤粉和岩粉为主的悬浮物以及可溶性的无机盐类。我国西部高原、黄淮地区的多数煤矿的矿井水矿化度较高，水中总离子含量大于 1 000 mg/L；南方一些含硫高的矿井，矿井水呈酸性，并溶解煤及围岩中的铁等金属元素。矿井水一般都用水泵排至地面，因此，它对地表上河流等水资源会产生较严重的污染。我国东部一些排水量大的矿区，主要受岩溶水的影响，矿井水中 60% 为岩溶水。矿井水的大量排出，涌入河流，一方面严重污染了水源；另一方面也破坏了地下水的循环系统，甚至导致矿区水位下降。我国水资源匮乏，特别是西北地区，矿区用水及造成的水污染，加剧了这一问题的严重性。我国 86 个重点煤矿矿区，有 71% 的矿区缺水，其中 40% 的矿区严重缺水。矿业生产大量用水及对水的污染，已成为制约当地经济发展和影响人民生活的重要问题。

5. 煤炭生产过程中产生的粉尘

矿井中采煤工作面、掘进工作面和运输转载点等生产过程产生的粉尘，不仅给矿山带来安全问题，容易引发煤尘爆炸等事故，而且给矿工的身体健康带来严重影响，造成矿区矽肺病患者增多。

### （二）煤炭清洁开采的含义

1. 清洁开采是洁净煤技术的扩展

近年来开展的洁净煤技术是指煤炭在开发和利用过程中旨在减少污染与提高利用效率的加工、燃烧、转化及污染控制等技术的总和，是使煤炭作为一种能源达到最大限度潜能的利用，而使其释放的污染控制在最低水平，达到煤炭高效、洁净利用的技术。这里所指清洁开采技术，实质上是洁净煤技术的延伸与扩展，其内涵就是在生产高质量煤炭的同时，采取综合治理措施，使煤炭开采过程中产生的废弃物对环境的污染降至最低限度的技术。

2. 清洁开采的相对性和基本要求

洁净煤技术、清洁开采技术都是相对意义下的减少煤炭生产、加工、利用、转化和燃烧时对环境污染的技术，而不是绝对的清洁或洁净。减少污染、改善环境状态的程度，原则上是要求达到在生态自然环境可承受的范围之内。目前要求达到的目标是国家制定颁布的环境保护法律、法规、规章所规定的各项标准，其中与煤矿开采关系最大的是土地保护和固体废弃物、废水、废气排放的标准。

煤炭生产中实现环境保护目标，达到规定标准的途径有两个：一是减少生产过程中对环境的污染；二是污染后加以治理。清洁开采技术属于前者，洁净煤技术属于生产后更深层次的煤炭加工利用等方面减少污染的途径，同时也都需要与污染治理技术相互配合，协调进行，才能达到环境保护的目的。因此，清洁开采技术的基本要求和目的，是能够减轻对环境的污染，降低对生态环境的有害影响，能够达到这一要求的开采技术就是清洁开采技术，其作用是减轻污染后治理的难度和工程量。

## 二、清洁开采的技术途径和措施

### （一）减少井下排矸量的有效措施

采煤过程中排放的矸石，主要来源于井下岩石巷道掘进、半煤岩巷掘进、煤仓和溜煤眼的掘进以及工作面上的矸石（掺入煤炭中的顶、底板岩石或煤层夹矸中的岩石），它与矿井开拓系统和采区巷道布置紧密相关。我国国有重点煤矿的岩巷掘进量随着煤炭产量的增加而不断增长，已由20世纪50年代中期的每年20万m左右，增加到90年代的150万m左右。随着采煤机械化的发展，煤巷掘进机械化程度的提高和岩巷支护技术及材料的发展，自80年代中期开始已经有一些大型矿井减少了岩巷数量，尽量布置煤层巷道，使岩巷掘进率明显下降。

### （二）煤矿生产进行总体合理规划

矿区的总体规划、矿井的总体设计应对煤炭的清洁开采做出详细评述。主管部门要根据国家和行业的有关法律、政策、法规和标准，对矿区规划和设计中有关清洁开采的内容进行严格审查，对不符合规定的设计和规划，应一律不予批准。

1. 改革巷道布置方式，减少岩巷掘进量

对于井下开采而言，要从改革矿井开拓和巷道布置方式入手，本着"多做煤巷，少做岩巷"的原则，从总体上消除或减少矿井矸石的排放量。

①全煤巷开拓方式，就是除个别井底车场硐室开挖在稳定的岩层中外，所有的开拓巷道全部布置在煤层中。这种开拓方式，已成为国内外矿井建设的优选设计方案，它不仅有利于煤炭的清洁生产，而且建设投资少，矿井投产快，建井期间就可生产出商品煤。美国、澳大利亚等国的各种煤矿几乎都采用多煤巷并行的开拓方式，许多煤矿直接从煤层地表露头沿煤层边开拓边回采，很快收回矿井建设投资。德国、英国近年也逐渐向全煤巷开拓发展。全煤巷开拓基本取消了地面矸石山，德国许多矿井已取消排矸系统。我国一些新设计的大型矿井（如济宁三号井，东胜、神府煤田的矿井）基本上是按全煤巷开拓设计的。

同时，随着现代煤炭科学技术的发展和煤巷支护技术的提高，使全煤巷开拓方式的实现成为可能：

a. 现代化高强度开采，回采速度加快，生产高度集中，矿井服务年限相应减少。需要同时维护使用的巷道长度，在稳定岩层中的巷道不必再维护。

b. 支护技术和材料（锚杆支护、U型钢支护、壁后充填等技术）的发展，使大断面煤层巷道能长期维护使用。

c. 高强度长距离带式输送机的发展，新的辅助运输技术和装备的出现，使煤、材料及人员的输送不再依赖于传统的轨道矿车，对巷道的起伏已无严格要求。

d. 可以配之以相应的通风、排水技术和设备。

②利用自然边界划分矿井和采区。矿井和采区划分要充分地利用自然边界，开拓巷道自然边界（断层带、变薄带、火成岩侵入带、高灰分煤层带）掘进，采区内尽量避免出现这些地质构造，有利于掘进和回采时少破岩，减少煤炭中矸石的混入量。

③实行搭配开采。在多煤层、多煤种的条件下，开拓部署要考虑煤层的开采程序和开采煤层的搭配关系，薄厚煤层要搭配开采，不同牌号的煤种要搭配开采，控制高灰高硫煤层的开采比例，以减少全矿井生产原煤的总灰分和总排矸量。

④取消岩石集中巷。近距煤层群和厚煤层分层开采，为集中运输和利于巷道维护，许多矿井都沿用岩石集中巷进行采区开拓准备，这种准备方式不仅要产出大量矸石，而且岩巷掘进速度慢、成本高。有时岩石集中巷距煤层底板距离很长，要用较长的斜巷和平巷与煤层巷道联络，既增加了开拓准备巷道的工程量，同时也增加了煤和材料运输的环节和距离，使井巷网络复杂化，不利于集中管理。为此，近年来各矿区都在采用新技术，逐渐取消岩石集中巷，用煤层集中巷进行采区开拓准备，在技术和经济方面都取得显著效益，矿井排矸量大幅度下降。

2. 合理选择采煤方法及生产工艺

采煤方法和生产工艺，直接影响着矿井生产的原煤质量和地面环境保护。应根据煤层赋存条件和生产技术条件，在安全、高效的原则下，选择合理的采煤方法和生产工艺，进而实现煤炭的清洁开采。

①加大采高,实现煤层全厚开采。随着我国机械化采煤技术与装备的发展,目前工作面采高可达到 5 m,这使得过去需用两个分层开采的厚煤层,实现了单一长壁工作面煤层全厚开采。采用煤层全厚开采,不仅可以减少巷道准备工作量,简化煤层开采程序,提高工作面的产量和效率,同时也减少了分层开采时矸石和其他杂物混入煤中的概率,降低了原煤含矸率和灰分。适于采用放顶煤开采的厚煤层,采用合理的放煤工艺,可以有效地提高工作面回收率,降低原煤含矸率。

②合理分层。厚煤层分层开采,应根据煤层柱状及开采条件,按夹石层的位置、各层的煤质情况以及顶底板条件,综合研究确定分层界限以及分层厚度。在确定分层厚度时既要考虑开采工艺的合理性,又要保证不降低煤质。合理分层能减少煤中的矸石混入量,提高原煤生产质量。

③煤岩分采。当煤层中夹石厚度超过 0.3 m,又不能进行分层时,应实行煤岩分层开采。煤岩分采适用于爆破采煤工艺,先爆破采出夹石层上部的煤,并用临时支护管理顶板,然后剥采夹石层,并将其抛掷于采空区,最后采下部煤炭,架好支架,最终完成工作面采煤作业循环。

④留顶(或底)煤开采。当煤层有较厚的伪顶或直接顶破碎难以维护时,工作面可实行留顶煤回采,在解决工作面顶板难管理问题的同时,也避免了伪顶或破碎顶板冒落混入煤中使煤质恶化。在底板松软的情况下,为了防止支柱钻底或采煤机啃底降低煤质,工作面应采用留底板方法回采,以保证煤炭生产质量,降低含矸率。

3. 矸石充填不出井

矸石不出井,实际上就是通过各种手段,将巷道掘进过程中出的矸石就地处理于井下。通常采用的方法是宽巷掘进、沿空留巷、矸石充填等。宽巷掘进技术就是在掘进半煤岩巷时,开挖煤层宽度大于巷道宽度,掘进的矸石充填于巷道一侧或两侧被挖空的煤层空间中和支架臂后,矸石不出井就地处理。沿空留巷技术的推广应用,大大降低了巷道掘进率,减少了巷道工程量,同时也相应地减少了矿井的排矸量和煤中混入的矸石量,能实现煤炭的清洁开采。矸石充填技术就是把井巷的矸石送到井下集中破碎站。破碎后的矸石,可作为建筑材料和充填材料,供井下铺轨、混凝土施工、巷道壁后充填、工作面充填、消防岩粉棚等使用。

### (三)减少井下废气、粉尘污染的措施

1. 井下抽放瓦斯综合利用

煤矿生产过程中预先抽放煤层中的瓦斯,可以有效地减少生产中的瓦斯涌出量,不仅是确保安全生产的重要技术措施,同时也是减轻矿井排放废气对环境污染的重要途径。

井下瓦斯抽放的技术已经应用了数十年,根据不同条件有多种与之相适应的有效的抽放方法,如开采煤层抽放、邻近层抽放、采空区抽放、钻孔抽放、巷道抽放、综合抽放及

卸压抽放等。

## 2. 井下粉尘防治

加强对矿井粉尘的控制是世界各国共同关注的课题。世界主要国家对综采工作面的粉尘都先后采用了高压喷雾或高压水辅助切割降尘技术，有效地控制了采煤机切割时产生的粉尘，同时减少了截齿摩擦产生火花引燃瓦斯、煤尘爆炸的危险性。

在掘进工作面，主要采用内外喷雾相结合的方法降低掘进机切割部的产尘量和蔓延巷道的悬浮粉尘；同时，通过粉尘净化、通风除尘、泡沫除尘、声波雾化降尘等综合措施，可以取得显著的降尘效果。

今后一个时期，在我国主要研究解决厚及特厚煤层注水工艺技术及配套装备，研究适合于高产、高效机械化采煤工作面使用的能高效降低呼吸性粉尘浓度的采煤机关键技术及其配套设备，使司机处的总粉尘浓度降低90%以上，呼吸性粉尘浓度降低75%左右。

煤矿采掘机械是煤尘、粉尘的重要产生根源。据我国晋城、阳泉等矿务局统计，机械化采煤同炮采相比，块煤率从65%降低到45%，工作面粉尘大幅度上升。优化采掘机械破煤、破岩机构设计，减少粉尘，提高块煤率是近十多年来国内外都在探讨研究的课题之一。国内研制的块煤滚筒在晋城矿务局井下工业性试验证明，块煤率（直径大于25 mm）从普通滚筒的40%左右提高到约65%，使用寿命提高2倍以上（总截割长度达到35万m以上），现正逐步推广使用。国内有关单位还试制了滚刀—截齿滚筒，大截线距高—低截齿滚筒，也都取得了一定的效果。

## 3. 井下防灭火技术

矿井火灾是煤矿的主要灾害之一，火灾产生的$CO$，$SO_2$等多种有害气体随着矿井通风被排入地面的大气中，成为矿区大气污染源之一。加强防治火灾措施如下：

①建立预测煤层自燃危险程度的科学方法。"八五"期间我国对典型易燃煤层最短自然发火期的预测方法进行了初步探讨和试验研究，但距实际应用还有一定距离。

②采用先进的综合配套的防火技术。当前正在大力发展综采、综放的高产高效采煤工艺，在有自燃危险的矿井中，以注氮惰化为主、其他防火技术为辅的综合防火措施，已取得了显著的效果。

③建立与矿井环境监测系统联网的实时火灾预测监测装置。建立实时火灾预报监测装置，可以克服束管式监测系统检测时间滞后的缺点，能适应外因火灾的紧急与自动扑救的需要，有利于环境监测系统联网，从而能够明显扩大防火检测的覆盖面，提高矿井抗灾能力。

④研究井下防灭火黄泥灌浆代用材料新技术。我国近10年这方面的技术发展也相当快。我国现有19套机组，30多个工作面使用了注氮防灭火。虽然氮气尚不能完全取代泥浆，但以氮气为主的综合防灭火系统，可最大限度地减少泥浆的消耗。

## （四）煤矿污水处理技术

1. 矿井水分类排放

矿井排水中的岩溶水，多为未被污染的地下水，若与其他矿井水分开排放，则不会造成对环境的污染，并可再利用，基本上符合生活用水标准。有的岩溶水中还含有多种有益微量元素，可开发加工制作矿泉水。

2. 水采矿井的闭路循环

水采煤泥和煤泥水是水采矿井环境污染的主要因素。水采矿井环境治理的主要任务是防止水采煤泥和煤泥水污染环境。近年来，由于水彩工艺系统不断完善和提高，先后研究和推广了经济型水采和区域化水彩工艺系统，研究和采用了一批高效煤泥脱水、回收设备，采取了防止煤泥和煤泥水污染环境的措施，较好地解决了煤泥水排放污染问题，使水采矿井基本上达到了国家环保要求。

经济型水彩工艺或区域化水彩工艺系统所采用的煤泥水处理系统都是按闭路循环设计的，采区分级脱水后的煤泥水在井下中央硐室，使用斜管沉淀仓进一步净化处理，大部分煤泥水经净化后在井下供采掘用水循环使用，只有少部分经过浓缩后的高浓度煤泥水用小流量高扬程煤泥泵排至地面选煤厂或脱水厂处理。

3. 煤矿用化工材料污染治理

全国矿用乳化油年用量约为(1~1.1)万t，乳化油使用时和水配成2%~3%的乳化液，主要用在综采液压支架和外注式单体液压支柱中。外注式单体液压支柱卸载时乳化液排到采空区，综采液压支架用乳化液也因泄露或换液排放井下。在有淋水或排水的工作面，乳化液溶入水中，可能会进入水仓，水仓的水被抽放地面，这样乳化油会造成井下或井上污染。由于乳化油中含有50%左右的机油和一些难于被生物降解的添加剂。因此，一旦造成污染会有累积效应。

据相关数据统计，煤矿井下采煤机、掘进机、转载机等设备每年要使用各类液压油1.2万t，齿轮油1万t左右。这些油在井下使用中，由于设备泄漏，一部分会流到井下造成污染，由于石油产品很难被生物降解，因此可造成累积污染。

目前，为了防止以上两种情况下的污染，主要可以从以下几个方面着手：

①通过开发新液压传动介质代替乳化液，降低乳化液的使用量，同时降低或去除原乳化油中的矿物油，并选择易于被生物降解的添加剂，减少乳化油对环境的污染。

②研究开发水介质单体液压支柱，完全不用乳化油。

③完善各类用油设备的密封性能，防止石油产品泄漏，同时，发展油品再生技术，延长油品使用期，降低油品使用总量。

## （五）减轻地表沉陷的开采技术

减轻由于煤层开采而产生的地表沉陷，从开采技术上，减少采出煤炭或者对采空区加以充填，这都是可以做到的，关键在于经济上的合理性。

1. 房柱式采煤方法

房柱式开采是保护地面建筑物的一种有效的开采技术，它所引起的地表移动与变形值大体上相当于长壁工作面采煤的 1/6～1/4，地表移动持续的时间也缩短一半左右。

波兰、英国、日本等国采用这种方法在大型钢铁厂及其他重要建筑物下进行了卓有成效的开采。我国抚顺、阜新、蛟河、南通、鹤壁、峰峰等矿区也在工业及民用建筑、铁路隧道下采用了局部的房柱式开采，均获得了预期的效果。

房柱式采煤方法为美国、澳大利亚煤矿矿井多年来普遍采用的配有连续采煤机、转载机、梭车等成套机械化设备，生产效率也比较高。20 世纪 80 年代末在美国曾对房柱式开采与长壁工作面开采的矿井做过比较，以同是年产 150 万 t 为基准，房柱式开采的矿井投资少、投产快，基建吨煤投资加上吨煤生产成本，房柱式开采的矿井为 20.07 美元/t，比长壁工作面开采的矿井 21.03 美元/t 略低。由于房柱式开采回收率低，矿井服务年限短，从最终的效益上看，长壁式优于房柱式开采。为了减轻地表沉陷所造成的损失而采用房柱式开采时，则应综合考虑煤炭回收率降低所造成的经济损失和减轻地表沉陷所带来的收益，并加以对比分析后进行取舍。

2. 条带开采

条带开采方法是将被开采的煤层划分成若干个条带，采一条、留一条与房式、房柱式开采相似，都是部分地采出地下煤炭资源，而保留的一部分煤炭资源以煤柱的形式支撑上覆岩层，可以控制地表沉陷。

条带开采可以减轻和控制地表沉陷，但造成较大的煤炭资源损失并给工作面生产带来一些困难，所以目前主要用于保护地面建筑物时的局部地下煤炭开采。

3. 充填法管理顶板

向采空区内充填废石或河砂抵制煤层顶板和上覆岩层的冒落和下沉，是大幅度减轻地表沉陷的最有效方法。采用充填法在建筑物下采煤的国家很多，其中波兰的充填法采煤技术在世界上处于领先地位。20 世纪 50～60 年代我国抚顺、阜新、新汶、扎赉诺尔等矿区曾普遍采用水砂充填采煤方法，主要用于开采特厚煤层。

水砂充填采煤方法是国内外早已应用多年的成熟技术，对减轻地表沉陷，保护地面建筑，使之不对环境造成大的危害并且有利于防止井下自然发火和煤尘爆炸等，都是毫无疑义的。问题在于水砂充填的应用，增加了生产系统及其井上下的建筑工程和一系列设备、器材，耗费大量的充填材料和排水费用，从而增加矿井的投资和生产成本。据以往的数据统计，采用充填法的吨煤生产成本比垮落法管理顶板高 20% 左右。这是水砂充填采煤方法在我国基本上已不被采用的主要原因，也是今后能否启用和在什么情况下采用的关键所在。

4. 分层间歇开采

厚煤层倾斜分层或水平分层开采时，分层之间开采的间隔时间加长，能使上覆岩层的破坏高度比较小，破坏状态均衡，可以防止或减轻不均衡破坏对地表建筑物、水体的影响。

对于厚松散层下浅部煤层或基岩厚度较小的开采条件，分层间歇开采的效益更为明显。

5.离层带高压注入泥浆技术

井下采煤破坏了地下原岩应力平衡，引起采场围岩活动。随着开采面积的增大，岩层移动逐步向上发展直至地表，岩层间形成不同程度的离层。通过向开采煤层上覆岩层的离层带内打孔，并向其空隙中注入泥浆，可以减缓地表下沉。离层带注浆减沉技术是我国20世纪80年代以来从抚顺矿区逐渐发展起来的，已经在大屯等矿区进行了工业性试验和应用，同时取得了比较好的效果。通过实际应用表明，其与水砂充填法相比，地表下沉系数减少了36%～60%，最大下沉速度保持在0.5 mm/d左右。采用该技术要求合适的煤层地质条件，并需配备必要的附加设备。一般认为，对采深较大或上覆岩层有一层或多层厚而坚硬岩层的煤层，可以采用在离层带内注浆充填的方法进行开采。充填材料可利用电厂粉煤灰，使废物得到有效利用，并减轻粉煤灰排放的污染。

### （六）煤炭地下汽化技术

煤炭地下气化是将地下煤炭通过热化学反应，在原地转化成可燃气体，通过管路输送到地表加以综合利用的技术，是煤炭开采技术上质的变化和飞跃，不仅极大地减少了工程量和艰苦劳动，而且消除了煤炭燃烧对生态环境的不利影响和危害，是一种理想的清洁开采技术。多年来，美国、波兰、比利时和中国等国家都曾积极地研究和试验探索发展煤炭地下气化的有效技术途径。

### （七）改革煤矿支护技术，降低坑木消耗

降低坑木消耗的主要措施如下：

①大力推广第二代支护装备技术，即在条件具备的煤炭公司、矿大力推广高产高效装备，在综采工作面应用快速液压支架，高档普采工作面推广单体液压支柱；经济实力较差的地方煤矿、乡镇煤矿推广摩擦支柱；有条件的巷道推广锚杆支护技术。

②积极发展各种形式的坑木代用品，如煤炭科学研究总院北京建井所利用我国丰富的氧化镁和氯化镁岭土，通过多种技术途径生产出强度高、重量轻、价格低、韧性好的矿用支护制品，已在山东肥城、龙口、山西大同、汾西、阳泉、河北邢台等煤炭公司建立了生产线，一大批改性氯、氧镁窄轨枕、背板、锚杆托盘、沟盖板等系列产品的推广应用，达到了节约木材、钢材、减轻环境污染，广开就业门路的目的。

③坚持不懈地开展新型配套、系列支护装备与产品以及工艺。

# 第六章 煤矿安全概论

## 第一节 我国煤矿安全生产应急管理现状及形势

### 一、我国安全生产应急管理现状

在党中央、国务院的高度重视和正确领导下，经过各级党委政府、社会各方面和广大人民群众的共同努力，我国安全生产领域的应急救援工作取得了长足发展。以"一案三制"（预案、体制、机制和法制）为重点，加强安全生产应急管理和应急救援体系建设、队伍建设、装备建设，安全生产应急管理工作也取得了新的进展。

（1）应急管理体系初步建立。全国建立了安全生产应急管理机构。建立了国家和区域安全生产应急救援协调机制。

（2）应急管理规章标准建设稳步推进。制定颁布了《矿山救护规程》（AQ 1008—2007）、《生产经营单位生产安全事故应急预案编制导则》（GB/T 29639—2013）、《生产安全事故应急预案管理办法》（国家安全监管总局令第 17 号）、《生产安全事故应急演练指南》（AQ/T 9007—2011）、《国务院安委会关于进一步加强生产安全事故应急处置工作的通知》（安委〔2013〕8 号）、《生产安全事故应急处置评估暂行办法》（安监总厅应急〔2014〕95 号），以及应急救援队伍建设、应急平台体系建设、宣传教育培训等一系列规章、标准和指导性文件，为加强安全生产应急管理提供了依据。各省（区、市）制定的部分地方性法规和规章也对安全生产应急管理工作进行了规范。

（3）应急救援队伍体系建设成效明显。各地区、有关高危行业企业加强了应急救援队伍建设，救援人员增加了 40%，初步形成了国家（区域）、骨干、基层救援队伍相结合的应急救援队伍体系。通过开展培训演练和技能比武等工作，应急救援队伍素质不断提高，救援能力明显加强，在 3.68 万余起矿山和危险化学品事故灾难的应急救援，以及汶川、玉树地震等重大自然灾害救援中发挥了重要的作用。

（4）应急救援装备水平不断提高。国家级矿山和危险化学品救援队伍增配各类救援车辆 700 余台，配备个体防护、救援、侦检、通信等装备 8000 余台（套）。骨干队伍和基层队伍所在地方政府和依托单位加大了救援装备投入力度，部分省（区、市）建立了安全生产应急物资装备储备库。

（5）应急预案和演练工作进一步加强。在国家层面，制定颁布了事故灾难应急预案42个。地方各级政府、中央企业以及煤矿、非煤矿山、危险化学品、烟花爆竹等高危行业（领域）企业实现了应急预案全覆盖。各级地方政府和高危行业企业经常举行应急预案培训和演练。

（6）应急平台建设全面启动。制定了国家安全生产应急平台体系建设指导意见。国家安全生产应急平台已经开始建设，部分省（区、市）、市（地）和中央企业安全生产应急平台基本建成并投入运行。

（7）应急管理培训和宣教工作深入开展。修订完善了安全生产应急管理培训和宣教工作制度，制定了应急管理和指挥人员培训大纲，全国每年培训30多万人次。宣教工作内容日益丰富，宣教形式不断创新，应急知识普及面也在不断扩大。

（8）应急科技支撑不断增强。各地区均成立了安全生产应急救援专家组。安全生产应急救援科研项目投入明显加大，科技部下达的19个应急救援重点项目研究已经完成，在煤矿瓦斯、危险化学品等事故灾难的应急救援和预测预警方面形成了一批新技术、新装备。

（9）国际交流合作不断深入。通过组织救援指战员及应急管理人员赴发达国家学习交流、参加国际矿山救援技术竞赛以及举办国际性安全生产应急管理论坛和展会等方式，加强了安全生产应急管理领域国际交流与合作。

目前，由于安全生产应急救援体系初步建立，基础相对薄弱，还存在一些制约安全生产应急管理工作进一步发展的因素。主要是：《安全生产应急管理条例》尚未出台；许多市（地）和大部分重点县没有建立安全生产应急管理机构，已经建立的应急管理机构人员、经费等没有落实到位；救援队伍布局已经不能满足经济社会发展的需要，缺乏处置重特大和复杂事故灾难的救援装备；应急预案的针对性和可操作性不强；应急救援经费保障困难，救援人员待遇、奖励、抚恤等政策措施缺失；重大危险源普查工作尚未全面展开，监控、预警体系建设相对滞后；缺乏高效的科技支撑，应急救援技术装备研发、应用和推广的产业链尚未形成，装备的机动性、成套性、可靠性还亟待提高；应急培训演练与实际需求还有较大差距。总而言之，应对重大、复杂事故的能力不足，与党中央、国务院的要求以及人民群众的期盼还有很大差距。安全生产应急管理工作的长期性、艰巨性、复杂性和紧迫性的特点十分明显。必须采取切实有效措施，全面提升应急能力，为实现安全生产形势根本好转的目标提供有力保障。

## 二、安全生产应急管理的发展趋势

1. 完善安全生产应急管理法规、政策、标准体系

推动《安全生产应急管理条例》颁布实施，制定修订与其配套的安全生产应急预案管理、资源管理、信息管理、科技管理、队伍建设与管理以及培训教育、运行保障等规章和

标准。建设安全生产应急管理统计指标体系。完善应急救援队伍经费保障、装备器材征用补偿、装备购置税费减免以及表彰奖励等政策措施。形成国家、地方、企业及社会多元化的应急体系建设保障制度。研究探索社会捐助、保险等支持安全生产应急救援的途径。

2. 建立健全安全生产应急管理机构

建立完善省、市和重点县三级安全生产应急管理机构，加强人员、装备配置，强化技术培训，落实运行经费，制定工作制度和协调指挥程序，提高应急管理能力和救援决策水平。加强高危行业企业应急管理机构建设，落实应急管理与救援责任。

3. 理顺和完善危急管理与指挥协调机制

完善国家、省级相关部门安全生产应急救援联动机制和联络员制度，健全各级应急管理机构之间、应急管理机构与救援队伍之间的工作机制和应急值守、信息报告制度，建立健全区域间协同应对重特大生产安全事故的应急联动机制，建立完善的事故现场救援队伍协调指挥制度。

4. 加强应急救援队伍体系建设

建设国家（区域）矿山、国家（区域）危险化学品应急救援队和部分中央企业应急救援队，以及矿山、危险化学品骨干应急救援队伍，建立健全高危行业企业应急救援队伍，完善队伍体系，形成区域救援能力。注重培养"一专多能"的各级救援队伍，实施社会化服务，发挥救援队伍在预防性检查、预案演练、应急培训等方面的作用。鼓励和引导各类社会力量参与应急救援。将应急救援队伍建设纳入各级经济和社会发展规划，加大资金、政策扶持力度。将矿山医疗救护体系纳入各地区医疗卫生应急救援体系和安全生产应急救援体系，同步规划、同步建设。开展化工园区、矿山企业聚集区应急救援队伍一体化示范建设。加强安全生产应急救援队伍资质管理，促进队伍素质的提高。积极配合有关部门推进公路交通、铁路交通、水上搜救、船舶溢油、建筑施工、电力、旅游等行业国家级救援基地和队伍建设，配合各地公安消防部队加强综合应急救援队伍建设。

5. 完善应急预案体系

建立完善政府部门、重点行业企业应急预案体系，实现政府部门与企业应急预案有效衔接。规范预案编制内容、提高预案编制质量、加强预案审查、建立健全预案数据库。编制应急演练评估标准、完善应急预案演练制度、规范应急预案演练、提高演练效果。

6. 加快安全生产应急管理宣教和培训系建设

将安全生产应急管理培训纳入安全生产教育培训总体规划，统一部署，充分地利用各级政府和有关部门、大型企业现有的应急培训资源，完善培训设施，加强师资队伍建设，健全安全生产应急培训体系。制定培训规划和考核标准。加强各级安全生产应急管理人员和救援队伍指战员培训。充分地利用各种新闻媒体和网络等，面向从业人员和社会公众开展安全生产应急管理宣传教育，普及防灾避险、自救互救知识，增强全民应对事故灾难的意识和能力。

#### 7. 推动应急救援科技进步

坚持以应急救援需求为导向，自主创新和引进消化吸收相结合，形成安全生产应急救援科技原始研发、创造创新、成果转化的能力和机制。鼓励应急装备和物资生产企业、教学科研机构搞好产学研结合，加强应急救援新技术、新装备的研发。扶持和培育应急救援技术装备研发机构和制造产业。积极推广应用先进适用的应急救援技术和装备，以煤矿、金属非金属矿山、危险化学品、烟花爆竹等高危行业（领域）为重点，优先推广应用紧急避险、应急救援、逃生、报警等先进适用技术和装备。强制淘汰不适应救援需要、不符合相关标准、性能不高的救援技术装备。

#### 8. 加强应急救援支撑保障能力建设

在矿山、危险化学品等重点行业（领域）选择优势科研机构，重点建设一批安全生产应急救援技术支持保障机构，加强应急救援技术装备科技研发、检测检验等能力建设。加快国家（区域）应急救援队伍大型救援装备储备，依托有关企业、单位储备必要的物资装备和生产能力，建立安全生产应急物资储备制度和调运机制，形成布局合理、多层次、多形式的应急救援物资储备体系。支持有关大专院校加强安全生产应急管理学科建设，培养专业人才。建立和完善各类应急专家库，为应急管理和应急救援工作提供智力支持。

#### 9. 深化应急平台体系建设和应用

加快省、市和重点县以及高危行业（领域）大中型企业应急平台建设，完善安全生产应急平台体系，强化各级平台间的互联互通，加强物联网等新技术的应用。深化应急平台在救援指挥、资源管理、重大危险源监管监控等方面的应用，注重通过应急平台体系，动态掌握各类应急资源的分布情况。

#### 10. 加快建立重大危险源监管体系

落实企业主体责任，明确监控重点目标，建立健全企业重大危险源安全监控系统，提升重大危险源监控能力。开展重大危险源普查登记、分级分类、检测检验和安全评估。建立国家、省、市、县四级重大危险源动态数据库和分级监管系统，构建重大危险源监测预警机制。

## 三、我国煤矿企业的安全生产应急管理

1998年3月，根据我国政府管理体制改革的要求，撤销了煤炭工业部，成立了国家煤炭工业局。管理职能也相应发生了重大变革，国家煤炭工业局不直接管理煤矿企业，而只负责制定行业法规、规范，起到宏观控制、行业管理、行业协调等方面的作用。2000年，为适应我国煤炭工业管理体制改革的需要，进一步加强煤矿安全监察工作，国务院决定组建国家煤矿安全监察局，对煤矿安全实施监察行政执法。国家煤矿安全监察局下设各地区煤矿安全监察局和各煤矿安全监察分局，实行全国统一、垂直管理体制。

为适应我国安全生产监督管理工作的需要，2001年2月国务院组建了国家安全生产

监督管理局，撤销了国家煤炭工业局。2005年2月国务院决定将国家安全生产监督管理局升格为国家安全生产监督管理总局，同时专设由国家安全生产监督管理总局管理的国家煤矿安全监察局，提高了监察的权威性，强化了煤矿安全监察执法。2006年2月，国家安全生产应急救援指挥中心成立，由国家安全生产监督管理总局管理，负责全国安全生产应急救援体系建设及协调指挥安全生产事故灾难应急救援工作。

原煤炭工业部直属和直接管理的94个国有重点煤矿企业除神华集团和中煤能源集团由国务院国资委管理外，其余煤矿企业下放地方管理。随着煤炭工业的快速发展，为适应煤炭行业管理的需要，全国主要产煤省（自治区、直辖市）陆续恢复了煤炭行业管理部门，对煤矿安全生产实行监督管理。至此，我国煤矿安全生产形成了国家监察、地方监管、企业负责的格局，这也是煤矿安全工作的原则。

党的十六届六中全会通过的《中共中央关于构建社会主义和谐社会若干重大问题的决定》，将加强安全生产和应急管理工作纳入构造社会主义和谐社会的总体战略部署。党的十七大强调，要"坚持安全发展，强化安全生产管理和监督，有效遏制重特大安全事故"，并提出要"完善突发事件应急管理机制"。按照党中央、国务院的总体部署和要求，国家安全生产监督管理总局和国家煤矿安全监察局把加强安全生产应急管理工作作为实现我国安全生产形势根本好转的一项重要工作加以推进。

十八届四中全会将安全生产法治化作为依法治国的一部分，重点推进安全生产综合执法。

煤炭行业是工业行业中的高危行业，加强安全生产中突发事故的应急管理是确保安全生产的重要一环。因此，煤炭企业应切实做好煤矿应急管理工作。

## 第二节　露天煤矿开采特点和事故特性

露天矿开采是剥离和采矿的总称，露天矿开采工艺系统可分为间断工艺、连续工艺和半连续工艺。我国目前最广泛采用的是独立式的间断工艺系统。露天矿的剥离和采矿工程主要包括以下生产环节：矿岩准备、矿岩采掘和装载、矿岩移运、排卸。

### 一、露天开采的特殊性

露天开采不仅具有生产的一般性，而且具有自身的特殊性。具体地讲有以下几点：

（1）露天矿生产具有季节性。露天矿生产是在露天场所进行的，受季节气候的影响，如雨季和冬季。

（2）露天矿生产具有变动性。露天矿的作业地点和环境始终处于动态中，如采掘线的推进、排土场的发展、道路的频繁更替。

（3）露天矿生产具有开放性。露天矿生产很难成为封闭式生产或工厂化生产，其采场和排土场始终与外界相连，因此，具有开放的特点。

（4）露天矿的生产具有机动性。露天矿生产的一个重要环节就是运输环节。而以汽车运输工艺为主的露天矿的运输卡车和生产指挥车又具有很强的机动性，因此，露天矿生产具有机动性的特点。

## 二、露天开采的优缺点

露天开采与地下开采相比有以下突出优点：

（1）生产能力大。受开采空间的限制小，可采用大型机械设备，利于实现自动化开采，从而大大地提高开采强度和矿石产量。

（2）资源回收率高。由于露天开采无须留保安煤柱，绝大部分资源都可开采出来，资源回收率一般在90%以上。

（3）劳动生产率高。

（4）生产成本低。

（5）作业条件好。矿工作业安全性较高，无瓦斯、顶板冒落等井工开采频发易发的灾害。

（6）建设速度快。一个数千万吨规模的露天开采矿区，只要外部条件配合恰当，一般1～3年即可建成。

露天矿开采的主要缺点是：占用土地多，地表植被及地貌受到破坏，采矿污染环境；受气候影响大，如严寒、冰雪、酷热和暴风雨等都对露天矿开采有一定影响；对矿床的赋存条件要求较严格，埋藏较深的矿床的露天矿开采往往受到限制。

## 三、露天开采工艺呈现出新的特点和发展方向

随着我国改革开放进程的不断推进，露天煤矿的开采规模发生了质的飞跃，单矿平均设计能力较20世纪80年代前投产的露天煤矿提高了8～10倍，现已出现了设计规模在20 Mt以上的世界级露天煤矿，最大露天煤矿年产量已达到3000万t以上。截至2012年底，我国露天煤矿总生产量占煤矿总产量的12.5%。伴随开采规模的扩大，各种开采工艺系统也陆续在我国出现，如轮斗连续工艺、拉斗铲倒堆工艺等，当前世界上各类主流露天开采工艺系统在我国露天煤矿已经一一实现，露天开采工艺呈现出新的特点和发展方向。

（1）生产环节的合并化与开采工艺的简化。露天开采基本生产环节有穿爆、采装、运输与排土，条件适宜时可采用某种开采设备，实现2个甚至3个生产环节的合并，以简化开采过程并大幅度降低开采成本。巨型拉斗铲倒堆剥离是一种典型的合并式工艺；将轮斗系统中的轮斗铲替换为单斗电铲和自移式破碎机，形成单斗电铲采掘—自移式破碎机破碎—悬臂排土机排土系统，扩大了其应用范围，也成为开采工艺发展的重要方向。

（2）开采工艺的连续化。采用半连续开采工艺是降低剥采成本、节约燃油消耗的有效

途径，是进行露天矿山剥离和采矿工程的发展趋势。

（3）开采工艺的综合化。随着露天矿的开采范围趋于扩大，开采深度日益增加，开采境界内矿岩赋存条件往往复杂多变，传统的单一开采工艺逐渐不能与之适应，故因地制宜地采用多种开采工艺相结合，可有效提高效率、降低成本。近年来，多种开采工艺综合应用已经成为大型露天矿开采的发展模式。

随着我国经济发展对能源的需求日益增加，我国露天煤矿的生产规模不断扩大，同时伴随国际油价的不断上涨，单斗—卡车工艺的生产成本将越来越高，其机动灵活性和适应性强的优势将越发不明显，拉斗铲倒推工艺对赋存条件要求严格，轮斗铲连续工艺投资较高且受矿岩硬度和气候条件的限制。因此，我国露天煤矿开采工艺呈现出由传统的以单斗—卡车工艺为主向以半连续工艺为主的综合工艺方向发展的趋势。

### 四、露天开采事故的特点

露天煤矿比井工开采具有开采环境优越、生产危险因素与隐患较少，因而露天煤矿事故发生较少，产生的危害与损失也远较地下开采小，但相比其他行业还是属于安全风险较高、作业环境较差的行业。由于露天矿的开采特点，露天矿主要危险因素如下：

（1）机械电气设备多，体积功率大，易发生机电事故。

（2）大型运输设备多，道路条件差，受天气、多尘环境影响大，司机近距离视线有盲区，易发生运输事故。

（3）露天矿剥离台阶高、边坡陡，卡车、挖掘机、推土机等设备及相关人员作业区靠近边坡，易发生坠落和边坡坍塌事故。

（4）露天矿爆破炸药量大，易发生炸药运输、储存和爆破事故。

（5）露天矿煤层系地面和浅部煤田，且大部位于西北干旱地带，易发生自燃事故并对爆破安全产生新的威胁。

（6）往往在地面低洼处作业的露天矿容易受地下水、地面暴雨和洪水水患的影响。

（7）露天矿开挖形成的边坡多为高陡边坡，时效性强，易受水、车辆运输、爆破震动影响而发生滑坡事故。

## 第三节　事故灾难与事故分类

### 一、事故灾难

突发公共事件（又称突发事件）指突然发生，造成或者可能造成重大人员伤亡、财产损失、生态环境破坏和严重社会危害，危及公共安全的紧急事件。根据突发公共事件的发生过程、性质和机理，可分为自然灾难、事故灾难、公共卫生事件和社会安全事件4类。

事故灾难指由于人类活动或者人类发展所导致的计划之外的事件或事故，主要包括工矿商贸等企业的各类安全事故、交通运输事故、公共设施和设备事故、环境污染生态破坏事件等。

1. 突发公共事件的分级

根据《国家突发公共事件总体应急预案》，各类突发公共事件按照其性质、严重程度、可控性和影响范围等因素，一般分为4级：Ⅰ级（特别重大）、Ⅱ级（重大）、Ⅲ级（较大）和Ⅳ级（一般）。依据突发公共事件可能造成的危害程度、紧急程度和发展势态，预警级别一般划分为四级：Ⅰ级（特别严重）、Ⅱ级（严重）、Ⅲ级（较重）和Ⅳ级（一般），依次用红色、橙色、黄色和蓝色表示。

突发公共事件的分级与突发公共事件的预警分级有密切关系，但又不是一回事。有时发出特别严重的（红色）预警，而实际发生的都是较大突发事件（Ⅲ级）。因此，在突发公共事件预警期间，预警级别在不断进行调整，应随时关注事件预警的变化，采取相应的对策和措施。

2. 突发公共事件应急管理的4个阶段

结合突发公共事件的特点和实际，突发公共事件应急管理应强调对潜在突发公共事件实施全过程的管理，即由预防、准备、响应和恢复4个阶段组成，使突发公共事件的应急管理工作贯穿于各个过程，并充分体现"预防为主，常备不懈"的应急理念。

（1）预防。在事故发生之前，为消除事故发生的机会或减轻事故可能造成的危害，而采取的各种预防性措施。一是通过安全管理和安全技术等手段，尽可能地避免事故的发生；二是在假定事故发生的前提下，通过事先采取一定的预控与防控措施，达到降低或减缓事故发生及后果严重程度的目的。

受客观条件的限制，单方面依靠安全管理和安全技术等手段，来达到防止事故发生的目的是很难的。安全管理是一项系统工程，在安全生产应急管理中，必须对潜在的可能引发生产安全事故的危险源实施全过程的管理。通过事前分析、评估事故风险和充分应急准备，事中监控预警，事后开展针对性的应急响应，达到有效应对各类生产安全事故的目的。实践研究表明，开展重大危险源普查和风险评估，尽可能地预测和事先考虑在哪些地方会出现哪些风险，并采取相应的预防措施，可以大幅降低减少重大、重特大事故风险，防患于未然。

（2）准备。在充分分析的基础上，针对特定的或者潜在的事故，为迅速、有序地开展应急行动而预先进行的各种应对准备工作。主要包括以下内容：利用现代通信信息技术建立重大危险源、应急救援队伍、应急救援装备等信息系统；组织制定并不断完善应急预案；按照预先制定的应急预案组织模拟演练和人员培训；建立事故应急响应级别和预警等级；与各政府部门、社会救援组织和企业等订立应急互助协议，落实应急处置时的场地设施装备使用、技术支持、物资设备供应、救援人员等事项，以保证事故应急救援所需的应急能力，为应对重大、重特大事故做好准备等。

（3）响应。在充分准备的基础上，在事故发生、发展过程中所采取的各种有序行动。主要包括以下内容：进行事故报警与通报、启动应急预案、开展救援和工程抢险、实施现场警戒和交通管制、紧急疏散事故可能影响区域的人员、提供现场急救与转送医疗，评估事故发展态势，向公众通报事态进展等一系列工作。其目标是尽可能地抢救受害人员，保护可能受威胁的人群，尽快地控制事态发展并消除事故后果产生的影响。

应急响应是应对已发生生产安全事故的关键、实战阶段，既是对前面准备工作的检验，也是对政府和企业生产安全事故应急处置能力的检验。一是检验政府和企业的快速反应能力，反应速度越快，意味着事故损失可能越小；二是检验政府和企业应对生产安全事故，特别是应对重大、重特大生产安全事故的组织动员和协调能力，使参与各方相互协作，共同应对事故灾难；三是检验政府和企业应急救援队伍及应急装备准备，是否能满足一线应急救援行动的需要。

（4）恢复。在生产安全事故发生后，事故得到初步控制，为使生产、工作、生活和生态环境尽快地恢复到正常状态所进行的各种善后工作。恢复工作视生产安全事故影响后果严重程度，分为短期恢复与长期恢复。

短期恢复包括评估事故损失、开展事故原因调查、清理事发现场废墟、提供事故保险理赔等；长期恢复包括重建被毁设施和工厂、重新规划和建设受影响区域等。

一般而言，这4个阶段没有严格的界限，但每一阶段都有自己明确的目标，而且每一阶段又都建立在前一阶段的基础之上，因而预防、准备、响应和恢复这4个阶段相互关联，构成安全生产应急管理一个动态循环的过程。

## 二、事故分类

1. 按诱发因素分类

按诱发因素的不同，将事故分为责任事故和非责任事故两种类型。

（1）责任事故：是指人们在进行有目的的活动中，由于人为的因素，如违章操作、违章指挥、违反劳动纪律、管理缺陷、生产作业条件恶劣、设计缺陷、设备保养不良等原因造成的事故。此类事故是可以预防的。

（2）非责任事故：主要包括自然灾害事故和因人们对某种事物的规律性尚未认识，目前的科学技术水平尚无法预防和避免的事故等。

2. 按伤害程度分类

按伤害程度划分，将事故分为轻伤、重伤、死亡3类。

（1）轻伤事故：指损失工作日低于105日的失能伤害。

（2）重伤事故：指损失工作日等于超过105日、小于6000日的失能伤害。按国务院有关部门颁发的《有关重伤事故范围的意见》，经医师诊断为重伤的伤害。凡有下列情况之一者,均作为重伤事故处理:经医师诊断成为残疾或可能成为残疾的;伤势严重,需要进行技术较大的手术才能挽救生命的;要害部位严重灼伤、烫伤或非要害部位灼伤、烫伤占全身面积 1/3 以上的;严重骨折、严重脑震荡等;眼部受伤较重,有失明可能的;手部伤害、脚部伤害可能致残疾者;内部伤害:内脏损伤、内出血或伤及腹膜等。凡不在上述范围以内的伤害,经医院诊断后,认为受伤较重,可根据实际情况参考上述各点,由企业行政部门会同基层工会作个别研究,提出意见,并由当地有关部门审查确定。

(3) 死亡事故:损失工作日 6000 以上 (含 6000 H) 的失能伤害。

## 第四节　安全生产应急管理法规体系

法律法规体系是应急体系的法制基础和保障,同时也是开展各项应急活动的依据。与应急有关的法律法规主要包括由立法机关通过的法律、政府和有关部门颁布的规章、规定以及与应急救援活动直接有关的标准或管理办法等。

### 一、煤矿安全生产应急管理法律法规的特征

安全生产应急管理法律法规是法律规范中的重要组成部分,它与其他法律法规相比,主要有以下特征:

(1) 应急法律法规主要是调整应急时期政府机关如何行使紧急权力,相对于其他法律法规,应急法律法规一般都授予政府机关,特别是行使紧急权力的政府机关以较大的自由裁量权。

(2) 应急法律法规在保护公民权利方面更注重对社会公共利益的保护,因此,它一般会对公民个人的权力做出一定的限制,并且规定公民个人在应急时期应当承担的应急法律义务。

(3) 应急法律法规具有较强的时效性,一般仅仅用于应急时期,一旦应急时期终止,应急法律法规随之不再适用。

(4) 应急法律法规一般都具有强制性,法律法规调整的对象,不论是行使紧急权力的政府机关,还是一般的公民,都必须无条件地服从应急法律法规的规定,而不能像平常时期那样可以享有法律上的某些自由选择权。

(5) 应急法律法规具有高于其他法律法规的法律效力,具有适用上的优先性等。

### 二、应急管理法制主要内容

应急管理法制建设是一个宏大的社会系统工程,其主要包括以下内容:

(1) 完善的应急法律规范和应急预案。

（2）依法设定的应急机构及其应急权力与职责。

（3）紧急情况下国家权力之间、国家权力与公民权利之间关系的法律调整机制。

（4）紧急情况下行政授权、委托的特殊要求。

（5）紧急情况下的行政程序和司法程序。

（6）对紧急情况下违法、犯罪行为的法律约束和制裁机制。

（7）与危机管理相关的各种纠纷解决、赔偿、补偿等权力救济机制。

（8）各管理领域的特殊规定，如人、财物资源的动员、征用和管制，对市场活动、社团活动、通信自由、新闻舆论及其他社会生活的限制与管制，紧急情况下的信息公开方式和责任，公民依法参与应急救援过程等。

煤矿应该从当前安全生产应急管理的实际状况、困难和存在的问题出发，根据安全生产应急管理的过程分别从预防、准备、响应和恢复4个阶段逐步制定、完善下列法规标准和政策的配套，以便保障煤矿应急管理和救援的快速、有效实施，将损失降至最低水平。

## 三、应急管理法制的原则和功能

1. 应急管理法制建设原则

应急管理法制建设原则包括两个层次：一是从宏观层面对所有应急救援领域进行全面指导的"基本原则"，如全国人大常委会审议的《中华人民共和国突发公共事件应对法》（2007年版）；二是从微观层面对应急管理法制的某一方面进行指导，如正在起草中的《安全生产应急管理条例》。

一般而言，应急管理法制建设的基本原则包括以下几方面：

（1）法制原则。即一切紧急权力的行使必须有明确的法律依据，必须严格按照法律规定执行；公共应急法律规范必须由有关部门按照宪法和有关法律授予的权限制定；与紧急权力相对应的责任原则，不但抗拒合法紧急权的公民或组织应当承担法律责任，而且依法行使紧急权或不履行法定责任的国家机关和个人也应当承担相应的法律责任。

（2）应急性原则。即在必要情况下为了国家利益和社会公众利益，政府可以运用紧急权力，采取各种有效措施，包括必要的对行政相对人法定权利和合法利益带来某些限制和影响的措施来应对紧急情况。

（3）基本权利保障原则。即一切政府应急行为都必须以保障公民基本权利为依据；公共应急法制应该设定公民基本权利保障的最低限度，从反面为政府紧急权力的行使划定明确、严格而且不得逾越的法律界限。

在具体起草制定应急管理有关法律法规、规章制度时，应从操作层面把握以下几方面的具体原则：

（1）目的上的公益原则。即应急状态下采取的限制性措施必须以公众利益为目的。突发事件威胁到多数人的利益时，对少数人的特别权利或者多数人的部分权利进行限制的唯一正当性，来自应急措施的公益性。

（2）手段上的比例原则。即不能满足于紧急权力具有法律依据，还应当保证紧急权力的行使要有一个合理的限度，尤其是限制公民权利的紧急措施，其性质、方式、强度、持续时间等必须以有效控制危机为基础，根据对象和情况的不同采取相应措施，不能给公民带来不必要的损害，应将利益损失和对秩序的破坏降至最低程度。

（3）手段上的科学与效率原则。在突发事件应急管理法制中，贯彻科学性原则，就是要充分发挥专业技术人才的作用，采取科学的方法和手段进行预防和处理，从而提高应对措施的技术含量。效率原则是指在诸多足以保证应急目标顺利实现的应急途径中，政府应当选择耗时最短、投入最少、效果最佳的应急处置方案。

（4）后果上的积极责任原则。即通过建立健全政府的行政责任制，监督、促进紧急权力的积极规范行使，有效防止玩忽职守、逃避责任、不恰当履行职责等现象的发生。

（5）分级管理原则。即以法律规范的形式明确各级政府或部门的应急职责权限划分，有助于调动各级政府或部门的积极性和主动性，减轻上级政府或部门的压力，形成布局合理、职责明确、统一高效的应急领导体制，提高政府应对突发事件的整体效率。

涉及应急管理法制的原则众多，彼此有机地构成一个完整、统一的突发事件应急管理法制原则体系，从而为突发事件应急管理法制奠定科学而坚实的理论基础。在建设、修正、充实、完善我国突发事件应急管理法制的过程中，应将它们作为一个整体灵活运用，使之充分地发挥应有的理论指导和制度导向作用。

2. 应急管理法制的功能

（1）配置协调紧急权力，调动整合应急资源。应急管理法制的一个重要功能就是通过一系列权利的配置和义务的明确，协调各种可能的力量，形成统一的合力，共同应对突发事件，以尽快平息事态。由于我国目前尚缺乏统一的应急救援法律制度，中央和地方政府的紧急权力及其界限并不清楚，导致地方政府之间的各自为政，互相牵制，从而降低应对公共突发事件的效率。因此，突发事件应急管理法制需要解决上下级政府之间、政府各部门之间以及政府和社会力量之间的关系，以便发生事故后，各方面职责能够明确协调，各种资源能够有效地运行，以最高的效率来处置各种突发事件。

（2）建立完善应急机制，规范应急管理过程。通过应急管理法制来对突发事件发生、发展的各个不同阶段设立相应的制度，以实现应急管理法制规范应急管理过程的功能。主要包括做好应急准备，避免事故发生；迅速分析判断事故，及时控制事故；完善事故善后工作，恢复平常状态等方面。

（3）约束限制行政权力，保障公民合法权益。即通过应急管理法制的功能，使行政紧急权力的运用在法律规定的范围之内，有权机关不能随意宣布国家或局部地区处于紧急状态，不能误用、滥用法定的紧急权力。行政机关的特殊权力以及公民权利所受到的限制，都应当设定在法律规定的特定时期、特定条件下的特定范围之内；另外，还要通过应急管理法制保证行政权力的运用符合平息紧急事态，尽快恢复秩序的原则。

# 第七章 矿井安全生产

## 第一节 矿井瓦斯及其防治

瓦斯是在煤的形成过程中生成并保存在煤层和围岩中的多成分混合气体。在煤矿建设和生产中，煤层及围岩中的瓦斯会进入到采掘工作面、巷道中，并因其存在而降低井下空气的含氧量，当氧气浓度下降到12%以下时，可导致井下人员中毒窒息。井下空气中瓦斯达到一定浓度条件，遇引爆火源可发生矿井瓦斯爆炸事故。一些矿井煤层瓦斯含量大，甚至发生煤和瓦斯突出事故，严重危害井下人员的生命安全，直接影响煤矿的正常生产。矿井瓦斯事故多年来一直是矿井的主要灾害类型，并随着开采深度的不断增加而更加表现出其危害性。研究瓦斯的形成、赋存和分布规律，运用这些规律指导矿井通风设计和生产管理，对煤矿安全生产有着非常重要的意义。

### 一、瓦斯的基础知识

#### （一）瓦斯的成分、性质及赋存状态

1. 瓦斯成分及其性质

瓦斯是一种含有多种成分的混合气体。经研究表明，瓦斯成分以甲烷（$CH_4$）为主，其次是氮气（$N_2$）和二氧化碳（$CO_2$），其他成分的含量很少，狭义的瓦斯仅指甲烷。甲烷为无色、无味、无嗅、无毒的气体。在 $1.01 \times 10^5$ Pa 气压下，温度为0℃时，每立方米的甲烷重 0.716 kg，与空气比较其相对密度为 0.554，比空气轻，因而在井下它停积在巷道上部。空气中甲烷浓度达到 5%~16%，遇引火源即可发生燃烧或爆炸。

二氧化碳为无色、无嗅、略带酸味并有一定毒性的气体，它的相对密度比空气大，在井下主要分布在巷道的下部。大量二氧化碳在井下突然喷出可使人窒息。

2. 瓦斯的成因

多数学者认为，瓦斯是在煤化作用过程中形成的。一般认为埋深小于 1 000 m 的条件下地温低于 50℃ 时，泥炭转变为褐煤，这一阶段以生物化学作用为主，可以产生甲烷和液态烃；随着深度增加，地温也会进一步升高，约 50°~160° 时，细菌的生物化学作用

已不明显，由温度产生的热分解起决定作用，煤化作用处于气煤到肥煤阶段，它不仅会产生大量甲烷，而且在中晚期也是大量出油的阶段。当埋深大于 6 000 ~ 7 000 m，温度大于 160 ~ 200℃时，煤转变为无烟煤，复杂的碳氢化合物遭到破坏，只能产生甲烷而不能生成石油。

煤（岩）层中保留 $CH_4$ 的多少取决于瓦斯形成过程中及其后的保存条件。此外，瓦斯中少量的 $CO_2$ 是有机质在早期煤化作用期间氧化形成的。瓦斯成分中的 $O_2$ 和 $N_2$ 是有机质堆积所伴生的，也可能是地下水渗透时带入煤层，其中许多氧已在形成 $CO_2$ 时消耗了。

3. 瓦斯在煤层内的赋存状态

①游离状态瓦斯：瓦斯是以自由的气体状态存在于媒体、围岩的孔隙、裂隙或空洞中。瓦斯分子在媒体孔隙内可以自由运动。

②吸着状态瓦斯：包括吸附瓦斯和吸收瓦斯。吸附瓦斯是瓦斯分子被吸附在媒体或岩体孔隙的表面，形成一层瓦斯薄膜。薄膜的形成是由于气体分子与固体颗粒之间存在着极大的分子引力所致。吸收瓦斯是瓦斯分子进入煤体内部，瓦斯分子与煤分子紧密地结合成固溶体，这和气体被液体所溶解的现象相似。

这两种状态的瓦斯在一定压力和温度条件下处于动平衡状态，即压力增加、温度降低，自由状态的瓦斯可以转化为吸附状态的瓦斯。压力降低、温度升高，吸附状态的瓦斯可以转化为自由状态的瓦斯。

4. 煤层垂向瓦斯带的划分

当煤层具有露头或在冲积层之下有含煤盆地时，由于煤层内的瓦斯向地表运移及地表空气向煤层深部渗透、扩散，沿煤层的垂向一般会出现四个分带："$CO_2 - N_2$""$N_2$""$N_2 - CH_4$"和"$CH_4$"带。其中，前三个带统称为瓦斯风化带，其深度视地质条件而异。"$CH_4$"带称为甲烷带，该带特点是 $CH_4$ 占混合气体总组成量的80%以上，煤层瓦斯含量随深度增加而有规律地增长，但增长的梯度则由地质条件而定。

## （二）煤层瓦斯含量及测定方法

瓦斯含量是指未经开采的煤层与围岩中保存瓦斯的数量，单位是立方米/吨（m³/t）。瓦斯含量的测定方法主要有直接测定法和间接测定法两类，其中直接测定法又包括瓦斯钻孔和井下的直接测定。

1. 直接测定法

（1）地勘解吸法

在煤田地质勘探时期，按要求有目的地布置钻孔，钻至煤层中用普通煤心管钻取煤心，当煤心提出孔口后，用密闭罐采取含瓦斯的煤样，现场解吸测定煤样中瓦斯的解吸含量，根据煤样暴露时间计算采样过程中损失瓦斯量。然后，将密闭罐送至试验室，测定煤心中残存瓦斯含量。解吸瓦斯量与残存瓦斯量的总和,除以煤心可燃基重量,得出单位重量煤的瓦斯含量。本方法在煤样提取出孔及装入密闭罐的过程中,瓦斯大量释放(一般达到瓦斯总量的10%~40%),虽然进行了计算补差,结果往往存在一定误差,在使用钻孔瓦斯资料时应当注意。

(2)气测井法

利用半自动测井仪,测定从钻孔流出的冲洗液中溶解的瓦斯量,同时测定煤心中及岩屑中残余的瓦斯量,以此为基础将所测得的总瓦斯量除以钻井时切除的煤重,得出煤层瓦斯含量。

(3)井下钻屑解吸法

利用井下新揭露煤帮或工作面,采用煤电钻配快换接头钻杆沿煤层施工一定深度钻孔,现场迅速采集孔底钻出的煤屑并装入密闭罐,解吸煤样瓦斯含量。然后,将密闭罐送至实验室测定煤屑中残存瓦斯含量。解吸瓦斯量与残存瓦斯量的总和,除以煤屑可燃基重量,得出单位重量煤的瓦斯含量。井下钻孔采样过程中瓦斯损失量较少,因此该方法获取的瓦斯含量数据安全可靠。

2. 间接测定法

煤层瓦斯含量间接测定法是首先在实验室中进行煤样的瓦斯吸附试验和真假相对密度的测定,然后绘制瓦斯吸附等温线,计算煤的孔隙体积,再按朗缪尔方程式并引入煤的水分、温度修正系数以及代入实测的煤层瓦斯压力,最后计算出煤的瓦斯含量。

(三)矿井瓦斯涌出

一般情况下,瓦斯以承压状态存在于煤层中。随着煤层开采,破坏了煤层中原有的瓦斯压力平衡后,便会使瓦斯产生由高压处向低压处的流动,进入井巷及采掘作业空间。瓦斯从煤、岩层中进入矿井空气中称为矿井瓦斯涌出。矿井瓦斯涌出分普通涌出和特殊涌出。普通涌出是在时间上与空间上缓慢、均匀、持久地从煤、岩暴露面涌出。特殊涌出是在时间上突然集中发生,其涌出量很不均匀地间断涌出,主要包括瓦斯喷出和煤与瓦斯突出。

1. 瓦斯喷出

大量承压状态的瓦斯从可见的煤、岩裂缝中快速喷出的现象叫瓦斯喷出。根据瓦斯喷出裂缝的显现原因不同,可分为地质来源的和采掘地压形成的两类。

(1)瓦斯沿原始地质构造洞隙喷出

高压瓦斯沿原始地质构造孔洞或裂隙喷出,这类喷出大多发生在地质破坏带(包括断层带)、石灰岩溶洞裂隙区、背斜或向斜轴部储瓦斯区及其他储瓦斯构造附近与原始洞缝相通的区域。喷出的特点是:流量大、持续时间长、无明显的地压显现现象。喷瓦斯裂缝多属于开放性裂隙(张性或张扭性断裂),它们与储气层(煤层、砂岩层等)、溶洞或断层带贯通。

（2）瓦斯沿采掘地压形成的裂隙喷出

这类喷出也往往与地质构造有关。因为在各种地质构造应力破坏区内，原来处于封闭状态的构造裂隙在采掘地压与瓦斯压力联合作用下很容易张开、扩展开来，成为瓦斯喷出的通道。若地压显现是突然的，这就更增加了危险性。喷出的特点是：喷出濒临发生时伴随着地压显现效应，出现多种显现预兆，喷出持续时间较短，其流量与卸压区面积、瓦斯压力和瓦斯含量大小等因素有关。

2. 煤与瓦斯突出

在煤矿建设和生产过程中，在很短时间（数分钟）内，从煤（岩）壁内部向采掘工作空间突然喷出大量煤（岩）和瓦斯（$CH_4, CO_2$）的现象，称为煤（岩）与瓦斯突出，简称突出。它是一种伴有声响和猛烈力能效应的动力现象，它能摧毁井巷设施，破坏通风系统，使井巷充满瓦斯与煤粉，造成人员窒息，煤流埋人，甚至引发矿井火灾和瓦斯爆炸事故。因此，它是煤矿最严重的自然灾害之一。

（1）根据动力现象的力学（能源）特征分类

突出：主要是地应力和瓦斯压力联合作用造成的，通常以地应力为主，突出的基本能源是煤体内积蓄的高压瓦斯潜能。

压出：主要是地应力造成的，瓦斯压力和煤的自重是次要因素，压出的基本能源是煤岩所积蓄的弹性势能。

倾出：主要因素是地应力，即结构松散、含有瓦斯致使内聚力降低的煤，在较高地应力作用下，突然破坏、失去平衡，为其位能的释放创造条件。实现倾出的力是失去平衡的媒体自身的重力。

（2）根据动力现象的强度分类

强度是指每次动力现象抛出的煤（岩）的数量和瓦斯量。由于在动力现象过程中瓦斯量的计量工作尚存在一些技术问题，现在分类主要依据抛出煤（岩）的重量。

小型突出：强度 < 50 t/次。突出后，经过几十分钟瓦斯浓度可恢复正常。

中型突出：强度 50 ~ 99 t/次。突出后，经过一个工作班以上瓦斯浓度可逐步恢复正常。

次大型突出：强度 100 ~ 499 t/次。突出后，经过一天以上瓦斯浓度可逐步恢复正常。

大型突出：强度 500 ~ 999 t/次。突出后，经过几天后回风系统瓦斯浓度可逐步恢复正常。

特大型突出：强度 ≥ 1 000 t/次。突出后，经过长时间排放瓦斯，回风系统瓦斯浓度才恢复正常。

## （四）矿井瓦斯涌出量与矿井瓦斯等级

矿井瓦斯涌出量是指开采过程中煤层或围岩在单位时间内瓦斯的涌出量。矿井瓦斯涌出量是确定矿井瓦斯等级、矿井通风设计及通风管理的依据。矿井瓦斯涌出量可分为绝对瓦斯涌出量及相对瓦斯涌出量两种。

绝对瓦斯涌出量是指矿井在单位时间内涌出的瓦斯量，用 $m^3/min$ 表示；相对瓦斯涌出量是指矿井在正常生产情况下，平均日产 1t 煤的瓦斯涌出量，用 $m^3/t$ 表示。

矿井瓦斯等级是根据矿井瓦斯涌出量大小和涌出形式划分的，我国现行的《煤矿安全规程》将矿井瓦斯等级划分为三级：

①低瓦斯矿井：矿井相对瓦斯涌出量小于或等于 10 $m^3/t$ 且矿井绝对瓦斯涌出量小于或等于 40 m/min。

②高瓦斯矿井：矿井相对瓦斯涌出量大于 10 $m^3/t$ 或矿井绝对瓦斯涌出量大于 40 $m^3$/min。

③煤（岩）与瓦斯（二氧化碳）突出矿井。

## 二、影响瓦斯含量及瓦斯突出的地质因素

### （一）瓦斯含量的影响因素

煤层及围岩中的瓦斯含量与实际瓦斯生成量差别很大。不同煤田、同一煤田的不同井田、同一井田的不同采区及不同煤层，其瓦斯含量均可能有较大的差别，而造成这种差别的原因与煤层形成过程中生成的瓦斯量有关，更主要的是与其后遭受的地质变化有关。

1. 煤的变质程度

煤对瓦斯的吸附能力与煤体内孔隙、裂隙发育程度有关。成煤初期形成的褐煤，结构疏松、孔隙率大，具有很强的吸附能力。但在自然条件下，褐煤阶段本身尚未生成大量瓦斯，即使生成也不易保存，所以瓦斯含量很小。在煤的变质过程中，煤逐渐变得致密，孔隙率减少，故在长焰煤阶段，其孔隙率和表面积都比较小，因而吸附瓦斯的能力大大降低，最大吸附量为 20～30 $m^3/t$ 左右。随煤的进一步变质，煤体内部因干馏作用而产生许多微孔隙，使煤的表面积不断增加，至无烟煤阶段达到最大程度，所以无烟煤的吸附能力最强，高达 50～60 $m^3/t$。在强大地压持续作用下，微孔隙收缩减小到石墨变为零，使其吸附能力消失。吸附能力强的煤不一定煤层瓦斯含量大，最终煤层瓦斯含量大小还与保存条件有关。

2. 围岩和煤层的渗透性

赋存于煤层中的瓦斯是有压力的，因而使瓦斯在煤层中不断地运移和排放。其运移和排放速度与围岩及煤层的渗透性密切相关。如果煤层与围岩的渗透性好，瓦斯易逸散，不易保存，煤层瓦斯含量低；反之，则易于保存，煤层瓦斯含量高。如北京京西矿区的晚侏罗世煤系，尽管为无烟煤，但由于其顶板为砂岩，孔隙、裂隙多，瓦斯排放条件好，煤层瓦斯含量小。辽宁抚顺古近纪、新近纪煤系，煤层顶板有百余米厚的致密油页岩，瓦斯不易排放，致使煤层瓦斯含量大。

3. 地质构造

地质构造往往是造成同一矿区内瓦斯含量不同的主要因素。通常情况下，张性断层尤

其是通达地表的张性断层，有利于瓦斯的排放。压性断裂不利于瓦斯排放，甚至有一定封闭作用，促进瓦斯在煤层内的聚集。褶皱构造对瓦斯分布也有重要影响。当顶板为致密岩层且未暴露地表时，一般在背斜瓦斯含量由两翼向轴部增大，在向斜槽部瓦斯含量减少。当顶板为脆性岩层且裂隙较多时，瓦斯容易扩散。因而脆性岩层顶板的煤层背斜顶部含瓦斯量减少，在向斜轴部瓦斯含量增加。

4. 煤田的暴露程度

在暴露式煤田中，含煤岩系露出地表，瓦斯易于排放逸散。在隐伏式煤田中，若含煤岩系的覆盖层为不透气岩层且厚度大时，则不利于瓦斯排放。

5. 地下水活动

瓦斯可随地下水的流动而排放，地下水有助于瓦斯的逸散，所以，地下水活动强烈的地区瓦斯含量小。此外，水分子被吸附在煤或裂隙的表面后，减弱了煤对瓦斯的吸附能力。水分占据了煤的孔隙，排挤自由状态的瓦斯。因而，煤层含水可降低瓦斯的含量。

6. 煤层埋藏深度

通常情况下，同一煤层瓦斯含量随深度增加而增大。在瓦斯风化带以下，瓦斯含量、涌出量和瓦斯压力与深度增加有一定的比例关系。矿井瓦斯相对涌出量与深度的关系，常用瓦斯梯度（指矿井瓦斯相对涌出量每增加 1m³/t 时，深度增加的米数）来表示。瓦斯压力梯度是指同一矿井瓦斯压力增加 0.101 MPa 的垂直距离。每延深 1 m 的瓦斯压力增加值，称为瓦斯压力增加率。瓦斯梯度可用下式求出：

$$a = \frac{H_2 - H_1}{Q_2 - Q_1}$$

式中 $a$ 瓦斯梯度，m/(m³/t)；

$H_2, H_1$——瓦斯风化带以下两次测定深度，m；

$Q_2, Q_1$ 对应的相对瓦斯涌出量 > m³/1 。

在矿区一定范围内，瓦斯梯度比较稳定，可作为预测瓦斯涌出量的重要依据。不同矿区或不同井田，瓦斯梯度均有所变化。

除上述诸因素外，煤层厚度变化、岩浆侵入等对瓦斯含量也均有直接影响，只是各矿区的影响程度不同而已。

我国有不少受瓦斯影响较严重的煤矿根据本矿区（井田）瓦斯含量影响因素，编制相应的瓦斯地质图，对矿井安全生产有重要的指导作用。

### （二）影响突出的主要地质因素

1. 煤层厚度

煤层厚度大于 20 cm 才会出现煤和瓦斯突出。随着煤层厚度加大，特别是煤层中软分层厚度增大，突出的危险性也在增加。一个突出矿井，多数是厚煤层比薄煤层危险性大，厚煤层突出深度比薄煤层浅。

2．地质构造

突出地段的煤层或煤分层受构造运动影响，使煤层厚度有所变化，煤层受搓揉挤压呈鳞片状、粒状、粉末状，煤的强度大大降低。因此，突出集中地带多数受构造控制，而且成带出现。向斜轴部地区、向斜构造中局部隆起地区、向斜轴部与断层或褶曲交汇地区、煤层扭转地区、煤层倾角骤变、走向拐弯、变厚特别是软分层变厚地区、岩浆岩形成变质煤与非变质煤交混或邻近地区、压性或压扭性断层地带、煤层构造分叉、顶底板阶梯状凸起地区等都是突出点密集地区，同时也是大型甚至特大型突出地区。

3．突出深度

突出发生在一定的深度上，开始发生突出的最浅深度叫始突深度，一般比瓦斯风化带的深度深一倍以上。随深度增加，突出次数增多、突出强度增大、突出层数增加、突出危险区域扩大。始突深度标志着突出需要起码的地应力与瓦斯压力，因矿井所在构造区域的不同、煤层倾角大小差别，始突深度有较大的差异。煤层倾角大突出深度浅，倾角小突出深度较深。例如，我国突出深度最浅的矿井是湖南涟邵煤田隆回县三合煤矿，在 40 m 处发生过强度达 150 t 的突出。而一般情况下，突出多发生在深度大于 120 m 以上。

4．围岩性质

突出危险性随硬而厚的围岩（硅质灰岩、砂岩等）存在而增高。坚硬围岩可以限制煤层内较高的瓦斯压力，当巷道揭穿围岩、压力平衡被打破时，煤体内瓦斯压力迅速释放，造成大量的煤与瓦斯突出。

5．媒体内部结构

煤层内部分层中力学性质较弱的软分层的存在，是影响突出的重要因素之一。如某矿区，长期以来对厚煤层分层开采，一直无突出现象，在采用一次采全高综采放顶煤开采后发生了突出，原因就是在煤层下部存在约 0.6 m 的软弱分层引起了突出。

煤与瓦斯突出，除与地质因素有关外，还与采掘形成的集中压力带、掘进方向造成的媒体自重失稳、采掘作业引起媒体应力状态变化剧烈程度等有关。如邻近煤层留存煤柱，或本层内两个工作面相距很近，造成采掘集中压力重叠，这些地段称为易突出地带。

煤和瓦斯突出是地压、高压瓦斯和媒体结构性能等三个因素综合作用的结果，是聚集在围岩和媒体中大量潜能的高速释放，其中，高压瓦斯在突出的发生过程中起决定性作用，地压是激发突出的因素，每次突出都有这三个因素起作用，前两个因素是突出的发生与发展的动力。后一个因素是阻碍突出发生的力。如果前两个因素取得支配地位时，即加在媒体上的地应力与瓦斯压力所引起的应力大于煤层的破坏强度时，就可能发生突出现象，当后一因素取得主导地位时，就不会发生突出现象。

## 三、矿井瓦斯防治

对矿井瓦斯等级鉴定，合理确定瓦斯设防等级标准，采取针对性防治措施，是防止矿井瓦斯事故发生的基本途径。按照我国现行的煤矿瓦斯管理规定，每个矿井每年均需要进行瓦斯等级鉴定工作，并按管理权限报请相关安全生产监督管理部门审批，矿井必须按照批复的瓦斯等级进行管理。有突出危险的矿井，无论新井设计还是生产矿井，必须采取预防突出发生的综合防治措施。

### （一）矿井瓦斯涌出的治理

矿井瓦斯涌出的治理一般有三种方法分源治理、按瓦斯危险程度进行分级和分类治理以及综合治理。

1. 分源治理

分源治理瓦斯就是针对瓦斯来源（赋存、涌出规律及其数量）及其特征，采取相适应的治理技术措施，即通过方案类比选取效果、经济方面最优的治理方法。

2. 分级分类治理

分级分类治理是按瓦斯危险程度对独头掘进巷道进行分级分类，并按瓦斯危险类别进行治理。划分出特别危险的工作面，以便集中注意力，提高工程技术人员、管理人员和直接操作人员的责任心，无条件地遵守《煤矿安全规程》和有关规定的所有要求。对于瓦斯涌出特别危险的工作面，采取特殊的管理措施和施工技术措施。

3. 综合治理

综合治理是以消除瓦斯危险为方向，以确保作业人员人身安全为主要目标，采取瓦斯涌出形式和涌出量预测，预防瓦斯综合措施编制与实施（瓦斯分级分类管理、分源治理）、措施效果检查与评价以及意外危险出现时应急的安全保障措施等的综合安全防治措施。

### （二）瓦斯含量预测与矿井瓦斯涌出量预测

1. 瓦斯含量预测

一个井田内不同煤层瓦斯含量可能存在较大的差别，瓦斯含量预测应分煤层进行。预测的基础工作是收集井田内瓦斯钻孔、井下采样点位置及原始分析资料，编制瓦斯含量预测图。瓦斯含量预测图分煤层以煤层底板等高线图为底图编制，在底图上投绘各点位置并标注瓦斯含量值，根据各采样点埋藏深度（各点地面标高—煤层底板标高）和瓦斯含量的散点关系，经回归分析求取瓦斯含量与埋藏深度的关系式，以此获取瓦斯含量与埋藏深度的统计规律。根据煤层的埋藏深度情况，利用插值和外推的方法，联绘瓦斯含量等值线，编制出煤层瓦斯含量预测图。联绘瓦斯含量等值线时，应充分地考虑地质构造因素对煤层瓦斯含量的影响，使预测结果与理论及实际情况保持一致。

2. 矿井瓦斯涌出量预测

从目前的研究现状看，矿井瓦斯涌出量预测方法主要有两类：其一是建立在数理统计基础上的统计预测法，它是依据矿井瓦斯涌出量与开采深度等参数之间的统计规律，外推到预测区域中的瓦斯涌出量；其二是以煤层瓦斯含量为基本参数的分源计算法，它以煤层瓦斯含量为预测的主要依据，通过计算井下各涌出源的瓦斯涌出量，对矿井瓦斯涌出量进行预测。

矿井中的煤与瓦斯突出往往发生在个别区域，这个区域的面积一般只占整个井田面积的 10% 左右。为了确保矿井安全生产，对突出危险程度不同的区域应采取不同的措施。为了划分出突出危险程度不同的区域就需要进行突出危险性预测。

突出危险性预测主要可分为两类区域性预测和工作面预测。前者的任务是确定矿井、煤层和煤层区域的突出危险性；后者的任务是在前者预测的基础上，及时地预测局部地点即采掘工作面的突出危险性。

**（1）区域性突出危险性预测**

区域性突出危险性预测首先由矿井地测和通风部门收集地质勘探获取的煤层厚度、煤的结构破坏类型及工业分析、煤层围岩性质及厚度、地质构造、煤层瓦斯含量、煤层瓦斯压力、煤的瓦斯放散初速度指标、煤的普氏系数、水文地质情况及岩浆岩侵入体形态及分布等资料，共同编制瓦斯地质图。图中应标明地质构造、采掘进度、煤层赋存条件、突出点的位置及强度以及瓦斯参数等，然后在此基础上利用单项指标法、瓦斯地质统计法或综合指标 $D$ 与 $K$ 法等进行突出区域危险性预测。

①单项指标法

采用该法时，各种指标的突出危险临界值，应根据矿区实测资料确定，无实测数据时，可根据煤的破坏类型、煤的普氏系数、瓦斯压力等指标进行确定。据不完全统计，我国各煤层始突深度的瓦斯压力皆大于 0.74 MPa，煤层瓦斯含量皆大于 10 m³/t。因此，上述两指标值可作为区域预测突出危险性时参考指标。小于上述指标值时，煤层无突出危险。等于或大于上述指标值时，有发生突出的可能。

②瓦斯地质统计法

该法的实质是根据已开采区域突出点分布与地质构造（包括褶曲、断层、煤层赋存条件变化、岩浆岩侵入等）的关系，然后结合未采区的地质构造条件来大致预测突出可能发生的范围。不同矿区控制突出的地质构造因素是不同的，某些矿区的突出主要受断层控制，另一些矿区则主要受褶曲或煤层厚度控制。因此，各矿区可根据已采区域主要控制突出的地质构造因素，来预测未采区域的突出危险性。

在矿区突出主要受断层控制时，可根据已采区突出点距断层的最远距离线来划定该断层延伸部分未采区的突出危险程度。

③综合指标 $D$ 与 $K$ 法

抚顺煤科分院、北票局与红卫矿提出综合指标 $D$ 与 $K$ 法来预测煤层突出危险性。

$$D = \left(0.0075\frac{H}{f} - 3\right)(p - 0.74)$$

式中 $D$——综合指标之一；

$D$—煤层开采深度，m；

$p$ ——煤层瓦斯压力，MPa；

$f$ ——煤层软分层的平均普氏系数。

$$K = \Delta p / f$$

式中 $K$ ——综合指标之二；

$\Delta p$ ——煤层软分层煤的瓦斯放散初速度指标。

综合指标 $D$ 和 $K$ 法的区域危险临界值，应根据本矿区实测数据确定。无实测数据时，可参照《防突细则》执行。

（2）工作面突出危险性预测

工作面突出危险性预测，按巷道性质的不同，又分为石门、煤巷和回采工作面突出危险性预测。目前采用的方法主要有钻屑指标法、钻孔瓦斯涌出初速度法及其他综合指标法等，这些方法简称静态法，都是利用井下钻孔来实现的，因此又称钻孔法。

①钻屑指标法

主要依据突出发生前钻屑量及瓦斯含量明显增大的特点，通过施工钻孔测定钻屑量和进行瓦斯解吸，求取相关指标参数，与标准对照预测瓦斯突出的危险性。

②钻孔瓦斯涌出初速度法。

在施工钻孔时采用瓦斯流量计测定瓦斯涌出初速度，根据所测数据对照经验标准值指标，确定瓦斯突出地危险性。

③综合指标 $D$ 与 $K$ 法。

在石门揭煤前，在岩石工作面至少打 2 个测压孔测定瓦斯压力 $p$。在打孔过程中从每米煤孔中取样测定煤的普氏系数 $f$ 值，并测定最小普氏系数的煤的瓦斯放散初速度值，依据上述测定结果，取最大瓦斯压力值、煤的最小普氏系数平均值及瓦斯放散初速度值计算 $D$，$K$ 值，最后对比经验参数标准值确定突出危险性。

### （三）瓦斯突出的预兆

绝大多数突出都有预兆，它是突出准备阶段的外部表现。预兆主要有三个方面：地压显现、瓦斯涌出、煤力学性能与结构变化。地压显现方面的预兆有煤炮声、支架声响、掉渣、岩煤开裂、底鼓、岩煤自行剥落、煤壁外鼓、来压、煤壁颤动、钻孔变形、垮孔顶钻、夹钻杆、钻粉量增大、钻机过负荷等。瓦斯涌出方面的预兆有瓦斯涌出异常、瓦斯浓度忽大忽小、煤尘增大、气温与气味异常、打钻喷瓦斯、喷煤、哨声、蜂鸣声等。煤力学性能与结构方面的预兆有层理紊乱、煤强度松软或软硬不均、煤暗淡无光泽、煤厚变化大、倾角变陡、波状隆起、褶曲、顶板和底板阶状凸起、断层、煤干燥，等等。除上述内容外，突出预兆中有多种物理（如声、电、磁、震、热等）异常效应，随着现代电子技术及测试技术的高速发展，这些异常效应已被应用于突出预报。

## （四）煤与瓦斯突出防治措施

1. 区域性防突措施

（1）开采保护层

在突出矿井中，预先开采的并能使其他相邻的有突出危险煤层受到采动影响而减少或失去突出危险的煤层称保护层，后开采的煤层称被保护层。《煤矿安全规程》规定，在突出矿井中开采煤层群时，必须首先开采保护层。受到保护的地区按非突出煤进行采掘工作。保护层开采后，只在被保护层的一定区域内可以降低或消除突出危险，这个区域就是保护范围。划定保护范围，就是在空间和时间上确定卸压区的有效范围。

（2）预抽煤层瓦斯

预抽突出危险煤层瓦斯作为区域性防止突出措施，其抽放瓦斯的方式有本层钻孔抽放和穿层钻孔抽放。这种措施的实质是：利用均匀布置在突出危险煤层内的大量钻孔，经过一定时间（数个月至数十个月）预先抽放瓦斯，以降低其瓦斯压力与瓦斯含量，并利用由此引起煤层收缩变形、地应力下降、煤层透气系数增加和煤的强度增高等效应，使抽放瓦斯的媒体失去或减弱其突出的危险性。

（3）煤层注水

煤层注水作为区域性防止突出措施，是在大面积范围内均匀布置顺层长钻孔来实现的。通过钻孔向媒体中大面积均匀注水，使煤层湿润（水分含量不低于5%），增加煤的可塑性，在煤层随后开采时，可减小工作面前方的应力集中；当水进入煤层内部的裂缝和孔隙后，可使媒体瓦斯放散速度减慢。因此，煤层注水可以减缓媒体弹性潜能及瓦斯潜能的突然释放，降低或消除煤层的突出危险性。由于媒体结构的不均匀性和地质构造的存在，通过注水很难做到均匀湿润煤体，所以可把注水作为一项辅助的防突措施与预抽瓦斯等配合使用。

2. 局部性防突措施

（1）石门揭开防突措施

①震动性爆破：震动性爆破是人为诱导突出的措施。用增加掘进工作面炮眼数目，加大装药量，全断面一次爆破，人为激发突出，以避免一般爆破法所发生延期突出。在爆破前，全部人员必须撤离现场。

②水力冲孔：水力冲孔是利用钻机打钻时喷射的水射流，在突出煤层内冲出煤炭和瓦斯或诱导可控制的小型突出，以造成媒体卸压，排放瓦斯，消除采掘突出危险的方法。这种方法当前已在许多瓦斯严重矿井中推广使用。

③钻孔排放瓦斯：钻孔排放瓦斯是由岩巷或煤巷向有突出的危险煤层打钻孔，将煤层中的瓦斯经过钻孔自然排放出来，待瓦斯压力降到安全压力以下时，再进行开采。

④金属骨架：当石门接近煤层时，通过岩柱在巷道顶部和两帮上侧打钻，钻孔穿过煤层全厚，进入岩层0.5 m。孔间距一般为0.2 m左右，孔径75~100 mm。然后把长度大于孔深0.4~0.5 m的钢管或钢轨，作为骨架插入孔内，再将骨架尾部固定，最后用震动

性爆破揭开煤层。

（2）煤巷掘进工作面防突措施

①超前钻孔。

超前钻孔是在工作面向前方媒体打一定数量的钻孔，并始终保持钻孔有一定超前距，使工作面前方媒体卸压、排放瓦斯，以达到减弱和防止突出的一种方法。超前钻孔能使工作面附近的应力集中带和高瓦斯压力带向远处推移，减少应力和瓦斯压力梯度，使工作面前方形成一个较长的卸压和排放瓦斯带。

②松动爆破。

松动爆破是在进行普通爆破时，同时爆破几个 7~10 m 以上的深炮孔，破裂与松动深部媒体，使应力集中带和高压瓦斯带移向深部，以便在工作面前方造成较长的卸压和排放瓦斯区，从而预防突出的发生。此外，深孔爆破在炮眼周围形成 50~200 mm 直径的破碎圈，有助于消除煤的软硬不均而引起的应力集中，并形成瓦斯排放通道，降低瓦斯压力与应力梯度，这对于预防突出的发生也是有利的。这种措施适用于突出危险性小、煤质坚硬、顶板较好的煤层内。

（3）"四位一体"综合防治措施

为安全开采突出煤层，必须采取以防止突出措施为主，同时又避免人身事故的综合措施，其主要包括突出危险性预测、防治突出措施、防治突出措施的效果检验和安全防护措施。

突出预测是防突综合措施的第一个环节。预测的目的是确定突出危险的区域和地点，以便使防突措施的执行更加有的放矢。目前，突出预测已逐渐从研究阶段进入实用阶段，我国《防突细则》要求在各突出矿井中开展突出预测工作；防突综合措施的第二个环节是防治突出措施，它是防止发生突出事故的第一道防线。防突措施仅在预测有突出危险的区段采用，其目的是预防突出的发生；防突综合措施的第三个环节是措施的效果检验，效果检验方法与突出预测方法相同。效果检验的目的是确保防突效果。因此，要求在防突措施执行后，对其防突效果进行立竿见影的检验。检验证实措施无效时，应采取附加防突措施；防突综合措施的第四个环节是安全防护措施，它是防止发生突出事故的第二道防线。安全防护措施的目的在于突出预测失误或防突措施失效发生突出时，立即采取相应措施避免发生人身事故。

煤与瓦斯突出是一个极其复杂的瓦斯动力现象，当前的科技水平尚难将其完全避免，因此，采用综合安全防护措施是必要的。我国许多突出矿井已把防突技术工作纳入上述"四位一体"防突综合措施的轨道。

# 第二节 矿尘及其防治

尘粒大小以平均直径或其投影的定向长度表示，称粒度。粒度可分为小于 2 $\mu m$、2～5 $\mu m$、5～10 $\mu m$ 和大于 10 $\mu m$ 四个粒级。小于 10 $\mu m$ 的矿尘能长期悬浮于空气中，难捕获且危害性大。表示工作场所粉尘状况的基本参数是空气中的矿尘浓度和分散度。

## 一、矿尘浓度的表示方法、矿尘的分类及其危害

### （一）矿尘浓度的表示方法

1. 重量法

每立方米空气中含有的矿尘质量（mg/m³）。

2. 计数法

每立方厘米空气中含有的尘粒数（1/cm³）。每种粒度矿尘的重量百分比称矿尘的重量分散度。数量百分比则称矿尘的数量分散度。无防尘措施凿岩时，作业地点矿尘浓度近 1 g/m³。爆破后或机械化采煤的工作面附近在 1 g/m³ 以上，有时还高数倍。机械化程度越高，矿尘的生成量越大，防尘工作越为重要。矿尘能引起职业病，如尘肺。有的矿尘能引起职业性皮炎、角膜炎等病。砷、铅、汞、铬等有毒矿尘能引起慢性中毒。放射性矿尘产生放射性危害。煤尘、硫化矿尘和油页岩尘在一定条件下能爆炸或燃烧。矿尘浓度高的场所能见度低，易发生工伤事故。

### （二）井下的矿尘的分类

按照矿尘存在状态，可分为浮游矿尘和沉积矿尘以下两种：

①浮游矿尘：指飞扬在矿井空气中的矿尘。

②沉积矿尘：从矿井空气中因自重而沉降下来，附在巷道周边以及积存在巷道内的矿尘，简称为落尘。

在一定条件下，浮游矿尘因自重可沉降为落尘。而落尘受外界条件干扰又可再次飞扬起来变为浮尘。

### （三）矿尘的危害

采矿作业生产中产生的粉尘危害极大，它的存在不但导致生产环境的恶化，加剧机械设备的磨损，缩短机械设备的寿命，更重要的是危害职工的身体健康，导致各种职业病的产生。

1. 尘肺

人体长期吸入矿尘，轻者会引起呼吸道炎症，重者会引起尘肺病。根据致病粉尘的不

同，尘肺病分为硅肺病、石棉肺病、铁硅肺病、煤肺病、煤硅肺病等。有些粉尘会引起支气管哮喘、过敏性肺炎，甚至呼吸系统肿瘤。矿尘还可以直接刺激皮肤，引起皮肤炎症；刺激眼睛，引起角膜炎；进入耳内使听觉减弱，有时也会导致炎症。微尘及超微尘，特别是粒径为 0.2～5 $\mu m$ 的微细尘容易吸入肺内并储集，危害极大。所以，微尘也称为呼吸粉尘。

长期吸入微细粉尘引起的肺部病变，中医学称"石瘿"，是人类最早的职业病之一。古希腊希波克拉底（Hippocrates）（公元前 460～前 375 年）记述过矿工呼吸困难的现象。中国宋代孔平伯著《孔氏谈苑》中记载："贾石山采石人，末石伤肺，肺焦多死。"因致病矿尘种类不同，可分为以下几种：

①矽肺。长期吸入游离二氧化硅（矽）含量较高的粉尘，便引起肺部纤维化病变，是金属矿和煤矿岩巷掘进工作中最常见、危害最大的职业病。

②煤肺。长期吸入煤尘引起肺组织网织纤维增生和灶性肺气肿。发病率低、病情较轻、病变进展缓慢。

③煤矽肺。吸入煤尘和含游离二氧化硅粉尘引起，兼有矽肺和煤肺的病变特征，为中国煤矿最常见的一种。患者约占煤矿尘肺病人总数的 75%～80%。

④石棉肺。吸入石棉粉尘引起的肺部病变。

尘肺的发病率与矿尘性质、粒度、矿尘浓度、接触粉尘的时间（工龄）和体质等因素有关。

大于 10 的尘粒，由于重力沉降和冲撞作用滞留于上呼吸道的黏液中，能随痰液排出。5～10 $\mu m$ 者进入呼吸道后，大部分沉积于气管和支气管中，小部分可到达肺泡。小于 5 者能进入呼吸道深部，沉积于肺泡中成为致病因素。这类矿尘称呼吸性粉尘。美、英、加拿大等国都以呼吸性粉尘的数量或重量作为粉尘浓度的卫生标准。矿尘的游离二氧化硅含量越大，分散度和浓度越高，发病期越短。一般为 15～20 年，少数为 5～10 年。游离二氧化硅含量 80%～90% 时，个别工人的发病期仅 1.5～3 年。

尘肺病变分为三期，依据临床和 X 光检查确定。患者自觉症状有气短、胸闷、胸痛、咳嗽和咯血，能并发肺结核、自觉性气胸和肺心病等症，甚至死亡。无特效治疗药物。可靠的预防措施是做好矿山防尘工作，使矿尘浓度不超过国家标准。改善矿井劳动条件，增强矿工体质，定期检查，一旦发现早期患者，立即调离产尘作业地点，并进行治疗，以控制病情发展。

2. 煤尘爆炸

煤尘急剧氧化，并且产生高温（1 300～1 700℃）、高压 [(4.9～9.8)×10$^5$, Pa] 气体和大量一氧化碳（0.3%～8.1%），造成人员伤亡，设备损坏，甚至整个矿井的毁灭。煤碎成微粒后，总表面积增大，化学活性增加，在高温热源作用下放出大量可燃性气体，集聚于尘粒周围，达一定浓度时即可爆炸。一部分煤尘被焦化，沉积于支架和巷道壁上，这是判别煤尘是否参与爆炸的重要标志。爆炸产生的冲击波能吹扬落尘，为爆炸继续提供尘源。所以煤尘爆炸往往有连续性，有可能离初爆源越远，破坏性越大。煤尘的爆炸性决定于它的成分、粒度和在空气中的浓度。通常煤的挥发分越高，则爆炸危险性越大。挥发分低于6%～7%的无烟煤，可认为无爆炸危险。煤尘中的灰分和水分能降低爆炸性。粒度小于1 mm的煤尘都能参与爆炸，小于75的最易爆炸。爆炸下限约为30～40 g/m³、高挥发分的干煤尘可降到17～18 g/m³，上限为1 500～2 000 g/m³。矿井中$CH_4$的存在，能降低煤尘的爆炸下限，煤尘引爆温度一般为700～800℃，少数为1 100笆。着火感应期为40～250 ms。引起煤尘爆炸的火源有爆破火、煤自燃、电火花、电弧、赤热的金属表面等，爆破火和瓦斯爆炸最危险，它们的冲击波能将落尘掀起，使空气中的煤尘达到爆炸浓度。硫化矿尘的爆炸危险性主要与含硫量有关，爆炸下限约为150 g/m³，上限1 500～1 800 g/m³，引爆温度435～460℃。油母页岩尘的爆炸浓度决定于它的挥发分，干油母页岩尘的爆炸下限为6～400 g/m³。

## 二、矿山防尘

矿尘是指在矿山生产和建设过程中所产生的各种煤、岩微粒的总称。矿山综合防尘是指采用各种技术手段减少矿山粉尘的产生量、降低空气中的粉尘浓度，以防止粉尘对人体、矿山等产生危害的措施。大体上将综合防尘技术措施可以分为通风除尘、湿式作业、净化风流、个体防护及一些特殊的除、降尘措施。

### （一）通风除尘

通风除尘是指通过风流的流动将井下作业点的悬浮矿尘带出，降低作业场所的矿尘浓度。因此，搞好矿井通风工作能有效地稀释和及时地排出矿尘。

### （二）湿式作业

湿式作业是利用水或其他液体，使之与尘粒相接触而捕集粉尘的方法。

1. 湿式凿岩、钻眼

该方法的实质是指在凿岩和打钻过程中，将压力水通过凿岩机、钻杆送入并充满孔底，以湿润、冲洗和排出产生的矿尘。

2. 洒水及喷雾洒水

洒水降尘是用水湿润沉积于煤堆、岩堆、巷道周壁、支架等处的矿尘。当矿尘被水湿润后，尘粒间会互相附着集聚成较大的颗粒，附着性增强，矿尘就不易飞起。在炮采炮掘工作面爆破前后洒水，不仅有降尘作用，而且还可以消除炮烟、缩短通风时间。煤矿井下洒水，可采用人工洒水或喷雾器洒水。对于生产强度高、产尘量大的设备和地点，还可设自动洒水装置和设施。

3. 水炮泥和水封爆破

水炮泥就是将装水的塑料袋代替一部分炮泥，填于炮眼内。爆破时水袋破裂，水在高温高压下汽化，与尘粒凝结，以达到降尘的目的。采用水炮泥比单纯用土炮泥时的矿尘浓度低20%～50%，尤其是呼吸性粉尘含量有较大的减少。除此之外，水炮泥还能降低爆破产生的有害气体，缩短通风时间，并能防止爆破引燃瓦斯。

### （三）净化风流

净化风流是使井巷中含尘的空气通过一定的设施或设备，将矿尘捕获的技术措施。

### （四）个体防护

个体防护是指通过佩戴各种防护面具以减少吸入粉尘的一项补救措施。

## 第三节　矿井水灾及其防治

矿井在建设和生产过程中，地面水和地下水通过各种通道涌入矿井，当矿井涌水超过正常排水能力时，就会造成矿井水灾。矿井水灾（通常称为透水）是煤矿常见的主要灾害之一。一旦发生透水，不但影响矿井正常生产，而且有时还会造成人员伤亡，淹没矿井和采区，危害十分严重。所以做好矿井防水工作是保证矿井安全生产的重要内容之一。

采掘工作面在透水前，一般有如下征兆：煤岩壁发潮发暗，煤岩壁挂汗，巷道中气温降低煤壁变冷，出现雾气；顶板压力增大，淋水增大，底板鼓起有渗水，出现压力水流；有水声出现，有硫化氢、二氧化碳或瓦斯出现，煤壁出现挂红，酸味大，有臭鸡蛋味。

矿井水对煤矿安全生产的影响如下：

①造成顶板淋水，巷道积水，老空区积水使工作面及其附近巷道空气潮湿，工作环境恶化，影响工人身体健康。

②使排水费用增加，生产效率降低，开采成本提高。

③导致井下各种生产设备、设施腐蚀和锈蚀，使用寿命缩短。

④突然发生大量涌水时，轻则造成生产环境恶劣或局部停产，重则直接危害工人生命和造成国家财产损失。

⑤影响煤炭资源的回收和煤炭质量。

### 一、防治水安全质量标准化标准

1.水害防治管理体系与管理制度

①成立防治水工作领导小组。建立以矿长（经理）为第一责任人、总工程师具体负责技术管理、相关分管领导和部门领导分工负责的矿井防治水工作组织管理体系。

②设立防治水管理机构，配备满足工作需要的防治水专业技术人员。

③每月由分管副总或以上矿领导主持召开会议，研究解决防治水工作的问题，检查防治水工程的进度和质量安全。

④建立"三防"工作领导体系和管理机构，确立以矿长（经理）负总责、分管领导主抓、相关分管领导和部门领导分工负责的"三防"工作组织管理体系。

2. 制度建设

建立健全的水害防治岗位责任制、水害防治技术管理制度、水害预测预报制度、水害隐患排查治理制度，制定符合本矿实际的矿井水害防治管理的相关补充规定。

## 二、水害防治技术管理与新技术应用

1. 工作计划

制定矿井中长期防治水工作规划和年、季、月度工作计划，并认真组织落实，月、季末和年终要有总结。

2. 资料

①有专门资料室（柜），资料装订成册，装卷入柜，相对集中，符合防火、保密要求。

②分门别类保管、有索引、有目录、查找方便。具有电子版的同时要有纸质的资料存档。

③往来函件、批文、报表、图纸、资料等传递和反馈及时，并进行归档。

④对外提供资料经过规定程序审查、批准。

3. 上级规定、函告及报送图表

①上级规定、函告落实及时、认真。

②交换图表按规定报送。

③其他上级要求报送的资料、材料按时报送。

④报送资料、材料准确。

4. 技术培训

技术培训做到有培训计划、记录，人人参加培训。

5. 装备要求

①常规装备的品种及数量满足工作需要。

②安设水量、水位、水温自动遥测系统。

③按计量管理要求，定期对观测仪器、仪表进行校核，观测精度满足要求。

6. 技术创新

（1）新技术应用

在水文地质勘探、井下超前探查、安全监测中积极应用成熟的新技术、新方法、新工艺，提高成果的可靠性和质量，降低成本。应用成熟的新技术、新方法，促进勘探、探查、监测等工作的有效开展。

（2）技术研发

针对井田区受松散层、岩溶水等水害威胁的煤层，积极开展科学研究，使受水害威胁的煤炭资源得到合理安全开采，资源实现最大回收。

（3）技术创新成果

①列入集团公司或矿计划的科研项目，围绕项目预期目标积极开展，各阶段和完成后有成果总结、报告。

②勘探、探查、试采、探测工作结束后，及时提交专项技术成果报告或总结。

## 三、水害防治基础工作

1. 必备图纸

①矿井充水性图，比例1∶2 000或1∶5 000；

②矿井涌水量与各种相关因素动态曲线图；

③矿井综合水文地质图，比例1∶2 000～1∶10 000；

④矿井水文地质剖面图，比例1∶2 000；

⑤矿井综合水文地质柱状图，比例1∶200或1∶500；

⑥新区需增加：基岩面等高线图，煤系上覆新生界松散含水层和隔水层组等厚线图，比例1∶2 000～1∶10 000；

⑦矿井排水系统图；

⑧矿井地面排涝系统图。

2. 必备台账

①矿井涌水量观测台账；

②钻孔水位观测台账；

③井下钻孔水压、水量观测台账；

④矿井突水点台账；

⑤井下水文地质钻孔综合成果台账；

⑥地面水文地质钻孔综合成果台账；

⑦抽（放）水试验成果台账；

⑧水质分析成果台账；

⑨井上下排水设备参数台账；

⑩封闭不良钻孔台账；

⑪水源井（孔）资料台账；

⑫地表水文观测成果台账；

⑬矿井和周边小煤矿采空区相关资料台账；

⑭覆岩破坏探测成果台账（新区）；

⑮新生界含（隔）水层划分成果台账（新区）；

⑯岩溶陷落柱台账；

⑰重大水害隐患档案。

3. 原始资料
①有正规的分井上下和不同观测内容的专用记录本；
②水文地质记录本上真实反映外业工作情况。
4. 地下水动态观测
建立地下水动态观测站（网），按矿区规定时间要求，对地下含水层水位、水压，矿井涌水量，放水孔与长期出水点水量定期进行观测。观测方法适宜，数据采集、抄填准确。应对观测站（点）妥善保护。
5. 矿井水文地质调查
①对井田区老空积水区、相邻报废小煤矿积水区、陷落柱、断层、富水带等的位置或范围、补给途径等及时、全面地进行了详细调查、填图、建账，并有专门资料。
②对井下出水点（区）及时地进行调查、分析、登记、总结，同时进行水量、水温、水质及动态变化的监测，出水水源分析判断正确，并采取正确的处理措施。

## 四、水情水害预报

①预报包括周分析，月、季、年度和点预报。
②水害预报，图表相符，内容齐全，描述准确、定性、定量，措施针对性强。
③若当月生产计划变更，存在水害隐患，需提前5～6天发送水害通知单。
④预报结果应保证煤矿正常生产，不会出现因预报错误而造成透水事故。
⑤与邻矿建立正常资料交换制，及时掌握邻矿在矿界附近采掘活动情况。

## 五、水害隐患分析排查

由分管副总或以上领导主持召开水害隐患分析排查会每月不少于1次，并做到每次会议有记录。对查出的水害隐患，定单位、定责任人、定时间、定措施进行处理，完成有检查、有记录。

## 六、水害防治工作

1. 井下探放水
①采掘活动接近老空、老巷、钻孔、构造及不明区域等，坚持"预测预报，有疑必探，先探后掘，先治后采"的原则，超前开展探放水。
②探放水做到有设计、有措施、有记录、有总结。
③恢复正常采掘活动有联系单。
④探放水一律采用钻机，孔口下置套管及安装闸阀。

2. 煤系砂岩水防治

①采掘工作面排水系统，做到与开采同步设计、同步施工，与投产同步使用。排水能力满足工作面最大出水排水需要。

②巷道过含水构造超前探明含水情况，并采取针对性措施。

③煤层顶板砂岩富含水工作面超前探明含水区域，并采取针对性措施。

## 七、防治水工程

①工程技术管理：水文地质补勘、探查及开采水害防治、试验监测等防治水工程有总体设计、施工设计、单项设计、变更设计，井下工程有施工安全技术措施。使设计、措施符合有关规程和技术规定要求，并按规定程序审批。工程施工有记录，实施后有总结和成果资料。

②工程进度：水害防治工程的进度与开采时间安排相协调，工作面正常接替。

③工程质量：

a. 各类防治水工程严格按设计施工，现场监管到位，采集数据准确，资料可靠，成果结论符合实际，以达到设计目标要求。

b. 各类水文地质钻孔、试验等单项工程质量，达到设计和相关规程、规定要求。

# 第四节　矿井火灾及其防治

矿井火灾又称为矿内火灾或井下火灾，是指发生在煤矿井下巷道、工作面、硐室、采空区等地点的火灾。波及和威胁井下安全的地面火灾，也称为矿井火灾。

矿井发生的火灾（包括危及井下的地面火灾），常导致设备损失、资源破坏、产生大量的高温烟流和有毒有害气体，严重危害井下人员的生命安全，而被迫停产，甚至引发瓦斯、煤尘或硫化矿尘爆炸，进一步扩大灾情。

## 一、煤自燃过程

有自燃倾向的煤在常温下吸附空气中的氧，在表面上生成不稳定的氧化物。煤开始氧化时发热量少，能及时散发，煤温并不增加，但化学活性增大，煤的着火温度稍有降低，这一阶段为自燃潜伏期。随后，煤的氧化速度加快，不稳定的氧化物分解成水、$CO_2$ 和 $CO$，氧化发热量增大，当热量不能充分散发时，煤温逐渐升高，这一阶段称为自热期。煤温继续升高，超过临界温度（通常为80℃左右），氧化速度剧增，煤温猛升，达到着火温度即开始燃烧。在到达临界温度前，若停止或减少供氧，或改善散热条件，则自热阶段中断，煤温逐渐下降，趋于冷却风化状态。

## 二、煤自燃的影响因素

煤化程度和煤的化学成分是影响煤自燃倾向的重要因素。褐煤最易自燃；烟煤、中长焰煤和气煤较易自燃；无烟煤则很少自燃。煤化程度低、含水分大的煤，水分蒸发后易自燃；煤化程度高的煤，水分对自燃的影响不明显。煤成分中的镜煤、丝煤，吸氧能力强，着火温度低，在煤中含量越多，越易自燃。然而，在实际生产过程中，煤自燃的发生不完全取决于煤的自燃倾性，还受到外界开采条件的影响。实验室鉴定煤的自燃倾向性的方法很多，大多采用模拟煤的氧化过程，根据其氧化能力来判定其自燃倾向性。

## 三、预防自燃措施

其基本原则是减少矿体的破坏和碎矿的堆积，以免形成有利于矿石氧化和热量积聚的漏风条件。主要有如下几种方法：

①选择正确的开拓和开采方法。合理布置巷道，减少矿层切割量，少留矿、煤柱或留足够尺寸的矿、煤柱，防止压碎，提高回采率，加快回采速度。

②采用合理的通风系统。正确设置通风构筑物，减少采空区和矿柱裂隙的漏风，工作面采完后及时封闭采空区。

③预防性灌浆。在地面或井下用土制成泥浆，通过钻孔和管道灌入采空区，泥浆包裹碎矿、煤表面，隔绝空气，防止氧化发热，是防止自燃火灾的有效措施。根据生产条件，可边采边灌，也可先采后灌。前者灌浆均匀，防火效果好，自然发火期短的矿井均采用。泥浆浓度（土、水体积比）通常取 $1:4 \sim 1:5$。在缺土地区，可考虑用页岩等砰石破碎后代替黄土制浆，粉煤灰或无燃性矿渣也可作为一种代用品。

④均压防火。用调节风压方法以降低漏风风路两侧压差、减少漏风、抑制自燃。调压方法有风窗调节、辅扇调节、风窗—辅扇联合调节、调节通风系统等。

⑤阻化剂。防止矿石氧化的化学制剂，如 $CaCb$、$MgCk$ 等，将其溶液灌注到可能自燃的地方，在碎矿石或碎煤表面形成稳定的抗氧化保护膜，降低矿石或煤的氧化能力。

## 四、外因火灾及预防措施

一切产生高温或明火的器材设备，如果使用管理不当，可点燃易燃物，造成火灾。在中、小型煤矿中，各种明火和爆破工作常是外因火灾的起因。随着机械化程度提高，机电设备火灾的比例逐渐增加。预防外因火灾的主要措施有：煤矿井下禁止吸烟和明火照明；电气设备和器材的选择、安装与使用，必须严格遵守有关规定，配备完善的保护装置；机械运转部分要定期检查，防止因摩擦产生高温，采煤机械截割部必须有完善的喷雾装置，防止引燃瓦斯或煤尘；易燃物和炸药、雷管的运送、保管、领发和使用，均应遵守相关规定；尽量用不燃材料代替易燃材料；一些主要巷道和机电硐室必须砌碹或用不燃性材料支护；有些地点要设防火门。

## 五、矿井灭火

1. 火灾时的风流控制

火灾烟气顺风蔓延，当热烟气流经倾斜或垂直井巷时，可产生与自然风压类似的局部火风压，使相关井巷中的风量变化，甚至发生风流停滞或反向，常导致火灾影响范围扩大，人员不能安全撤退，有时还会引起瓦斯或煤尘爆炸。在上行风路中发生火灾，其火风压作用方向与主扇作用方向一致，使火源所在风路的风量增加，旁侧风路的风量减少。随火势发展，火风压增加，旁侧风路的风流可能反向，烟气将侵入。在下行风路中发生火灾，其火风压作用方向与主扇相反，使火源所在风路的风量减少，旁侧风路的风量增加。当火风压增大，火源所在风路的风流可能反向，烟气侵入旁侧风路。在矿井总进风流中发生火灾时，往往需要进行全矿性反风，以免烟气侵入采掘区。所以主要扇风机必须装有反风设备，必须能在10分钟内改变巷道中的风流方向。

2. 灭火方法

火灾初起时，可用水、砂或化学灭火器直接灭火，有时还要配合挖除火源。火势较大，不能接近火源时，可用高倍数泡沫灭火机灭火。在采空区内发生自燃火灾，或井巷中发生火灾，无法直接灭火时，可用隔绝灭火法。在火源进、回风两侧合适地点修筑密闭墙严密封闭火区，可使火源缺氧熄灭。常用的封闭材料有泥、木、砖、石等。用液态高分子材料就地发泡成型，或用塑料、橡胶气囊充气修筑临时密闭墙，均可减轻劳动强度，缩短修筑时间。有瓦斯涌出的火区，要考虑在封闭过程中发生瓦斯爆炸的危险，通常应先用砂、土袋修筑隔爆墙，在其掩护下建立密闭墙。

火区封闭后，少量漏风使火区内氧浓度维持在3%~5%时，火源可能长期阴燃不熄。为了加速灭火，防止漏风，可采用联合灭火法。向封闭的火区灌注黄泥浆最有效，也可灌注 $N_2$ 或 $CO_2$。

## 六、火区管理与启封

火区封闭后，要经常检查密闭墙的严密性，定期测定墙内空气成分和温度。对于煤矿，墙内 $CO$ 浓度稳定在0.001%以下，气温30℃；水温25℃以下，氧气浓度低于2%时，才能认为火已熄灭。对于硫化矿山也有相应规定。启封火区时应将火区回风流直接引向回风巷。在有瓦斯、煤尘爆炸危险的矿井，应切断与火区相连地方的电源。启封工作应由矿山救护队进行。启封时要在防止新鲜风流进入火区条件下，从回风侧进入侦察，确认火已熄灭，再打开进风侧密闭墙，逐步恢复通风，排除有害气体，清理巷道，消除火灾残迹后，才能恢复生产。

井下发生火灾时有关人员的行动原则：一旦发现火灾时首先应识别火害性质、范围，立即采取一切可行的方法直接灭火，并汇报调度室。当井下发生火灾时，为了迅速灭火必须遵守纪律、服从命令、不要擅自行动。矿调度室接到井下火灾报告时，立即通知矿山救护队抢险，并通知井下受到火灾威胁的人员安全撤离灾区。

## 第五节 矿井顶板事故的防治

### 一、顶板事故的分类

1. 顶板事故的分类

顶板事故是指在井下采煤过程中，顶板意外冒落造成的人员伤亡、设备损坏、生产中止等事故。在实行综采以前，顶板事故在煤矿事故中占有极高的比例，随着支护设备的改进及对顶板事故的研究、预防技术的深入和逐步完善，顶板事故所占的比例有所下降，但仍然是煤矿生产中的主要灾害之一。

按冒顶范围可将顶板事故分为局部冒顶和大型冒顶两类。按发生冒顶事故的力学原因进行分类，可将顶板事故分为：压垮型冒顶、漏冒型冒顶和推垮型冒顶三类。

①局部冒顶——指范围不大，有时仅在3～5个支架范围内，伤亡人数不多（1～2人）的冒顶。在实际煤矿生产中，局部冒顶事故的次数远远多于大型冒顶事故，约占工作面冒顶事故的70%，危害比较大。从开采工序与顶板事故发生的地点来看，局部冒顶可分为靠近煤壁附近的局部冒顶、工作面两端的局部冒顶、放顶线附近的局部冒顶、地质破坏带附近局部冒顶。

②大型冒顶——指范围较大，伤亡人数较多（每次死亡3人以上）的冒顶。它主要包括基本顶来压时的压垮型冒顶、厚层难冒顶板大面积冒顶、直接顶导致的压垮型冒顶、大面积漏垮型冒顶、复合顶板推垮型冒顶、金属网下推垮型冒顶、大块游离顶板旋转推垮型冒顶、采空区冒矸冲入工作面的推垮型冒顶及冲击推垮型冒顶等。

2. 矿井顶板事故危害

矿井顶板事故的危害包含以下几个方面：

①无论是局部冒顶还是大型冒顶，事故发生后，一般都会推倒支架，埋压设备，造成停电、停风，给安全管理、安全生产带来困难。

②如果是地质构造带附近的冒顶事故，不仅会给生产造成麻烦，而且有时会引起透水事故的发生。

③在有瓦斯涌出区附近发生顶板事故将伴有瓦斯的突出，易造成瓦斯事故。

④如果是采掘工作面发生冒顶事故，一旦人员被堵或被埋，将造成人员伤亡。

## 二、顶板事故的常见原因

井下工作面发生顶板事故的原因很多，比较常见的有以下几点：

①地质构造复杂。松软破碎的顶板常有小的局部冒顶，坚硬难冒的顶板会发生大冒顶，少数矿井还有冲击地压。如果采掘过程中遇到了断层、褶曲等地质构造，则更容易发生冒顶。

②顶板压力的变化。初次来压和周期来压时，顶板下沉量和下沉速度都急剧增加，支架受力猛增，顶板破碎，还会出现平行煤壁的裂隙，甚至顶板出现台阶状下沉，这时冒顶的可能性最大。

③采煤工序的影响。采煤机切割煤壁或工作面爆破时，换柱、回柱和放顶时，对顶板的震动破坏较大，比进行其他工序时容易冒顶。

④工作面部位不同。如输送机机头和机尾处；不按规格要求支护的地方；工作面与回风巷和运输巷连接的上、下出口；工作面煤壁线、放顶线与顶板（特别是各种假顶）交接处，都是容易冒顶的地方。

⑤顶板管理方式。托伪顶、留煤顶开采，厚煤层用笆片、金属网作假顶开采等，工序复杂，管理不好就容易发生冒顶。

⑥人的因素。违章指挥、违章作业是造成顶板事故最根本、最直接的原因。从全国历年统计分析看，有很多的事故是因为各种违章和工程质量低劣造成的。

⑦技术装备落后。目前大多数小型矿井采煤工作面还在不同程度地使用摩擦支柱和木支柱，回柱基本上是人工作业，埋下了事故隐患。

## 三、冒顶前的预兆

在正常情况下，顶板冒落事先都有预兆。预兆有以下几方面：

①响声。岩层下沉断裂、顶板压力急剧加大时，木支架就会发生劈裂声，紧接着出现折梁断柱现象；金属支柱的活柱急速下缩，也发出很大声响。有时也能听到采空区内顶板发生断裂的闷雷声。

②掉渣。顶板严重破裂时，折梁断柱就要增加，随后就出现顶板掉渣现象。掉渣越多，说明顶板压力越大。在人工顶板下，掉下的碎矸石和煤渣更多，工人叫"煤雨"，这就是发生冒顶的危险信号。

③片帮。冒顶前煤壁所受压力增加，变得松软，片帮煤比平时多。

④裂缝。顶板的裂缝，一种是地质构造产生的自然裂隙；另一种是由于采空区顶板下沉引起的采动裂隙。老工人的经验是："流水的裂缝有危险，因为它深；缝里有煤泥、水锈的不危险，因为它是老缝；茬口新的有危险，因为它是新生的。"如果这种裂缝加深加宽，说明顶板继续恶化。

⑤脱层。顶板快要冒落的时候，往往会出现脱层现象。

⑥漏顶。破碎的伪顶或直接顶，在大面积冒顶以前，有时因为背顶不严和支架不牢出现漏顶现象。漏顶如不及时进行处理，会使棚顶托空、支架松动，顶板岩石继续冒落，就会造成没有声响的大冒顶。

⑦瓦斯涌出量突然增大。

⑧顶板的淋水明显增加。

试探有没有冒顶危险的方法主要包含以下几方面：

①木楔法。在裂缝中打入小木楔，过一段时间，如果发现木楔松动或夹不住了，说明裂缝在扩大，有冒落的危险。

②敲帮问顶法。用钢钎或手镐敲击顶板，声音清脆响亮的，表明顶板完好。发出"空空"或"嗡嗡"声的，表明顶板岩层已离层，应把脱离的岩块挑下来。

③震动法。右手持凿子或镐头，左手指扶顶板，用工具敲击时，如感到顶板震动，即使听不到破裂声，也说明此岩石已与整体顶板分离。

## 四、预防冒顶事故的技术措施

### （一）局部冒顶

局部冒顶的原因有两类：一类是已破碎了的直接顶板，失去有效的支护而局部冒落；另一类是基本顶下沉迫使直接顶破坏支护系统而造成的局部冒落。

从生产工序来看，局部冒顶可分为采煤过程中发生的局部冒顶和回柱过程中发生的局部冒顶两类。前者是由于采煤过程中破碎顶板得不到及时支护，或者虽及时支护，但支护质量不好造成的；后者是由于单体支柱回柱操作方式不合理，如先回承压支柱，使邻近破碎顶板失去支撑而造成局部冒顶。

1. 煤帮附近的局部冒顶

由于采动或爆破震动影响，在直接顶中"锅底石"游离岩块式的镶嵌顶板或破碎顶板，因支护不及时而造成局部冒顶。当用炮采时，因炮眼角度或装药量不适当，可能在爆破时崩倒支柱造成局部冒顶；当基本顶来压时，煤质因松软而片帮，扩大无支护空间，也可能导致局部冒顶。

目前主要的防治措施如下：

第一，采用能及时支护悬露顶板的支架，如正悬臂支架，横板连锁棚子，正倒悬臂梁支架及贴帮点柱等。

第二，严禁工人在无支护空顶区操作。

2. 上、下出口的局部冒顶

上、下两出口位于采场与巷道交接处，控顶范围比较大，在掘进巷道时如果巷道支护的初撑力很小，直接顶板就易下沉、松动和破碎。同时在上、下出口处经常进行输送机机头及机尾移溜拆卸安装工作，要移溜就要替换原来支柱，且随着采场推进，更换支柱，在一拆一支的间隙中也可能造成局部冒顶。此外上、下出口受基本顶的压力影响，也可能造成局部冒顶。

有效防止局部冒顶措施如下：

第一支架必须有足够的强度，不仅能支撑松动易冒的直接顶，同时还能支撑住基本顶来压时的部分压力。

第二支护系统必须能始终控制局部冒顶，且具有一定稳定性，防止基本顶来压时推倒支架。实践研究证明，十字铰接顶梁和"四对八梁"支护效果较好。

3. 放顶线附近的局部冒顶

采煤工作面放顶线上的支柱受压是不均匀的。当人工回拆承压大的支柱时，往往柱子一倒顶板就冒落，这种情况在分段回柱回拆最后一根时，尤其容易发生。当顶板存在有断层、裂隙、层理等切割而形成的大块游离岩块时，回柱后游离岩块就随回柱冒落，推倒支架，形成局部冒顶。如果在金属网下回柱放顶时，如网上有大块游离岩块，也会因游离岩块滚滑推垮支架造成局部冒顶。

防止放顶线附近局部冒顶的主要措施如下：

第一，如果是金属支柱工作面，可用木支柱做替柱，最后用绞车回木柱。

第二，为了防止金属网上大块游离岩块在回柱时滚下来，推倒采面支架发生局部冒顶，应在此范围加强支护，要用木柱替换金属支柱。当大块岩石沿走向长超过一次放顶步距时，在大岩块的局部范围要延长控顶，待大岩块全部处在放顶线以外的采空区时再用绞车回木柱。

4. 地质破坏带附近的局部冒顶

采煤工作面如果遇到垂直工作面或斜交于工作面的断层，在顶板活动过程中，断层附近破断岩块可能顺断层面下滑，推倒支架，造成局部冒顶。另外，褶曲轴部或顶板岩层破碎带等部位易发生冒顶。

防止这类事故措施如下：应在断层两侧加设木垛加强支护，并迎着岩块可能滑下的方向支设俄棚或戗柱，加强褶曲轴部断层破碎带的支护。

## （二）采场大面积冒顶防治

按顶板垮落类型可把采场大冒顶分为压垮型、推垮型、漏垮型三种。

1. 压垮型

压垮型冒顶事故是由于坚硬直接顶或基本顶运动时，垂直于顶板方向的压断、压弯工作阻力不够，可缩量不足的支架或使支柱压入抗压强度低的底板，造成大面积切顶垮面事故。

实践研究表明，压垮型冒顶是在基本顶来压时发生的。基本顶来压分为断裂下沉和台阶下沉两个阶段，这两个阶段都有可能发生压垮型冒顶。

2. 推垮型

推垮型冒顶事故是由直接顶和基本顶大面积运动造成的。因此，发生的时间和地点有一定的规律性。在大多数情况下，冒顶前采场直接顶已沿煤壁附近断裂；冒顶后支柱没有折损只有向采空区倾倒，或向煤帮倾倒，但多数是沿煤层倾向倾倒。

在采场中容易发生大面积冒顶的地点如下：

①开切眼附近。在这个区域顶板上部硬岩层基本顶两边都受煤柱支承不容易下沉，这就给下部软岩层直接顶的下沉离层创造了有利条件。

②地质破坏带（断层、褶曲）附近。在这些地点顶板下部直接顶岩层破断后易形成大块岩体并下滑。

③老巷附近。由于老巷顶板破坏，直接顶易破断。

④倾角大的地段。这些地段由于重力作用而沿着倾斜方向上的下滑力较大。

⑤顶板岩层含水地段。这些地段摩擦系数降低，阻力大为减少。

⑥局部冒顶区附近也有可能导致大冒顶。

近几年来，在采场大面积冒顶事故中，"复合顶板"下推垮型事故比较多，伤亡也较大。所谓复合顶板就是煤层顶板由下软上硬不同岩性的岩层所组成的软硬岩层间夹有煤线或薄层软弱岩层。下部软岩层的厚度一般大于 0.5 m，但是不大于煤层采高。

3. 漏垮型

漏垮型冒顶的原因如下：由于煤层倾角较大，直接顶又异常破碎，采场支护系统中如果某个地点失效发生局部漏顶，破碎顶板就有可能从这个地点开始沿工作面往上全部漏空，造成支架失稳，导致漏垮型事故发生。

总结现行之有效的经验，归纳出以下几条预防采场大面积冒顶的基本措施：

①提高单体支柱的初撑力和刚度。小煤矿使用的木支柱和金属摩擦支柱初撑力小，刚度差，易导致煤层复合顶板离层，又使采场支架不稳定，所以有条件的矿要推广使用单体液压支柱。

②提高支架的稳定性。煤层倾角大或在工作面仰斜推进时，为防止顶板沿倾斜方面滑动推倒支架，应采用斜撑、抬棚、木垛等特种支架来增加支架的稳定性，并在摩擦金属支柱和金属铰接顶梁采面中，用拉钩式连接器将每排支柱从工作面上端头至下端头连接起来，形成稳定的"整体支架"。

③严格控制采高。开采厚煤层第一分层要控制采高，使直接顶冒落后破碎膨胀能达到原来采高。这种措施目的在于堵住冒落大块岩石的滑动。

④采面从开切眼初采时不要反向开采。有的矿为了提高采出率，在初采时向相反方向采几排煤柱，如果是复合顶板，开切眼处顶板暴露已久而离层断裂，当在反向推进范围内初次放顶时，很容易在原开切眼处诱发推垮型冒顶事故。

⑤掘进上下顺槽时不得破坏复合顶板。挑顶掘进上下顺槽，就破坏了复合顶板的完整性，易造成推垮冒顶事故。

⑥对于坚硬难冒顶板可以采用顶板注水和强制放顶等措施。

⑦加强矿井生产地质工作，加强矿压的预测预报。

此外，还可以改变工作面推进方向，如采用伪俯斜开采，防止推垮型大冒顶。

### （三）巷道发生冒顶的预防措施

巷道发生变形和破坏的形式是多种多样的。掌握不同条件下巷道变形、破坏的形式及其原因，可以为寻求合理的巷道维护方法提供客观依据。

掘进巷道时预防冒顶事故的主要措施如下：

①合理布置巷道。矿井主要巷道服务年限长、断面大，应布置在容易维护的煤层或底板岩层中。工作面上下顺槽尽量采用沿空掘巷和沿空留巷，并要注意少掘交叉巷道和上下重叠的巷道。

②选择合理的巷道断面尺寸和断面形状。

③掘进砌道维护巷道时，掘进工作面禁止留有空顶，在永久支架间要架设临时支架。支架要紧跟迎头，爆破前要进行加固。

④掘进巷道时，禁止任意加大棚距。在坚硬岩石中掘进巷道，需要加大棚距；或不架设临时支架时，要有专门的安全措施做保障。

⑤巷道掘进通过老巷、断层破碎带及淋水地带时，应依据情况采用前探支架、连锁棚子等专门措施进行支护，提高支架的支撑能力，以免发生冒顶。

⑥严格要求巷道支架的规格质量，发现规格质量不合格及损坏的支架，应及时更换。

⑦应按照《煤矿安全规程》的规定，不断地进行检查和修理巷道，以防止冒顶事故的发生，保证通风、运输畅通和行人的安全。修理、撤换支架和修理巷道时，必须由外向里逐架进行。撤换支架前，应先加固好工作地点前后的支架。在独头巷道内修理时，巷道里面应停止掘进或从事其他工作，以免顶板冒落堵人。

### （四）冲击地压

冲击地压是指在开采过程中，积聚在煤岩体中的能量瞬间释放出来，产生一种以突然、急剧、猛烈破坏为特征的动力现象。常伴有很大的声响、岩体震动和冲击波，在一定范围内可以感到地震。有时向采掘空间抛出大量的碎煤或岩块，形成很多煤尘，释放出大量的瓦斯，常导致巷道支架遭到破坏、设备移位和空间被堵塞。

冲击地压的形成是由于煤岩体在高应力作用下内部积聚有大量的弹性能，同时部分岩体接近极限平衡状态。当采掘工作接近这些地方时，岩体的力学平衡状态被破坏，应力迅速下降，积聚的弹性能突然释放，其中很大部分能量转变为动能，将煤岩抛向已采空间。因此，冲击地压的形成，与煤岩层中的应力变化和积聚的弹性潜能密切相关。

根据冲击地压发生的原因，可以制定防治冲击地压的措施。主要从两方面着手：一是避免产生应力集中区或降低应力集中；二是对已产生的应力集中区，想方设法释放煤岩体内积聚的弹性潜能。防治冲击地压的措施如下：

①开采解放层；

②合理确定开采方法；

③煤层注水；
④顶板注水；
⑤松动爆破；
⑥强制放顶；
⑦提高冲击地压预测预报的准确性。

## 第六节　矿山救护

在煤矿建设和生产中，由于自然条件复杂多变，工作环境恶劣，存在着水、火、瓦斯、煤尘和顶板冒落五大灾害威胁，加之人们对煤矿灾害的规律认识和掌握还不够全面，存在着麻痹大意、违章操作。因此，在煤矿生产中必须坚持"安全第一"的生产方针，制定相关技术措施，防止事故发生。一旦发生事故，就必须安全、迅速、有效地抢救人员，保护设备，控制和缩小事故影响范围及其危害程度，防止事故扩大，将事故造成的人员伤亡和财产损失降至最低限度，广大矿工应具备自救、互救知识，并积极参加矿井救灾工作。

### 一、矿山救护队

矿山救护队是一支处理矿井火、瓦斯、煤尘、水和顶板等灾害的专业队伍，肩负着保护矿工生命和国家财产安全的重任，在煤矿安全生产中处于十分重要的地位。这支队伍长期以来在抢险救灾、安全检查中发挥重要的作用，取得显著成绩。

矿井发生灾变事故后，加强抢险救灾的组织与指挥，是迅速有效地处理矿井事故的关键，同时也是杜绝救护队自身伤亡的一个重要环节。违章指挥的必然后果是导致事故扩大，使抢险救灾工作复杂化，它的直接受害者是在灾变事故处理第一线的矿山救护指战员和其他抢救人员。因此，煤矿企业的各级领导特别是在抢救指挥部担任总指挥的受灾矿井的矿长，对此问题应引起高度的重视，必须严格按照客观规律科学地组织与指挥矿井的抢险救灾工作，杜绝在灾变事故处理过程中的违章指挥。

为防止在处理灾变事故过程中决策失误或出现违章指挥，煤矿企业的各级领导必须了解矿山救护的组织、任务、职责、技术装备、培训与训练、军事化管理以及指战员的条件与服役、退役等工作，掌握处理矿井各类灾变事故的行动原则和安全技术措施。

#### （一）矿山救护队的组织

《煤矿安全规程》第四百九十三条规定：所有煤矿必须有矿山救护队为其服务。煤矿企业应设立矿山救护队，不具备单独设立矿山救护队条件的煤矿企业，应指定兼职救援人员，并与就近的救护队签订救护协议或联合建立矿山救护队；否则，不得生产。

矿山救护队至服务矿井的距离以行车时间不超过 30 min 为限。

《煤矿安全规程》第四百九十九条规定：矿山救护大队应由不少于2个中队组成，是本矿区的救护指挥中心和演习训练、培训中心。

矿山救护中队应由不少于3个救护小队组成。救护中队每天应有2个小队分别值班、待机。

救护小队应由不少于9人组成。

煤矿企业可根据需要建立辅助救护队，业务上受矿山救护队指导。

### （二）矿山救护队的任务

矿山救护队必须认真执行安全生产方针，坚持"加强战备，严格训练，主动预防，积极抢救"的原则，时刻保持高度警惕，要做到"招之即来，来之能战，战之能胜"。

1. 专职矿山救护队的任务

①抢救井下遇险遇难人员。

②处理井下火、瓦斯、煤尘、水和顶板等灾害事故。

③参加危及井下人员安全的地面灭火工作。

④参加排放瓦斯、震动性爆破、启封火区、反风演习和其他需要佩戴氧气呼吸器的安全技术工作。

⑤参加审查《矿井灾害预防和处理计划》，协助矿井搞好安全和消除事故隐患的工作。

⑥负责辅助救护队的培训和业务领导工作。

⑦协助矿井搞好职工救护知识的教育。

2. 辅助救护队的任务

①做好矿井事故的预防工作，控制和处理矿井初期事故。

②引导和救助遇险人员脱离灾区，积极抢救遇险遇难人员。

③参加需要佩戴氧气呼吸器的安全技术工作。

④协助矿山救护队完成矿井事故处理工作。

⑤搞好矿井职工自救与互救知识的宣传教育工作。

### （三）矿山救护队的作用

矿山救护队在煤矿安全生产中的重要作用，是通过矿山救护队指战员在事故处理和其他各项工作中，英勇拼搏、团结奋战表现出来的。主要包含以下三个方面：

1. 处理矿井灾变事故的主力军

矿井发生灾变事故后，矿山救护队指战员是战斗在抢险救灾第一线的主力军。

2. 为煤矿安全生产保驾护航

矿山救护队除完成处理矿井灾害事故，抢救井下遇险遇难人员外，还担负着为煤矿安全生产保驾护航的任务。即参加排放瓦斯、震动性爆破、启封火区、反风演习和其他需要佩戴氧气呼吸器的安全技术工作。参加审查《矿井灾害预防和处理计划》，有计划地指派小队到服务矿井熟悉巷道、预防检查，做好矿井消除事故隐患的工作。协助矿井搞好职工救护知识的教育等。因此，矿山救护队又被煤矿各级领导和广大矿工、家属称为"煤矿安全生产的尖兵和卫士"。

3. 为社会上的抢险救灾做出重大贡献

由于煤矿矿山救护队佩用氧气呼吸器，可以在各种缺氧条件下工作和救灾，是其他任何队伍和工种无法比拟的。他们有着过硬的处理各种灾害本领，多次奉命走出矿井范围，走向社会，参加抗震救灾、地面消防和其他行业各种灾害的抢险救灾战斗，并做出了重大贡献。

## 二、矿工自救与互救

在煤矿生产中，一旦发生灾害，要千方百计采取积极有效的措施，救护遇险人员，处理灾害事故，最大限度地减少事故造成的人身伤亡和国家资源、财产的损失。特别是在事故初发阶段，事故现场的职工能够积极有效地自救与互救或对灾害进行处理，这对减轻事故的危害是非常重要的。所谓自救就是当井下发生灾变时，在灾区或受灾变影响区域的每位工作人员进行避灾和保护自己的行动。而互救就是在有效地进行自救的前提下，没有受伤的人员妥善地救护灾区负伤人员的行为。

### （一）自救、互救的要求

①掌握煤矿井下灾害事故的特点和规律，思想上要有"敌情"观念，时刻保持高度警惕性。事故发生后要沉着冷静，不要惊慌失措。

②识别煤矿井下各种灾害的预兆，学会处理初发事故的方法和急救措施。

③熟悉煤矿井下巷道、安全出口和避难硐室以及避灾路线。

④每位下井人员必须随身携带自救器，并学会使用自救器。

### （二）事故临场人员的行动准则

事故发生后，在场人员首先要了解事故的性质，发生时间、地点，灾情以及有无人员伤亡等，并尽快地向矿调度室报告，通知可能受灾害直接波及区域的工作人员以及事故发展后可能波及区域的工作人员。要时刻保持头脑清醒、行动沉着、决策果断，对事故的发生和可能导致的恶果做出正确的判断和科学的分析，切忌惊慌失措、大喊大叫、四处乱跑。

为了防止灾害扩大，要针对不同性质的事故，根据当场可能动员的人力，迅速采取有效应急措施，积极进行抢险救灾工作，并在尽可能的情况下将事故消灭于萌芽状态。如冒顶事故，首先要加强支护，防止继续冒落伤人，然后迅速抢救被埋人员；电气火灾，要首先切断电源，然后扑灭明火；瓦斯、煤尘爆炸事故，首先要抢救遇险人员，尽快扑灭明火，防止二次爆炸伤人，然后恢复通风；火灾事故，在有条件的情况下，可采取直接灭火措施。如果火源位于主要入风大巷或入风井底车场和附近硐室，要尽可能地采取使烟流短路措施，保障采区作业人员安全撤离；水灾事故，应迅速撤至上一个水平。

当灾区现场不具备抢救事故的条件或可能危及人员的安全时，要以最快的速度，选择最安全、最近的路线撤离灾区。撤退路线一般应根据灾害的类型、灾害发生时人员的位置而定。因事故造成灾区空气中的有毒有害气体浓度增高，可能危及人员生命安全时，可使用自救器，或用湿毛巾捂住口鼻等。如在短时间内无法撤离灾区时，应迅速进入预先构筑的避难硐室或其他安全地点暂时躲避，等待援救，也可利用现场的设施和材料构筑临时避难硐室。

### （三）井下避难硐室

井下避难硐室是供矿工在遇到事故无法撤退而躲避待救的设施。常用的井下避难硐室有两种：一种是预先设置的避难硐室称永久性避难硐室；另一种是在事故发生后，因地制宜构筑的避难硐室称临时性避难硐室。

井下避难硐室应符合以下要求：

①避难硐室应设在采掘工作面附近的巷道中，距工作面的距离应根据煤矿生产具体条件确定。

②避难硐室必须设置向外开启的严密、坚固的隔离门，室内净高不得小于 2 m，其长度和宽度应根据同时避难的最多人数确定，但每人占用的面积不得少于 0.5。

③避难硐室内支护良好，应设有与矿调度室直通的电话。

④避难硐室内必须设有供给空气的设施，每人供风量不得小于 0.3 $m^2$/min，如果用压缩空气供风时，应有减压和过滤装置，并带有阀门控制的呼吸管嘴。

⑤避难硐室内应根据最多人数，配备足够数量的隔离式自救器。

⑥避难硐室在使用时必须用正压通风。

临时性避难硐室是利用独头巷道、硐室或两道风门之间的巷道，由避难人员临时修建的。所以，应在这些地点事先准备好所需的木板、木桩、黏土、沙子或砖等材料，同时还应配有带阀门的压气管。

使用避难硐室时应注意：进入临时避难硐室前一定要在避难硐室外留有衣物、矿灯等明显标志，以便于救护队寻找。设法堵好硐口，防止有害气体进入。待救时要由有经验的人指挥，应保持安静，团结互助，避免不必要的体力消耗，以延长待避时间。注意矿灯和食品的节约，计划使用。有规律地敲打管道、铁轨或岩石等发出求救信号，等待救护人员的援救。在有压气的条件下，要打开压气管阀门。

### （四）自救器

1. 自救器的作用

在煤矿井下发生瓦斯、煤尘爆炸或火灾中，大多数遇难人员不是直接死于爆炸和烧伤，而是由于有害气体（主要是 $CO$）中毒或窒息死亡。自救器是当井下发生火灾、爆炸、煤与瓦斯突出等事故时，供人员佩戴免于中毒或窒息之用。从国内外事故教训来看，在事故中能佩戴自救器是完全可以避免死亡的。《煤矿安全规程》规定，每一位入井人员必须随身携带自救器。

2. 自救器的种类

目前煤矿使用的自救器，按其防护的特点可分为过滤式和隔离式两大类。

3. 自救器的使用条件

（1）过滤式

过滤式自救器只能适用于空气中一氧化碳浓度不大于 L 5%，氧气浓度不低于 18% 的条件下。当氧气浓度低于 18% 或还有其他有毒气体和有机蒸气存在时，不能使用这种自救器。当一氧化碳浓度为 100%、环境温度为 25℃、相对湿度为 90% 以上、呼吸量为 30 L/min 时，有效使用时间可达 40 min。这种自救器只能一次性使用，不能重复使用。

过滤式自救器主要供煤矿井下人员在一氧化碳危险环境中防毒自救之用。当煤矿井下发生火灾或煤尘、瓦斯爆炸时，佩戴过滤式自救器能使矿工免遭灾区一氧化碳的毒害，从而逃离灾区环境。在其他毒气污染环境中亦可使用。

（2）隔离式

隔离式自救器不受外界气体的限制，所以可以在各种有毒气体及缺氧的环境中使用。如井下发生瓦斯、煤尘爆炸，煤与瓦斯突出以及火灾事故时，只要不是受事故的直接伤害，都可以佩戴它脱险，它还可以作为救护队员的备用呼吸器使用。

4. 佩戴自救器的注意事项

（1）过滤式

①矿工在井下工作时，发现有火灾发生或有爆炸预兆时，必须立即按规定要求佩戴好自救器。

②空气中氧气浓度低于 18% 或发生瓦斯突出、二氧化碳突出事故时，只能使用隔离式自救器，而不能使用过滤式自救器。

③佩戴自救器脱险时，吸气温度高是正常现象，一氧化碳浓度越高，吸气温度越高。这时，千万不要取掉鼻夹和口具，否则将会中毒。只有确实到达安全地带后，才能取掉鼻夹和口具。

④要对矿工进行培训，并按规定对自救器进行定期的保养和检查。

⑤过滤式自救器只能使用一次，用后就报废。

（2）隔离式

①化学氧隔离式自救器使用中外壳体会发热，并会感到呼吸温度高，这是正常现象，千万不要因为发热而取掉。

②行走时不要惊慌，呼吸不均匀，感到吸气不足时或阻力增大时，应放慢脚步。

③个人携带的自救器，应尽量防止碰撞，更不要当坐垫。在生产中，自救器悬挂的位置不要超过 5 m 远，以便随时佩戴使用。

④在未到达安全地点前，严禁取下鼻夹和口具。

⑤井上要设专人管理自救器，并按规定进行保养维护。

# 第八章 煤矿事故应急预案

## 第一节 应急预案概述

### 一、应急预案的基本概念

应急预案是指为有效预防和控制可能发生的事故，最大限度地减少事故及其造成损害而预先制定的工作方案。它是在辨识和评估潜在的安全风险、事故类型、发生概率、发展过程、事故后果及影响严重程度的基础上，对应急机构职责、人员、技术、装备、设施（备）、物资、救援行动及其指挥与协调等方面预先做出的具体安排。应急预案明确了在突发事故发生之前、发生过程中以及刚刚结束之后，谁负责做什么，何时做，以及相应的策略和资源准备等。

#### （一）应急预案的基本功能

（1）事故预防：通过危险辨识、事故风险分析，采用技术和管理手段降低事故发生的可能性并使可能发生的事故控制在局部，以防止事故蔓延。

（2）应急处置：针对事故（或故障）发生有应急处置程序和方法，能快速反应并处理事故（或故障），将事故消除在萌芽状态。

（3）抢险救援：采用预定的现场抢险和抢救方式，组织开展抢险救援，控制或减少事故造成的损失。

#### （二）应急预案的分类

应急预案的分类有多种方法，如按行政区域可划分为国家级、省级、市级、区（县）和企业应急预案；按事故特征可划分为常备应急预案和临时应急预案（如偶尔组织的大型集会等）；按灾害类型可划分为自然灾害、事故灾难、公共卫生事件和社会安全事件等应急预案；按预案功能可划分为综合应急预案、专项应急预案和现场处置方案。现以预案功能为划分依据，并进行简要介绍。

1.综合应急预案

综合应急预案是生产经营单位应急预案体系的总纲，主要从总体上阐述事故的应急工作原则，其主要包括生产经营单位的应急组织机构及职责、应急预案体系、事故风险描述、预警及信息报告、应急响应、保障措施、应急预案管理等内容。

2. 专项应急预案

专项应急预案是生产经营单位为应对某一类型或某几种类型事故，或者针对重要生产设施、重大危险源、重大活动等内容而制定的应急预案。专项应急预案主要包括事故风险分析、应急指挥机构及职责、处置程序和措施等内容。

3. 现场处置方案

现场处置方案是生产经营单位根据不同事故类别，针对具体的场所、装置或设施所制定的应急处置措施，主要包括事故风险分析、应急工作职责、应急处置和注意事项等内容。生产经营单位应根据风险评估、岗位操作规程以及危险性控制措施，组织本单位现场作业人员及相关专业人员共同进行编制现场处置方案。

## 二、应急预案的作用

应急预案是应急救援准备工作的核心内容，在应急救援中的重要作用主要体现在以下几方面：

（1）应急预案确定了应急救援的范围和体系，使应急准备和应急管理不再是无据可依、无章可循。尤其是培训和演练，均依赖于应急预案。培训可以让应急响应人员熟悉自己的责任，具备完成指定任务所需的相应技能；演练可以检验应急预案和行动程序，并评估应急响应人员的技能和整体协调性。

（2）编制应急预案有利于做出及时的应急响应，降低事故后果。应急行动对时间要求十分敏感，不允许有任何拖延。应急预案预先明确了应急各方的职责和响应程序，在应急力量和应急资源等方面做了大量准备，可以指导应急救援迅速、有序、高效地开展，将事故的人员伤亡、财产损失和环境破坏降到最低限度。此外，如果预先制定了预案，对重大事故发生后必须快速解决的一些应急恢复问题，事故发生时也就容易解决。

（3）应急预案是应对各种突发事故的响应基础。通过编制综合应急预案，可保证应急预案具有足够的灵活性，对事先无法预料的突发事故，也可以起到基本的应急指导作用，成为保证应急救援的"底线"。在此基础上，可以针对特定危害，编制专项应急预案，有针对性地制定应急措施，进行专项应急准备和演练。

（4）当发生超过应急能力的重大事故时，便于与省级、国家级应急部门的协调。

（5）有利于提高风险防范意识。应急预案的编制过程，实际上是辨识重大风险和防御决策的过程，强调各方的共同参与，因此，预案的编制、评审、发布和宣传，有利于社会各方了解可能面临的重大风险及其相应的应急措施，同时有利于促进社会各方提高风险防范意识和能力。

## 三、应急预案的核心要素

应急预案是整个应急管理工作的具体反映，它的内容不仅仅局限于事故发生过程中的应急响应和救援措施，同时还包括事故发生前的各种应急准备和事故发生后的紧急恢复以及预案的管理与更新等。因此，完整的应急预案按相应的过程可分为6个一级关键要素，主要包括以下内容：

①方针与原则；

②应急策划；

③应急准备；

④应急响应；

⑤现场恢复；

⑥预案管理与评审改进。

6个一级关键要素之间既具有一定的独立性，又紧密联系，从应急的方针、策划、准备、响应、恢复到预案的管理与评审改进，形成了一个有机联系并持续改进的应急管理体系。根据一级关键要素中所包括的任务和功能，应急策划、应急准备和应急响应3个一级关键要素可进一步划分成若干个二级要素。所有这些要素构成了事故应急预案的核心要素。这些要素是事故应急预案编制应当涉及的基本方面，在实际编制时，为便于预案内容的组织，可根据实际情况，将要素进行合并、增加或重新排列。

### （一）方针与原则

无论是何种等级、何种类型的应急救援体系，首先必须有明确的方针和原则，作为开展应急救援工作的纲领。方针与原则反映了应急救援工作的优先方向、政策、范围和总体目标，应急的策划和准备、应急策略的制定和现场应急救援及恢复，都应当围绕方针和原则开展。

### （二）应急策划

应急预案最重要的特点是要有针对性和可操作性，因而，应急策划必须明确预案的对象和可用的应急资源情况，即在全面系统地认识和评价所针对的事故类型基础上，识别出重要的潜在事故、性质、区域、分布及后果；同时，根据危险分析的结果，分析应急救援力量和可用资源情况，为所需的应急资源准备提供建设性意见。在进行应急策划时，应当列出国家、地方相关的法律法规，作为制定预案和应急工作授权的依据。因此，应急策划包括危险分析、资源分析以及法律法规要求3个二级要素。

1. 危险分析

危险分析的最终目的是明确应急的对象（即存在哪些可能的重大事故）、事故的性质及其影响范围、后果严重程度等，为应急准备、应急响应和减灾措施提供决策和指导依据。危险分析包括危险识别、脆弱性分析和风险分析。危险分析应依据国家和地方有关的法律法规要求，结合城市的具体情况来进行。危险分析的结果应能提供以下内容：

（1）地理、人文（包括人口分布）、地质、气象等信息。

（2）功能布局（包括重要保护目标）及交通情况。

（3）重大危险源分布情况及主要危险物质种类、数量及理化、消防等特性。

（4）可能的重大事故种类及后果影响分析。

（5）特定的时段。

（6）可能影响应急救援的不利因素。

2. 资源分析

针对危险分析所确定的主要危险，应明确应急救援所需的各种资源，分析已有的应急资源和能力，其中包括应急力量和应急设备（施）、物资中存在的不足，为应急队伍的建设、应急资源的规划与配备、与相邻地区签订互助协议和预案编制提供指导。

3. 法律法规要求

应急救援有关法律法规是开展应急救援工作的重要前提保障。应列出国家、省、地方涉及应急救援各部门的职责要求以及应急预案、应急准备和与应急救援有关的法律法规文件，作为应急预案编制和应急救援的授权依据。

### （三）应急准备

应急预案能否成功地在应急救援中发挥作用，不仅仅取决于应急预案自身的完善程度，同时还取决于应急准备的充分与否。应急准备应基于应急策划的结果，明确所需的应急组织及其职责权限、应急队伍的建设和人员培训、应急物资的准备、预案演练、应急知识培训、签订互助协议等。

1. 机构与职责

为确保应急救援工作反应迅速、协调有序，必须建立完善的应急机构组织体系，主要包括应急管理的领导机构、应急响应中心以及相关机构等，对应急救援中承担任务的所有应急组织及有关单位明确规定其相应的职责。

2. 应急资源

应急资源的准备是应急救援工作的重要保障，应根据潜在事故的性质和后果，合理组建专业和社会救援力量，配备应急救援所需的器材、机械和设备、监测仪器、堵漏和清消材料、交通工具、个体防护设备、医疗设备和药品、生活保障物资等，并定期检查、维护与更新，始终保证其处于完好状态。

3. 应急培训

针对潜在事故的危险性质，应对所有应急人员，包括社会救助力量开展有针对性的专项培训（包括自身安全防护措施），保证应急人员具备相应的应急能力。

提高职工的应急安全意识和能力是减少重大事故伤亡不可忽视的一个重要方面。作为应急准备的一项内容，平时就应注重对职工的日常教育，尤其是接触重大危险源的人员，使其了解潜在危险的性质和健康危害，掌握必要的自救知识，了解预先指定的主要及备用疏散路线和集合地点，了解各种警报的含义和应急救援工作的有关要求。

4. 预案演练

预案演练是对应急能力的一个综合检验，应以多种形式组织由应急各方参加的预案训练和演练，使应急人员进入"实战"状态，熟悉各类应急处置和整个应急行动程序，明确自身职责，提高协同作战能力，保证应急救援工作协调、有效、迅速地开展；同时，应对演练的结果进行准确评估，分析应急预案存在的不足，并予以改进和完善。预案演练的作用体现在以下几方面：

①在事故发生前暴露预案和程序的缺陷；
②发现应急资源的不足（包括人力和设备等）；
③改善各应急部门、机构、人员之间的协调；
④增强职工对突发重大事故救援的认可和信心；
⑤提高应急人员的熟练程度和信心；
⑥明确各自的岗位与职责；
⑦提高各级预案之间的协调性；
⑧提高整体应急反应能力。

5. 互助协议

当有关的应急力量与资源相对薄弱时，应事先寻求与邻近企业或地区建立正式的互助协议，并做好相应的安排，以便在应急救援中及时得到外部救援力量和资源的援助。此外，也应与社会专业技术服务机构、物资供应企业等签署相应的互助协议。

## （四）应急响应

应急响应主要包括应急救援过程中需要明确并实施的核心功能和任务，尽管这些核心功能具有一定的独立性，但不是孤立的，它们构成了应急响应的有机整体。应急响应的核心功能和任务主要包括：接警与通知、指挥与控制、警报和紧急公告、通信、事态监测与评估、警戒与治安、人群疏散与安置、医疗与卫生、公共关系、应急人员安全、消防和抢险、泄漏物控制等。

1. 接警与通知

准确了解事故的性质和规模等初始信息，是启动应急救援的必要前提。接警作为应急响应的第一步，必须对接警做出明确规定，保证迅速、准确地向报警人员询问事故现场的重要信息。接警人员接受报警后，应按预先确定的通报程序，迅速向有关应急机构、政府及上级部门发出事故通知，以采取相应的行动。

2. 指挥与控制

对重大事故的应急救援往往涉及多个救援机构，因此，对应急行动的统一指挥和协调是有效开展应急救援的关键。建立统一的应急指挥、协调和决策程序，以便于对事故进行初始评估，确认紧急状态，从而迅速有效地进行应急响应决策，建立现场工作区域，确定重点保护区域和应急行动的优先原则，指挥和协调现场各救援队伍开展救援行动，合理高效地调配和使用应急资源等。

3. 警报和紧急公告

当事故可能影响到周边地区，对周边地区的公众可能造成威胁时，应及时启动警报系统，向公众发出警报，同时通过各种途径向公众发出紧急公告，告知事故性质，对健康的影响、自我保护措施、注意事项等，以确保公众能够及时做出自我防护响应。决定实施疏散时，应通过紧急公告确保公众了解疏散的有关信息，如疏散时间、路线、随身携带物、交通工具及目的地等。

4. 通信

通信是应急指挥、协调和与外界联系的重要保障，在现场指挥部、应急中心、各应急救援组织、新闻媒体、医院、上级政府和外部救援机构之间必须建立完善的应急通信网络，在应急救援过程中应始终保持通信网络畅通，并设立备用通信系统。

5. 事态监测与评估

在应急救援过程中必须对事故的发展态势和影响及时进行动态监测，建立对事故现场及场外的监测和评估程序。事态监测在应急救援中起着非常重要的决策支持作用，其结果不仅是控制事故现场，制定消防、抢险措施的重要决策依据，同时也是划分现场工作区域，保障现场应急人员安全，实施公众保护措施的重要依据。即使在现场恢复阶段，也应当对现场和环境进行监测。

6. 警戒与治安

为保障现场应急救援工作的顺利开展，在事故现场周围建立警戒区域，实施交通管制，维护现场治安秩序是十分必要的，其目的是防止与救援无关的人员进入事故现场，保障救援队伍、物资运输和人群疏散等的交通畅通，并避免发生不必要的伤亡。

7. 人群疏散与安置

人群疏散是减少人员伤亡扩大的关键，也是最彻底的应急响应。应当对疏散的紧急情况和决策、预防性疏散准备、疏散区域、疏散距离、疏散路线、疏散运输工具、安全庇护场所以及回迁等做出详细的规定和细致的准备，应考虑疏散人群的数量、所需要的时间、风向等环境变化以及老弱病残等特殊人群的疏散等问题。对已实施临时疏散的人群，要做好临时生活安置，保障必要的水、电、卫生等基本条件。

8. 医疗与卫生

对受伤人员采取及时、有效的现场急救，合理转送医院进行治疗，是减少事故现场人员伤亡的关键。对于涉及危险物质的事故，医疗人员必须了解主要的化学危险，并经过培训，掌握对危险化学品受伤害人员进行正确消毒和治疗的方法。

9. 公共关系

重大事故发生后，不可避免地会引起新闻媒体和公众的关注。应将有关事故的信息、影响、救援工作的进展等情况及时向媒体和公众公布，以消除公众的恐慌心理，避免公众的猜疑和不满。应保证事故和救援信息的统一发布，明确事故应急救援过程中对媒体和公众的发言人和信息批准、发布的程序，避免信息的不一致性；同时，还应处理好公众的有关咨询、接待和受害者家属的安抚。

10. 应急人员安全

生产安全事故尤其是涉及危险物质的重大事故，其应急救援工作危险性极大，必须对应急人员自身的安全问题进行周密地考虑，其中包括安全预防措施、个体防护装备、现场安全监测等，明确紧急撤离应急人员的条件和程序，以保证应急人员免受事故的伤害。

11. 消防和抢险

消防和抢险是应急救援工作的核心内容之一，其目的是尽快地控制事故的发展，防止事故蔓延和进一步扩大，从而最终控制事故，并积极营救事故现场的受害人员。尤其是涉及危险物质的泄漏、火灾事故，其消防和抢险工作的难度和危险性十分巨大，应对消防和抢险的器材和物资、人员的培训、方法和策略以及现场指挥等做好周密的安排和准备。

12. 泄漏物控制

危险物质的泄漏以及溶解了有毒蒸气的灭火用水，都可能对环境造成重大影响；同时也会给现场救援工作带来更大的危险，因此，必须对危险物质的泄漏物进行控制，其中包括对泄漏物的围堵、收容和清消，并进行妥善处置。

### （五）现场恢复

现场恢复是在事故被控制住后所进行的短期恢复，从应急过程来说意味着应急救援工作的结束，进入到另一个工作阶段，即将现场恢复到一个基本稳定的状态。大量的经验教训表明，在现场恢复的过程中往往仍存在潜在的危险，如余烬复燃、受损建筑倒塌等，因此应充分地考虑现场恢复过程中的危险，制定现场恢复程序，防止事故的再次发生。

### （六）预案管理与评审

应急预案是应急救援工作的规范性文件，在事故管理方面具有权威性。应当对应急预案的制定、修改、更新、批准和发布做出明确的规定，并保证定期或在应急演练、应急救援后对应急预案进行评审，针对实际情况的变化以及预案中所暴露出的缺陷，不断地更新、完善和改进应急预案文件体系。

## 四、应急预案的基本结构与内容

### （一）应急预案的基本结构

不同的应急预案由于所处的层次和适用的范围不同，在内容的详略程度和侧重点上也会有所不同，但都可以采用相似的基本结构。采用基于应急任务或功能的预案编制，即一个基本预案加上应急功能设置、特殊风险预案、标准操作程序和支持附件构成综合预案，可保证各种类型预案之间的协调性和一致性。

1. 基本预案

基本预案是应急预案的总体描述，主要阐述了应急预案所要解决的紧急情况、应急的组织体系、方针、应急资源、应急的总体思路，并明确各应急组织在应急准备和应急行动中的职责以及应急预案的演练和管理等规定。

2. 应急功能设置

尽管各类事故的起因不同，但其后果和影响却大同小异。应急功能是对在各类重大事故应急救援中通常都要采取的一系列基本的应急行动和任务而编写的计划，如指挥和控制、警报、通信、人员疏散、人员安置、医疗等。它着眼于对突发事故响应时所要实施的紧急任务。由于应急功能是围绕应急行动的，因此它们的主要对象是那些任务执行机构。针对每一应急功能应明确其针对的形势、目标、负责机构和支持机构、任务要求、应急准备和操作程序等。应急预案中包含的功能设置的数量和类型因地方差异会有所不同，主要取决于所针对的潜在事故类型，以及生产经营单位的应急组织方式和运行机制等具体情况。

3. 特殊风险预案

特殊风险预案是根据事故的特征，需要对应急功能做出针对性安排的风险。应急管理部门应考虑当地地理、社会环境和经济发展等因素，根据其可能面临的潜在风险类型，说明处置此类风险应该设置的专有应急功能或有关应急功能所需的特殊要求，明确这些应急功能的责任部门、支持部门、有限介入部门以及它们的职责和任务，为该类风险的专项预案制定提出特殊要求和指导。

4. 标准操作程序

由于基本预案、应急功能设置并不说明各项应急功能的实施细节，各应急功能的主要责任部门必须组织制定相应的标准操作程序，为应急组织或个人提供履行应急预案中规定职责和任务的详细指导。标准操作程序应保证与应急预案的协调和一致性，其中重要的标准操作程序可作为应急预案附件或以适当方式引用。

5. 支持附件

主要包括应急救援的有关支持保障系统的描述及有关的附图表等。

## （一）应急预案的基本内容

应急预案为有效地预防和控制可能发生的事故，最大限度地减少事故及其造成损害而预先制定的工作方案。其核心内容应包括以下内容：

（1）对紧急情况或事故灾害及其后果的预测、辨识和评价。

（2）应急各方的职责分配。

（3）应急救援行动的指挥与协调。

（4）应急救援中可用的人员、设备、设施、物资、经费保障和其他资源，包括社会和外部援助资源等。

（5）在发生紧急情况或事故灾害时保护生命、财产和环境安全的措施。

（6）现场恢复。

（7）其他方面。如应急培训和演练规定、法律法规要求、预案的管理等。

按照应急预案的基本结构，预案各部分的基本内容如下：

1. 基本预案

1）预案发布令

由主要负责人为应急预案签署发布令，援引国家、省和城市相应法律和规章的授权规定，宣布应急预案生效。其目的是要明确实施应急预案的合法授权，保证应急预案的权威性。

主要负责人要督促各应急机构完善内部应急响应机制，制定标准操作程序，积极参与培训、演练和预案的编制与更新等。

2）应急机构署名页

在应急预案中，也可以包括各有关应急机构及其负责人的署名页，表明各应急机构对应急预案编制的参与和认同，以及对履行所承担职责的承诺。

3）术语与定义

列出应急预案中需要明确的术语、定义的解释和说明。

4）相关法律法规

列出国家和地方相关的法律法规依据。

5）方针与原则

列出应急预案所针对的事故（或紧急情况）类型、适用的范围和救援任务以及应急管理和应急救援的方针和指导原则。

方针与原则应体现应急救援的优先原则，如保护人员安全优先，防止和控制事故蔓延优先，保护环境优先；此外，方针与原则还应体现事故损失控制、预防为主、常备不懈、高效协调以及持续改进的思想。

6）危险分析与环境综述

列出所面临的潜在重大危险及后果预测，给出当地的地理、气象、人文等有关环境信息，具体包括以下内容：

（1）主要危险物质的种类、数量及特性，包括使用数量大或范围广的危险物质。

（2）重大危险源的数量及分布。

（3）危险物质运输路线分布。

（4）潜在的重大事故、灾害类型、影响区域及后果。

（5）区域人口、地形地貌、河流、交通干道等。

（6）常年季节性的风向、风速、气温、雨量及其他可能对事故造成影响的气象条件。

（7）重要保护目标的划分与分布情况。

（8）可能影响应急救援工作的不利条件。

7）应急资源

对应急资源保障等方面做出相应的管理规定，并列出可用的应急资源情况及其来源的总体情况，包括以下内容：

（1）应急力量的组成、各自的应急能力及分布情况。

（2）各种重要应急设施（设备）、物资的准备情况。

（3）上级救援机构或邻近单位可用的应急资源。

8）机构与职责

列出在事故应急救援中承担职责的所有应急机构和部门、负责人及其候补负责人、联络方式，明确其在应急准备、应急响应和应急恢复各个阶段中的职责，其包括：主要负责人（如矿长）；应急管理部门；应急中心；应急救援专家组；医疗救治（通常由医院、急救中心和军队医院组成）；消防与抢险（公安消防队、专业抢险队、有关企业的工程抢险队、军队防化兵和工程兵等）；监测组织（环保监测站、卫生防疫站、军队防化侦察分队、气象部门等）；公众疏散组织（公安、交通、民政部门和街道居委会等）；警戒与治安组织（公安部门、武警、军队、联防等）；洗消去污组织（公安消防队伍、环卫队伍、军队防化部队等）；后勤保障组织（物资供应、交通、通信、民政、公共基础设施等）；其他，如新闻媒体、广播电视、学校、重大危险源单位等。

9）教育、培训与演练

为全面提高应急能力，应对公众教育、应急训练和演练做出相应的规定，主要包括其内容、计划、组织与准备、效果评估等。

公众教育的基本内容包括：潜在的重大危险、事故的性质与应急特点、事故警报与通知的规定、基本防护知识，撤离的组织、方法和程序；在污染区行动时必须遵守的规则；自救与互救的基本常识；简易消毒方法等。

应急训练包括：基础培训和训练、专业训练、战术训练及其他训练等。

应急演练的具体形式既可以是桌面演练，也可以是功能演练和全面演练。

10）与其他应急预案的关系

明确本预案与其他应急预案的关系，列出本预案可能用到的其他应急预案。

11）互助协议

列出与相邻单位签署的正式互助协议，明确可提供的互助力量（消防、医疗、检测、物资、设备、技术等）。

12）预案管理

应急预案的管理应明确以下几点：

①负责组织应急预案的编制、修改及更新的部门；

②预案的审查、批准程序；

③建立预案的修改记录，包括修改日期、已修改的页码、签名等；

④建立预案的发放记录，及时对已发放的预案进行更新；

⑤对应急预案进行定期和不定期评审，保证持续改进的规定。

2.应急功能设置

1）接警与通知

应明确24 h报警（应急响应）电话，建立接警和事故通报程序，列出所有通知对象的电话清单或无线频率，将事故信息及时通报给当地及上级有关应急部门、政府机构、相邻地区等。为做到迅速准确地询问事故的有关信息，应预先设计事故基本信息表，以快速获取所需的事故信息。

2）指挥与控制

指挥与控制是保证高效和有条不紊地开展事故现场应急救援工作的关键，在该功能中应明确：现场指挥部的设立程序；现场指挥官的职责和权利；指挥系统（谁指挥谁、谁与谁配合、谁向谁报告）；启动应急中心的标准；现场指挥部与各应急队伍之间通信网络的建立；启用现场外应急队伍的方法；事态评估与应急决策的程序；现场指挥与应急中心指挥的衔接；针对事故不同的严重程度而确定的响应级别。

3）警报和紧急公告

包括在发生紧急事故时，如何向公众发出警报，包括什么时候，谁有权决定启动警报系统，各种警报信号的不同含义，警报系统的协调使用，可使用的警报装置的类型和位置，以及警报装置覆盖的地理区域。如果可能，应指定备用措施。在警报器发出警报的同时，应进行应急广播，向公众发布紧急公告，传递紧急事故的有关重要信息。例如，对生命健康的危害，自我保护措施，疏散路线和庇护所位置等。

在建立和实施警报与紧急公告功能时，还应考虑下列情况：

①警报盲区；

②有特殊需要的团体，例如听力障碍、语言不通的外籍人员或特殊场所（例如学校、医院、疗养院、精神病院、监狱、拘禁场所等）；

③可能遭受事故影响的相邻地区；

④除了利用警报器和紧急广播系统外，还应考虑组织消防、公安部门和志愿组织使用机动方式（如广播车）辅助发出警报和紧急公告。

4）通信

应急通信是有效开展应急响应的基本保证，指挥现场的应急行动，及时地把现场的应急状况向外部通报，接受外部的应急指示以及向外部应急组织求援等都离不开通信保障。该部分既要说明应急中心、事故现场指挥及应急队伍、各应急部门的控制中心、人员安置场所、广播电台、电视台、医院和救护车派遣点、相邻地区和军事设施、省及国家有关政府部门和应急机构之间的通信方法，同时也要说明主要通信系统的来源、使用、维护以及应急通信需求的详细情况等。充分考虑紧急状态的通信能力和保障，建立备用的通信系统，保证全天候持续工作的通信能力。

在应急行动中，所有直接参与或者支持应急行动的组织（消防部门、公安部门、公共建设工程、应急中心、应急管理机构、公共信息以及医疗卫生部门等）都应做到以下几点：

①维护自己的通信设备和应急通信系统，按照已建立的程序与在现场行动的组织成员之间通信，并保持与应急中心的通信联络；

②准备在必要时启动备用的通信系统，使用移动电话或者便携式无线通信设备，提供与应急中心和人员安置场所之间的备用通信连接；

③恢复正常运转时或者保管前对所有通信设备进行清洁、维修和维护。

不同的应急组织有可能使用不同的无线频率，为保证在应急过程中所有组织之间准确有效地通信，应当做出特别规定。可以考虑建立统一的"现场"指挥无线频率，至少应该在执行类似功能的组织之间建立一个无线通信网络。在易燃易爆危险物品事故中，所有的通信设备都必须保证本质安全。

5）事态监测与评估

事态监测与评估在应急决策中起着重要作用。消防、抢险和应急人员的安全，公众的就地保护措施或疏散，食物和水源的使用，污染物的围堵收容和清消，人群返回等都取决于对事故性质、事态发展的准确监测和评估。监测活动包括：事故规模及影响边界，气象条件，对食物、饮用水、卫生以及水体、土壤、农作物等的污染，可能的二次反应有害物，爆炸危险性和受损建筑垮塌危险性以及污染物质滞留区等。

在该应急功能中应明确以下内容：

①由谁来负责监测与评估活动；

②现场监测方法及监测仪器设备的准备；

③实验室化验及检验支持；

④监测点的设置及现场工作及报告程序。

6）警戒与治安

为确保现场应急救援工作的顺利开展，在事故现场周围建立警戒区域，实施交通管制。该项功能的具体职责如下：

（1）实施交通管制，对危害区外围的交通路口实施定向、定时封锁，严格控制进出事故现场的人员，避免出现意外的人员伤亡或引起现场的混乱。

（2）指挥危害区域内人员的撤离，保障车辆的顺利通行，指引不熟悉地形和道路情况的应急车辆进入现场，及时疏通交通堵塞。

（3）维护撤离区和人员安置场所的社会治安，保卫撤离区内和各封锁路口附近的重要目标和财产安全，打击各种犯罪分子。

（4）除上述职责以外，警戒人员还应该协助发出警报、现场紧急疏散、人员清点、传达紧急信息以及事故调查等。

在该部分应明确承担上述职责的组织及其指挥系统，该职责一般由公安、交通、武警部门负责，必要时，可启用联防、驻军和志愿人员，对已确认的可能发生重大事故的地点，应标明周围的控制点。由于警戒和治安人员往往是第一个到达现场，必须按规定对他们进行有关培训，并列出警戒人员的个体防护装备。

7）人群疏散

当事故现场周围地区人群的生命可能受到威胁时，将受威胁人群及时疏散到安全区域是减少事故人员伤亡的关键。事故的大小、强度、爆发速度、持续时间及其后果严重程度是实施人群疏散应予以考虑的一个重要因素，它将决定撤退人群的数量、疏散的可用时间以及确保安全的疏散距离。人群疏散可由公安、民政部门和街道居民组织抽调力量，负责具体实施，必要时可吸收工厂、学校中的骨干力量或志愿者组织参加。

对人群疏散所做的规定和准备应包括以下内容：

（1）针对不同的疏散规模或现场紧急情况的严重程度，明确谁有权发布疏散命令。

（2）明确需要进行人群疏散的紧急情况和通知疏散的方法。

（3）对预防性疏散的规定。

（4）列举有可能需要疏散的地区（例如位于生产、使用、运输、存储危险物品企业的周边地区等）。

（5）对疏散人群数量、所需的警报时间、疏散时间以及可用的疏散时间的估测。

（6）对疏散路线、交通工具、搭乘点、目的地（及其备用方案）所做的安排，以及确保人群疏散路线的道路、桥梁等的结构安全。

（7）对疏散人群的交通控制、引导、自身防护措施、治安，避免恐慌情绪所做的安排。

（8）对需要特殊援助的群体的考虑，例如：老人、残疾人、学校、幼儿园、医院、疗养院、监管所等。

（9）对人群疏散进行跟踪、记录（疏散通知、疏散数量，在人员安置场所的疏散人数等）。

8）人群安置

为妥善照顾已疏散人群，政府应负责为已疏散人群提供安全的临时安置场所，并保障其基本生活需求。该部分应明确以下内容：

（1）什么条件下需要启用临时安置场所，谁有权启用。

（2）可用的临时安置场所。

（3）为临时安置场所的食品、水、电和通信保障所做的安排。

（4）需要进行安置的人群数量估测。

（5）对临时安置场所的治安、医疗、消毒和卫生服务安排，考虑需要特殊照顾的人群。

（6）保证每个临时安置场所都有清晰、可识别的标志和符号。

9）医疗与卫生

及时有效的现场急救和转送医院治疗是减少事故现场人员伤亡的关键。在该功能中应明确针对有可能发生的重大事故，为现场急救、伤员运送、治疗及卫生监测等所做的准备和安排，主要包括：可用的急救资源列表，如急救中心、救护车和急救人员；医院、职业中毒治疗医院及烧伤等专科医院的列表；抢救药品、医疗器械、消毒、解毒药品等的城市内、外来源和供给；建立与上级及外部医疗机构的联系与协调，其中包括危险化学品应急抢救中心、毒物控制中心等；针对主要的化学危险为急救人员和医疗人员提供培训的安排和要求，保证其掌握正确的消毒和治疗的方法，以及个人安全措施；指定医疗指挥官，建立现场急救和医疗服务的统一指挥、协调系统；建立现场急救站，设置明显的标志，保证现场急救站的安全以及空间、水、电等基本条件保障；建立对受伤人员进行分类急救、运送和转送医院的标准操作程序，建立受伤人员治疗跟踪卡，保证受伤人员都得到正确及时地救治，并合理转送到相应的医院；记录汇总伤亡情况，通过公共信息机构向新闻媒体发布受伤、死亡人数等信息，并协助公共信息机构满足公共查询的需要；建立和维护现场通信，保持与应急中心、现场总指挥的通信联络，与其他应急队伍（消防、公安、公共工程等）协调工作；保障现场急救和医疗人员个人安全的措施；卫生（水、食物污染等）和传染病源监测机构（如卫生防疫站、疾控中心、检疫机构、预防医学中心等）及可用的监测设备和检测方案。

10）公共关系

该应急功能负责与公众和新闻媒体的沟通，向公众和社会发布准确的事故信息、人员伤亡情况以及政府已采取的措施。在该应急功能中，应明确：①信息发布的审核和批准程序，保证发布信息的统一性，避免出现矛盾信息；②指定新闻发言人，适时举行新闻发布会，准确发布事故信息，澄清事故传言；③为公众了解事故信息、防护措施以及查找亲人下落等相关咨询提供服务安排；④接待、安抚死者及受伤人员的家属。

11）应急人员安全

应急响应人员自身的安全是重大工业事故应急预案应予以考虑的一个重要因素，在该应急功能中，应明确保护应急人员安全所做的准备和规定，包括以下内容：

①应急队伍或应急人员进入和离开现场的程序，包括向现场总指挥报告、有关培训确认等；

②根据事故的性质，确定个体防护等级，合理配备个人防护设备。此外，在收集到事故现场更多的信息后，应重新评估所需的个体防护设备，以确保正确选配和使用个体防护设备；

③应急人员消毒设施及程序；

④对应急人员有关保证自身安全的培训安排，主要包括各种情况下的自救和互救措施，正确使用个体防护设备等。

12）消防与抢险

消防与抢险在重大事故应急救援中对控制事态的发展起着决定性的作用，承担着火灾扑救、救人、破拆、堵漏、重要物资转移与疏散等重要职责。该应急功能应明确以下几点：

①消防、事故责任单位、市政及建设部门、当地驻军（包括防化部队）等的职责与任务；

②消防与抢险的指挥与协调；

③消防及抢险力量情况；

④可能的重大事故地点的供水及灭火系统情况；

⑤针对事故的性质，拟采取的扑救和抢险对策和方案；

⑥消防车、供水方案或灭火剂的准备；

⑦堵漏设备、器材及堵漏程序和方案；

⑧破拆、起重（吊）、推土等大型设备的准备。

13）泄漏物控制

在危险物质泄漏事故中，泄漏物的控制对防止环境污染，保障现场安全，防止事故影响扩大都是至关重要的。泄漏物控制主要包括泄漏物的围堵、收容和洗消去污。

14）现场恢复

现场恢复指将事故现场恢复到相对稳定、安全的基本状态。应避免现场恢复过程中可能存在的危险，并为长期恢复提供指导和建议。该部分应包括以下内容：

①撤点、撤离和交接程序；

②宣布应急结束的程序；

③重新进入和人群返回的程序；

④现场清理和公共设施的基本恢复；

⑤受影响区域的连续检测；

⑥事故调查与后果评价。

3. 特殊风险管理

在特殊风险管理中，应列出各类潜在的重大事故风险，说明各类重大事故风险应急管理所需的专有应急功能（如预警）和对其他相关应急功能的特殊要求，明确各应急功能的主要负责部门、有关支持部门以及这些部门的职责和任务。

4. 标准操作程序

标准操作程序的作用是为应急组织或个人履行应急功能设置中规定的职责和任务提供详细指导。编制标准操作程序应符合下述基本要求：

①应由该应急功能的责任部门组织编制，并由应急预案管理部门组织评审并备案；

②应通过简洁的语言说明操作程序的目的、执行主体、时间、地点、任务、步骤和方式，并提供所需的检查表和附图表；检查表直观简洁地列出了每一应急任务和步骤，实际上操作程序本身也应采取检查表的主体形式，以便快速行动或核对每一个重要任务或步骤的执行情况；

③应采用统一格式编制各项应急功能的标准操作程序；

④应按照应急准备、初期响应、扩大应急和应急恢复四阶段描述程序中规定的各项任务；

⑤应与应急功能设置中有关各部门职责和任务的内容一致；

⑥应规定相关部门执行程序时应保存的记录，包括保存样式和期限。标准操作程序的描述应简单明了，一般包括目的与适用范围、职责、具体任务说明或步骤，标准操作程序本身也应尽量采用检查表的形式，对每一步留有记录区，供逐项检查核对时做标记使用。

5. 支持附件

应急预案支持附件中应包括以下几方面：

（1）危险分析附件：重大事故灾害影响范围预测；重大危险源登记表与分布；重要防护目标一览表与分布；事故后果预测与评估模型；其他危险分析资料等。

（2）通信联络附件：本地所有应急机构、应急组织、应急设施、关键应急人员和专家的名录及通信联络方式和备用联络方式；外部可利用应急机构的通信联络方式和备用联络方式。

（3）法律法规附件：我国有关重大事故应急的法律、法规、规章和标准；我国有关重大事故应急的文件、技术规范和指南性材料；国际上有关重大事故应急的公约、建议书和技术指南等。

（4）应急资源附件：城市专兼职消防力量分布，包括各消防力量能力描述及联络方式；医疗救护机构分布及医疗救护能力信息；应急物资、设施、设备的类型、数量、所有人或供应方联络方式及储存地点；通信及数据信息传递系统；警报系统分布及覆盖范围；避难及被疏散人员安置场所分布等。

（5）教育、培训、训练和演练附件：教育、培训、训练和演练计划；应急人员培训考核大纲；其他有关重大事故应急教育、培训、训练和演练的工作安排。

（6）技术支持附件：应急信息管理系统；应急决策支持系统；危险化学品数据库；事故案例库；其他技术支持附件。

（7）协议附件：主要由事故应急管理部门与其他灾害应急管理部门或机构签署的互助协议组成。

（8）其他支持附件：上述支持附件以外的信息。

# 第二节　煤矿事故应急预案编制

## 一、应急预案编制程序

### （一）应急预案编制遵循的总则

（1）贯彻"以人为本"原则，体现风险管理理念，尽可能地避免或减少损失，特别是生命损失，保障公共安全。

（2）按照"分级负责"原则，实行分级管理，明确职责与责任追究制。

（3）强调"预防为主"原则，通过对可能发生的突发事件的深入调查分析，事先制定减少和应对突发公共事件发生的对策。

（4）突出"可操作性"原则，预案以文字和图表形式表达，形成书面文件。
（5）力求"协调一致"原则，预案应和本地区、本部门其他相关预案协调。
（6）实行"动态管理"原则，预案应根据实际情况变化适时修订，不断补充完善。

依据如上的编制原则，生产经营单位编制应急预案的程序包括成立应急预案编制工作组、资料收集、风险评估、应急能力评估、编制应急预案和应急预案评审6个步骤。

### （二）成立应急预案编制工作组

生产经营单位应结合本单位部门职能和分工，成立以单位主要负责人（或分管负责人）为组长，单位相关部门人员参加的应急预案编制工作组，明确工作职责和任务分工，制定工作计划，组织开展应急预案编制工作。

### （三）资料收集

应急预案编制工作组应收集与预案编制工作相关的法律法规、技术标准、应急预案、国内外同行业企业事故资料，同时收集本单位安全生产相关技术资料、周边环境影响、应急资源等有关资料。

### （四）风险评估

主要内容如下：
（1）分析生产经营单位存在的危险因素，确定事故危险源。
（2）分析可能发生的事故类型及后果，并指出可能产生的次生、衍生事故。
（3）评估事故的危害程度和影响范围，提出风险防控措施。

### （五）应急能力评估

在全面调查和客观分析生产经营单位应急队伍、装备、物资等应急资源状况基础上开展应急能力评估，并依据评估结果，完善应急保障措施。

### （六）编制应急预案

依据生产经营单位风险评估及应急能力评估结果，组织编制应急预案。应急预案编制应注重系统性和可操作性，做到与相关部门和单位应急预案之间的衔接工作。

### （七）应急预案评审

应急预案编制完成后，生产经营单位应组织评审。评审分为内部评审和外部评审，内部评审由生产经营单位主要负责人组织有关部门和人员进行。外部评审由生产经营单位组织外部有关专家和人员进行评审。应急预案评审合格后，由生产经营单位主要负责人（或分管负责人）签发实施，并进行备案管理。

## 二、应急预案体系

应急预案的编制必须基于事故风险的分析结果、应急资源的需求和现状以及有关的法律法规要求。此外，编制预案时应充分地收集和参阅已有的应急预案，尽可能地减小工作量和避免应急预案的重复和交叉，并确保与其他相关应急预案的协调性和一致性。

预案编制小组在设计应急预案编制方案时应考虑以下内容：

（1）合理组织。应合理地组织预案的章节，以便每个读者都能快速地找到各自所需要的信息，避免从一堆不相关的信息中去查找。

（2）连续性。保证应急预案每个章节及其组成部分在内容上的相互衔接，避免内容出现明显的位置不当。

（3）一致性。保证应急预案的每个部分都采用相似的逻辑结构。

（4）兼容性。应急预案应尽量采取与上级机构一致的格式，以便各级应急预案能更好地协调和对应。

### （一）应急预案的体系构成

生产经营单位的应急预案体系主要由综合应急预案、专项应急预案和现场处置方案构成。生产经营单位应根据本单位组织管理体系、生产规模、危险源的性质以及可能发生的事故类型确定应急预案体系，并可根据本单位的实际情况，确定是否编制专项应急预案。风险因素单一的小微型生产经营单位可只编写现场处置方案。

1. 综合应急预案

综合应急预案是生产经营单位应急预案体系的总纲，主要从总体上阐述事故的应急工作原则，包括生产经营单位的应急组织机构及职责、应急预案体系、事故风险描述、预警及信息报告、应急响应、保障措施、应急预案管理等内容。如：某某煤矿生产安全事故综合应急预案。

2. 专项应急预案

专项应急预案是生产经营单位为应对某一类型或某几种类型事故，或者针对重要生产设施、重大危险源、重大活动等内容而制定的应急预案。专项应急预案主要包括事故风险分析、应急指挥机构及职责、处置程序和措施等内容。如：某某煤矿瓦斯爆炸事故应急预案。

3. 现场处置方案

现场处置方案是生产经营单位根据不同事故类别，针对具体的场所、装置或设施所制定的应急处置措施，主要包括事故风险分析、应急工作职责、应急处置和注意事项等内容。生产经营单位应根据风险评估、岗位操作规程以及危险性控制措施，组织本单位现场作业人员及相关专业人员共同编制现场处置方案。如：某某煤矿掘进工作面透水事故现场处置方案。

### （二）综合应急预案主要内容

1. 总则

1）编制目的

简述应急预案编制的目的。

2）编制依据

简述应急预案编制所依据的法律、法规、规章、标准和规范性文件以及相关应急预案等。

3）适用范围

说明应急预案适用的工作范围和事故类型、级别。

4）应急预案体系

说明生产经营单位应急预案体系的构成情况，可用框图形式表述。

5）应急工作原则

说明生产经营单位应急工作的原则，内容应简明扼要、明确具体。

2. 事故风险描述

简述生产经营单位存在或可能发生的事故风险种类、发生的可能性以及严重程度及影响范围等。

3. 应急组织机构及职责

明确生产经营单位的应急组织形式及组成单位或人员，可用结构图的形式表示，明确构成部门的职责。应急组织机构根据事故类型和应急工作需要，可设置相应的应急工作小组，并明确指出各小组的工作任务及职责。

4. 预警及信息报告

1）预警

根据生产经营单位监测监控系统数据变化状况、事故险情紧急程度和发展势态或有关部门提供的预警信息进行预警，明确预警的条件、方式、方法和信息发布的程序。

2）信息报告

按照有关规定，明确事故及事故险情信息报告程序，主要包括以下内容：

①确定报警系统及程序；

②确定现场报警方式，如电话、警报器等；

③确定 24 h 与相关部门的通信联络方式；

④明确相互认可的通告、报警形式与内容；

⑤明确应急反应人员向外求援的方式。

3）信息接收与通报

明确 24 h 应急值守电话、事故信息接收、通报程序和责任人。

4）信息上报

明确事故发生后向上级主管部门或单位报告事故信息的流程、内容、时限和责任人。

5）信息传递

明确事故发生后向本单位以外的有关部门或单位通报事故信息的方法、程序和责任人。

5. 应急响应

1）响应分级

针对事故危害程度、影响范围和生产经营单位控制事态的能力，对事故应急响应进行分级，明确分级响应的基本原则。

2）响应程序

根据事故级别和发展态势，描述应急指挥机构启动、应急资源调配、应急救援、扩大应急等响应程序。

3）处置措施

针对可能发生的事故风险、事故危害程度和影响范围，制定相应的应急处置措施，明确处置原则和具体要求。

4）应急结束

明确现场应急响应结束的基本条件和要求。

6. 信息公开

明确向有关新闻媒体、社会公众通报事故信息的部门、负责人和程序以及通报原则。

7. 后期处置

主要明确污染物处理、生产秩序恢复、医疗救治、人员安置、善后赔偿、应急救援评估等内容。

8. 保障措施

1）通信与信息保障

明确与可为本单位提供应急保障的相关单位或人员通信联系方式和方法，并提供备用方案；与此同时，建立信息通信系统及维护方案，确保应急期间信息通畅。

2）应急队伍保障

明确应急响应的人力资源，主要包括应急专家、专业应急队伍、兼职应急队伍等。

3）物资装备保障

明确生产经营单位的应急物资和装备的类型、数量、性能、存放位置、运输及使用条件、管理责任人及其联系方式等内容。

4）其他保障

根据应急工作需求而确定的其他相关保障措施（如：经费保障、交通运输保障、治安保障、技术保障、医疗保障、后勤保障等）。

9. 应急预案管理

1）应急预案培训

明确对本单位人员开展的应急预案培训计划、方式和要求，使有关人员了解相关应急预案内容，熟悉应急职责、应急程序和现场处置方案。如果应急预案涉及社区和居民，要做好宣传教育和告知等工作。

2）应急预案演练

明确生产经营单位不同类型应急预案演练的形式、范围、频次、内容以及演练评估、总结等要求。

3）应急预案修订

明确应急预案修订的基本要求，并定期进行评审，实现可持续改进。

4）应急预案备案

明确应急预案的报备部门，并进行备案。

5）应急预案实施

明确应急预案实施的具体时间、负责制定与解释的部门。

### （三）专项应急预案主要内容

1. 事故风险分析

针对可能发生的事故风险，分析事故发生的可能性以及严重程度、影响范围等。

2. 危急指挥机构及职责

根据事故类型，明确应急指挥机构总指挥、副总指挥以及各成员单位或人员的具体职责。应急指挥机构可以设置相应的应急救援工作小组，明确各小组的工作任务以及主要负责人的职责。

3. 处置程序

明确事故及事故险情信息报告程序和内容，报告方式和责任人等内容。根据事故响应级别，具体描述事故接警报告和记录、应急指挥机构启动、应急指挥、资源调配、应急救援、扩大应急等应急响应程序。

4. 处置程序

针对可能发生的事故风险、事故危害程度和影响范围，制定相应的应急处置措施，明确处置原则和具体要求。

### （四）现场处置方案主要内容

1. 事故风险分析

主要包括以下内容：

（1）事故类型。

（2）事故发生的区域、地点或装置的名称。

（3）事故发生的可能时间、事故的危害严重程度及其影响范围。

（4）事故前可能出现的征兆。

（5）事故可能引发的次生、衍生事故。

2. 应急工作职责

根据现场工作岗位、组织形式及人员构成，明确各岗位人员的应急工作分工和职责。

3. 应急处置

主要包括以下内容：

（1）事故应急处置程序。根据可能发生的事故及现场情况，明确事故报警、各项应急措施启动、应急救护人员的引导、事故扩大及同生产经营单位应急预案的衔接程序。

（2）现场应急处置措施。针对可能发生的火灾、爆炸、危险化学品泄漏、坍塌、水患、机动车辆伤害等，从人员救护、工艺操作、事故控制、消防、现场恢复等方面制定科学合理的应急处置措施。

（3）明确报警负责人以及报警电话及上级管理部门、相关应急救援单位联络方式和联系人员，事故报告基本要求和内容。

4. 注意事项

主要包括以下内容：

（1）佩戴个人防护器具方面的注意事项。

（2）使用抢险救援器材方面的注意事项。

（3）采取救援对策或措施方面的注意事项。

（4）现场自救和互救的注意事项。

（5）现场应急处置能力确认和人员安全防护等事项。

（6）应急救援结束后的注意事项。

（7）其他需要特别警示的事项。

## 第三节　煤矿事故应急预案管理

应急预案的管理主要包括：应急预案的评审与发布、应急预案的备案。

### 一、应急预案的评审与发布

#### （一）应急预案的评审

为确保应急预案的科学性、实用性以及与实际情况的符合性，预案编制单位或管理部门应依据我国有关应急的方针、政策、法律、法规、规章、标准和其他有关应急预案编制的指南性文件与评审检查表，组织开展预案评审工作，取得政府有关部门和应急机构的认可。

1. 评审方法

应急预案评审采取形式评审和要素评审两种方法。形式评审主要用于应急预案备案时的评审，要素评审用于生产经营单位组织的应急预案评审工作。应急预案评审可以采用符合、基本符合、不符合三种意见进行评判。对于基本符合和不符合的项目，应给出具体修改意见或建议。

（1）形式评审。依据《导则》和有关行业规范，对应急预案的层次结构、内容格式、语言文字、附件项目以及编制程序等内容进行审查，重点审查应急预案的规范性和编制程序。应急预案形式评审的具体内容及要求。

（2）要素评审。依据国家有关法律法规、《导则》和有关行业规范，从合法性、完整性、针对性、实用性、科学性、操作性和衔接性等方面对应急预案进行评审。为细化评审，采用列表方式分别对应急预案的要素进行评审。在评审时，将应急预案的要素内容与评审表中所列要素的内容进行对照，判断是否符合相关要求，并指出存在的问题及不足。应急预案要素分为关键要素和一般要素。

2. 评审要点

应急预案评审应坚持实事求是的工作原则，结合生产经营单位工作实际，按照《导则》和有关行业规范，从以下七个方面进行评审：

（1）合法性。符合有关法律、法规、规章和标准，以及有关部门和上级单位规范性文件要求。

（2）完整性。具备《导则》所规定的各项要素。

（3）针对性。紧密结合本单位危险源辨识与风险分析。

（4）实用性。切合本单位工作实际，与生产安全事故应急处置能力相适应。

（5）科学性。组织体系、信息报送和处置方案等内容科学合理。

（6）操作性。应急响应程序和保障措施等内容切实可行。

（7）衔接性。综合、专项应急预案和现场处置方案形成体系，并与相关部门或单位应急预案相互衔接。

### （二）应急预案的发布

事故应急预案经评审通过后，应由主要负责人签署发布，并报送上级政府有关部门和应急机构备案。

## 二、应急预案的备案

应急预案的备案管理是提高应急预案编写质量，规范预案管理，解决预案相互衔接的重要措施之一。有关规定如下：

（1）地方各级安全生产监督管理部门的应急预案，应当报同级人民政府和上一级安全生产监督管理部门备案，其他负有安全生产监督管理职责的部门的应急预案，应当抄送同级安全生产监督管理部门。

（2）中央管理的总公司（总厂、集团公司、上市公司）的综合应急预案和专项应急预案，报国务院国有资产监督管理部门、国务院安全生产监督管理部门和国务院有关主管部门备案；其所属单位的应急预案分别抄送所在地的省、自治区、直辖市或者设区的市人民政府安全生产监督管理部门和有关主管部门备案。

（3）其他生产经营单位中涉及实行安全生产许可的，其综合应急预案和专项应急预案，按照隶属关系报所在地县级以上地方人民政府安全生产监督管理部门和有关主管部门备案；未实行安全生产许可的，其综合应急预案和专项应急预案的备案，由省、自治区、直辖市人民政府安全生产监督管理部门确定。

（4）煤矿企业的综合应急预案和专项应急预案除按照有关规定报安全生产监督管理部门和有关主管部门备案外，还应当抄报所在地的煤矿安全监察机构。

（5）生产经营单位申请应急预案备案，应当提交以下材料：
①应急预案备案申请表；
②应急预案评审或者论证意见；
③应急预案文本及电子文档。

（6）受理备案登记的安全生产监督管理部门应当对应急预案进行形式审查，经审查符合要求的，予以备案并出具应急预案备案登记表；不符合要求的，不予备案并说明理由。对于实行安全生产许可的生产经营单位，已经进行应急预案备案登记的，在申请安全生产许可证时，可以不提供相应的应急预案，而仅需提供应急预案备案登记表。

（7）各级安全生产监督管理部门应当指导、督促检查生产经营单位做好应急预案的备案登记工作，建立应急预案备案登记建档制度。

## 第四节 煤矿事故应急培训与演练

### 一、应急培训的原则和范围

为提高应急救援人员的技术水平与应急救援队伍的整体能力，以便在事故的应急救援行动中，达到快速、有序、有效的效果，经常性地开展应急救援培训、训练或演练，应成为应急救援队伍的一项重要的日常性工作。

应急救援培训与演练的指导思想应以加强基础、突出重点、边练边改、逐步提高为原则。

应急培训与演练的基本任务是锻炼和提高队伍在突发事故情况下的快速抢险救援，及时营救伤员，正确指导和帮助群众防护或撤离，有效消除危害后果，开展现场急救和伤员转送等应急救援技能和应急反应综合素质，有效降低事故危害，减少事故损失。

应急培训的范围应包括以下内容：
①政府主管部门的培训；
②企业全员的培训；
③专业应急救援队伍的培训。

## 二、应急培训的基本内容

基本应急培训是指对参与应急行动所有相关人员进行的最低程度的应急培训，要求应急人员应充分了解和掌握如何识别危险、如何采取必要的应急措施、如何启动紧急情况警报系统、如何抢救遇险人员等基本操作。因此，在培训中要加强操作类训练，强调危险物质事故的不同应急水平和注意事项等内容，主要包括以下几方面：

①报警；

②疏散；

③应急培训；

④不同水平应急者培训。

在具体培训中，通常将应急者分为5种水平，即初级意识水平应急者；初级操作水平应急者；危险物质专业水平应急者；危险物质专家水平应急者；事故指挥者水平应急者。每一种水平都有相应的培训要求。

## 三、应急演练的目的与原则

应急演练是应急管理的重要环节，在应急管理工作中发挥着十分重要的作用。通过开展应急演练，可以实现评估应急准备状态，发现并及时修改应急预案、执行程序等相关工作的缺陷和不足；评估事件应急能力，识别应急资源需求，明确相关机构、组织和人员的职责，改善不同机构、组织和人员之间的协调问题；检验应急响应人员对应急预案、执行程序的了解程度和实际操作技能，评估应急培训效果，分析培训需求；同时，作为一种培训手段，通过调整演练难度，可以进一步提高应急响应人员的业务素质和能力；促进职工、媒体对应急预案的理解，争取他们对应急工作的支持。

1. 应急演练的目的

（1）检验预案。通过开展应急演练，查找应急预案中存在的问题，进而完善应急预案，提高应急预案的实用性和可操作性。

（2）完善准备。通过开展应急演练，检查应对突发事件所需应急队伍、物资、装备、技术等方面的准备情况，发现不足应及时予以调整补充，并做好应急准备工作。

（3）锻炼队伍。通过开展应急演练，增强演练组织单位、参与单位和人员等对应急预案的熟悉程度，提高其应急处置能力。

（4）磨合机制。通过开展应急演练，进一步明确相关单位和人员的职责任务，理顺工作关系，完善应急机制。

（5）科普宣教。通过开展应急演练，普及应急知识，提高职工风险防范意识和自救互救等灾害应对能力。

2.应急演练原则

（1）结合实际、合理定位。紧密结合应急管理工作实际，明确演练目的，根据资源条件确定演练方式和规模。

（2）着眼实战、讲求实效。以提高应急指挥人员的指挥协调能力、应急队伍的实战能力为着眼点。重视对演练效果及组织工作的评估、考核，总结推广好的经验，及时地整改存在的问题。

（3）精心组织、确保安全。围绕演练目的，精心策划演练内容，科学设计演练方案，周密组织演练活动，制定并严格遵守有关安全措施，以确保演练参与人员及演练装备设施的安全。

（4）统筹规划、厉行节约。统筹规划应急演练活动，适当开展跨地区、跨部门、跨行业的综合性演练，充分利用现有资源，努力提高应急演练效益。

## 四、应急演练的类型

应急演练可以根据不同的标准进行分类，不同类型的演练可相互组合。

1.按演练内容分类

应急演练按照演练内容分为单项演练和综合演练。

（1）单项演练。单项演练是指只涉及应急预案中特定应急响应功能或现场处置方案中一系列应急响应功能的演练活动。注重针对一个或少数几个参与单位（岗位）的特定环节和功能进行检验。

（2）综合演练。综合演练是指涉及应急预案中多项或全部应急响应功能的演练活动。注重对多个环节和功能进行检验，特别是对不同单位之间应急机制和联合应对能力的检验。

2.按演练形式分类

按照演练形式分为桌面演练和现场演练。

（1）桌面演练。桌面演练是指参演人员利用地图、沙盘、流程图、计算机模拟、视频会议等辅助手段，针对事先假定的演练情景，讨论和推演应急决策及现场处置的过程，从而促进相关人员掌握应急预案中所规定的职责和程序，提高指挥决策和协同配合能力。桌面演练通常在室内完成。

（2）现场演练。现场演练是以现场实战操作的形式开展的演练活动。参演人员在贴近实际状况和高度紧张的环境下，根据演练情景的要求，通过实际操作完成应急响应任务，以检验和提高相关应急人员的组织指挥、应急处置以及后勤保障等综合应急能力。

## 五、应急演练的组织与实施

完整的应急演练包括计划、准备、实施、评估总结和改进5个阶段。

计划阶段的主要任务：明确演练需求，提出演练的基本构思和初步安排。

准备阶段的主要任务：完成演练策划，编制演练总体方案及其附件，进行必要的培训和预演，同时做好各项保障工作安排。

实施阶段的主要任务：按照演练总体方案完成各项演练活动，为演练评估总结收集信息。

评估总结阶段的主要任务：评估总结演练参与单位在应急准备方面的问题和不足，明确改进的重点，提出相应的改进计划。

改进阶段的主要任务：按照改进计划，由相关单位实施落实，并对改进效果进行监督审查。

## （一）计划

演练组织单位在开展演练准备工作前应先制定演练计划。演练计划是有关演练的基本构想和对演练准备活动的初步安排，一般包括演练的目的、方式、时间、地点、日程安排、演练策划领导小组和工作小组构成、经费预算和保障措施等。

在制定演练计划过程中需要确定演练目的、分析演练需求、确定演练内容和范围、安排演练准备日程、编制演练经费预算等。

### 1. 梳理需求

演练组织单位根据自身应急演练年度规划和实际情况需要，提出初步演练目标、类型、范围，确定可能的演练参与单位，并与这些单位的相关人员充分沟通，进一步明确演练需求、目标、类型和范围。

（1）确定演练目的，归纳提炼举办应急演练活动的原因、演练要解决的问题和期望达到的预期效果等。

（2）分析演练需求，首先是在对所面临的风险及应急预案进行认真分析的基础上，发现可能存在的问题和薄弱环节，确定需加强演练的人员、需锻炼提高的技能、需测试的设施装备、需完善的突发事件应急处置流程和需进一步明确的职责等。然后仔细了解过去的演练情况：哪些人参与了演练、演练目标实现的程度、有什么经验与教训、有什么改进、是否进行了验证。

（3）确定演练范围，根据演练需求及经费、资源和时间等条件的限制，确定演练事件类型、等级，地域，演练方式，参与演练的机构、人数。

事件类型、等级：根据需求分析结果确定需要演练的事件。

地域：选择一个现实可行的地点，并考虑交通和安全等因素。

演练方式：考虑法律法规的规定、实际的需要、人员参与情况、工作经费准备等因素，确定最适合的演练形式。

参与演练的机构、人数：根据需要演练的事件和演练方式，列出需要参与演练的机构和人员，以及确定是否涉及社会公众。

### 2. 明确任务

演练组织单位根据演练需求、目标、类型、范围和其他相关需要，明确细化演练各阶段的主要任务，安排日程计划，主要包括各种演练文件编写与审定的期限、物资器材准备的期限、演练实施的日期等。

3. 编制计划

演练组织单位负责起草演练计划文本，计划内容应包括：演练目的需求、目标、类型、时间、地点、演练准备实施进程安排、领导小组和工作小组构成、预算等。

4. 计划审批

演练计划编制完成后，应按相关管理要求，呈报上级主管部门批准。演练计划获准后，按计划开展具体演练准备工作。

（二）准备

演练准备阶段的主要任务是根据演练计划成立演练组织机构，设计演练总体方案，并根据需要针对演练方案进行培训和预演，为演练实施奠定基础。

演练准备的核心工作是设计演练总体方案。演练总体方案是对演练活动的详细安排。

演练总体方案的设计一般包括确定演练目标、设计演练情景与演练流程、设计技术保障方案、设计评估标准与方法、编写演练方案文件等内容。

1. 成立演练组织机构

演练应在相关预案确定的应急领导机构或指挥机构领导下组织开展。演练组织单位要成立由相关单位领导组成的演练领导小组，通常下设策划部、保障部和评估组。对于不同类型和规模的演练活动，其组织机构和职能可以进行适当的调整。演练组织机构的成立是一个逐步完善的过程，在演练准备过程中，演练组织机构的部门设置和人员配备及分工可根据实际需要随时调整，在演练方案审批通过之后，最终的演练组织机构才得以确立。

1）演练领导小组

演练领导小组负责应急演练活动全过程的组织领导，审批决定演练的重大事项。演练领导小组组长一般由演练组织单位或其上级单位的负责人担任；副组长一般由演练组织单位或主要协办单位负责人担任；小组其他成员一般由各演练参与单位相关负责人担任。

2）策划部

策划部负责应急演练策划、演练方案设计、演练实施的组织协调、演练评估总结等工作。策划部设总策划、副总策划，下设文案组、协调组、控制组、宣传组等。

3）保障部

保障部负责调集演练所需物资装备，购置和制作演练模型、道具、场景，准备演练场地，维持演练现场秩序，保障运输车辆，保障人员生活和安全保卫等，其成员一般是演练组织单位及参与单位后勤、财务、办公等部门人员，常称为后勤保障人员。

4）评估组

评估组负责设计演练评估方案和编写演练评估报告，对演练准备、组织、实施及其安全事项等进行全过程、全方位评估，及时向演练领导小组、策划部和保障部提出意见、建议，其成员一般是应急管理专家、具有一定演练评估经验和突发事件应急处置经验的专业人员,常称为演练评估人员。评估组可由上级部门组织,也可由演练组织单位自行组织,或由受邀承担评估工作的第三方机构组织组成。

5) 参演队伍和人员

参演队伍包括应急预案规定的有关应急管理部门(单位)的工作人员、各类专兼职应急救援队伍以及志愿者队伍等。参演人员承担具体演练任务,针对模拟事件场景做出应急响应行动。有时也可使用模拟人员替代未参加现场演练的单位人员,或模拟事故的发生过程,如释放烟雾、模拟泄漏等。

演练组织机构的部门设置和人员配备及分工可根据实际需要随时调整,在演练方案审批通过之后,最终的演练组织机构才得以确立。

2. 确定演练目标

演练目标是为了实现演练目的而需要完成的主要演练任务及其效果。演练目标一般需说明"由谁在什么条件下完成什么任务,依据什么标准或取得什么效果"。

演练组织机构召集有关方面和人员,商讨确认范围、演练目的需求、演练目标以及各参与机构的目标,并进一步商讨,为确保演练目标实现而在演练场景、评估标准和方法、技术保障及对演练场地等方面应满足的要求。

演练目标应简单、具体、可量化、可实现。一次演练一般有若干项演练目标,每项演练目标都要在演练方案中有相应的事件和演练活动予以实现,并在演练评估中有相应的评估项目判断该目标的实现情况。

3. 演练情景事件设计

演练情景事件是为演练而假设的一系列突发事件,为演练活动提供初始条件并通过一系列的情景事件,引导演练活动继续直至演练完成。其设计过程包括:确定事件类型,专家研讨,收集相关素材,结合演练目标、设计备选情景事件,研讨修改确认可用的情景事件,各情景事件细节的确定。

演练情景事件设计必须做到真实合理,在演练组织过程中需要根据实际情况不断修改完善。演练情景可通过《演练情景说明书》《演练情景事件清单》加以描述。

4. 演练流程设计

演练流程设计是按照事件发展的科学规律,将所有情景事件及相应应急处置行动按时间顺序有机衔接的过程。其设计过程包括:确定事件之间的演化衔接关系;确定各事件发生与持续时间;确定各参与单位和角色在各场景中的期望行动以及期望行动之间的衔接关系;确定所需注入的信息及注入形式。

5. 技术保障方案设计

为保障演练活动顺利实施,演练组织机构应安排专人根据演练目标、演练情景事件和演练流程的要求,预先进行技术保障方案设计。当技术保障因客观原因确难实现时,可及时向演练组织机构相关负责人反映,提出对演练情景事件和演练流程的相应修改建议。当演练情景事件和演练流程发生变化时，技术保障方案必须依据需要进行适当调整。

6. 评估标准和方法选择

演练评估组召集有关方面和人员，根据演练总体目标和各参与机构的目标以及演练的具体情景事件、演练流程和技术保障方案，商讨确定演练评估标准和方法。

演练评估应以演练目标为基础。每项演练目标都要设计合理的评估项目方法和标准。根据演练目标的不同，可以用选择项（如："是/否"判断，多项选择）、主观评分等方法进行评估。

为了便于演练评估操作，通常事先设计好评估表格，主要包括演练目标、评估方法、评价标准和相关记录项等。有条件时还可以采用专业评估软件等工具。

7. 编写演练方案文件

文案组负责起草演练方案相关文件。演练方案文件主要包括演练总体方案及其相关附件。根据演练类别和规模的不同，演练总体方案的附件一般有演练人员手册、演练控制指南、技术保障方案和脚本、演练评估指南、演练脚本和解说词等。

8. 方案审批

演练方案文件编制完成后，应按相关管理要求，报有关部门审批。对综合性较强或风险较大的应急演练，在方案报批之前，要由评估组组织相关专家对应急演练方案进行评审，确保方案科学可行。

演练总体方案获准后，演练组织机构应根据领导出席情况，细化演练日程，拟定领导出席演练活动安排。

9. 落实各项保障工作

为了按照演练方案顺利安全实施演练活动，应切实做好人员、经费、场地、物资器材、技术和安全等方面的保障工作。

1）人员保障

演练参与人员一般包括演练领导小组、演练总指挥、总策划、文案人员、控制人员、评估人员、保障人员、参演人员、模拟人员等，有时还会有观摩人员等其他人员。在演练的准备过程中，演练组织单位和参与单位应合理安排工作，保证相关人员参与演练活动的时间；通过组织观摩学习和培训，提高演练人员的基本素质和技能。

2）经费保障

演练组织单位每年要根据具体应急演练方案规划编制应急演练经费预算，纳入单位的年度财政（财务）预算，并按照演练需要及时拨付经费。对经费使用情况进行监督检查，确保演练经费专款专用、节约高效。

3）场地保障

根据演练方式和内容，经现场勘察后选择合适的演练场地。桌面演练一般可选择在会议室或应急指挥中心等；实战演练应选择与实际情况相似的地点，并根据需要设置指挥部、集结点、接待站、供应站、救护站、停车场等设施。演练场地应有足够的空间，良好的交通、生活、卫生和安全条件，尽量避免干扰公众生产生活。

4）物资和器材保障

根据需要，准备必要的演练材料、物资和器材，制作必要的模型设施等，主要包括：信息材料、物资设备、通信器材和演练情景模型等。

5）技术保障

根据技术保障方案的具体需要，保障应急演练所涉及的有线通信、无线调度、异地会商、移动指挥、社会面监控、应急信息管理系统等技术支撑系统的正常运转。

6）安全保障

应急演练组织单位要高度重视应急演练组织与实施全过程的安全保障工作。在应急演练方案编制中，应充分考虑应急演练实施中可能面临的风险，制定详细的应急演练安全保障措施或方案。大型或高风险应急演练活动要按规定制定专门应急预案，采取必要的预防和控制措施。

10. 培训

为了使演练相关策划人员及参演人员熟悉演练方案和相关应急预案，明确其在演练过程中的角色和职责，在演练准备过程中，可根据需要对其进行适当培训。

在演练方案获准后至演练开始前，所有演练参与人员都要经过应急基本知识、演练基本概念、演练现场规则、应急预案、应急技能及个体防护装备使用等方面的培训。对控制人员进行岗位职责、演练过程控制和管理等方面的培训；对评估人员进行岗位职责演练评估方法、工具使用等方面的培训；对参演人员进行应急预案、应急技能及个体防护装备使用等方面的培训。

11. 预演

对大型综合性演练，为确保演练活动顺利实施，可在前期培训的基础上，在演练正式实施前，进行一次或多次预演。预演遵循先易后难、先分解后合练、循序渐进的原则。预演可以采取与正式演练不同的形式，演练正式演练的某些或全部环节。大型或高风险演练活动，要结合预先制定的专门应急预案，对关键部位和环节可能出现的突发事件进行针对性演练。

（三）实施

演练实施是对演练方案付诸行动的过程，同时也是整个演练程序中的核心环节。

1. 演练前检查

演练实施当天，演练组织机构的相关人员应在演练开始前提前到达现场，对演练所用的设备设施等情况进行检查，确保其正常工作。

按照演练安全保障工作安排，对进入演练场所的人员进行登记和身份核查，防止无关人员进入。

2. 演练前情况说明和动员

导演组完成事故应急演练准备，以及对演练方案、演练场地、演练设施、演练保障措施的最后调整后,应在演练前夕分别召开控制人员、评估人员、演练人员的情况介绍会,确保所有演练参与人员了解演练现场规则以及演练情景和演练计划中与各自工作相关的内容。演练模拟人员和观摩人员一般参加控制人员情况介绍会。

导演组可向演练人员分发演练人员手册,说明演练适用范围、演练大致日期(不说明具体时间)、参与演练的应急组织、演练目标的大致情况、演练现场规则、采取模拟方式进行演练行动等信息。在演练过程中,如果某些应急组织的应急行为由控制人员或模拟人员以模拟方式进行演示,则演练人员应了解这些情况,并掌握相关控制或模拟人员的联系方式,以免演练时与实际应急组织发生联系。

3. 演练启动

演练目的和作用不同,演练启动形式也有所差异。示范性演练一般由演练总指挥或演练组织机构相关成员宣布演练开始并启动演练活动。检验性和研究性演练一般在到达演练时间节点,演练场景出现后,自行启动。

4. 演练执行

演练组织形式不同,其演练执行程序也有差异。

1)实战演练

应急演练活动一般始于报警消息,在此过程中,参演应急组织和人员应尽可能地按实际紧急事件发生时的响应要求进行演示,即"自由演示",由参演应急组织和人员根据自己关于最佳解决办法的理解,对情景事件做出响应行动。

演练过程中参演应急组织和人员应遵守当地相关的法律法规和演练现场规则,确保演练安全进行,如果演练偏离正确方向,控制人员可以采取"刺激行动"以纠正错误。"刺激行动"包括终止演练过程,使用"刺激行动"时应尽可能平缓,以诱导方法纠偏,只有对背离演练目标的"自由演示"才使用强刺激的方法使其中断反应。

2)桌面演练

桌面演练的执行通常是五个环节的循环往复:演练信息注入、问题提出、决策分析、决策结果表达和点评。

3)演练解说

在演练实施过程中,演练组织单位可以安排专人对演练过程进行解说。解说内容一般包括演练背景描述、进程讲解、案例介绍、环境渲染等。对于有演练脚本的大型综合性示范演练,可按照脚本中的解说词进行详细讲解。

4)演练记录

在演练实施过程中,一般要安排专门人员,采用文字、照片和音像等手段记录演练过程。文字记录一般可由评估人员完成,主要包括演练实际开始与结束时间、演练过程控制情况、各项演练活动中参演人员的表现、意外情况及其处置等内容,尤其要详细记录可能出现的人员"伤亡"(如进入"危险"场所而无安全防护,在规定的时间内不能完成疏散等)及财产"损失"等情况。

照片和音像记录可安排专业人员和宣传人员在不同现场、不同角度进行拍摄，尽可能地全方位反映演练实施过程。

5）演练宣传报道

演练宣传组按照演练宣传方案做好演练宣传报道工作。认真做好信息采集、媒体组织、广播电视节目现场采编和播报等工作，扩大演练的宣传教育效果。对涉密应急演练做好相关保密工作。

5. 演练结束与意外终止

演练完毕，由总策划发出结束信号，演练总指挥或总策划宣布演练结束。演练结束后，所有人员停止演练活动，按预定方案集合进行现场总结讲评或者组织疏散。保障部负责组织人员对演练场地进行清理和恢复。

演练实施过程中出现下列情况，经演练领导小组决定，由演练总指挥或总策划按照事先规定的程序和指令终止演练：

①出现真实突发事件，需要参演人员参与应急处置时，要终止演练，使参演人员迅速回归其工作岗位，履行应急处置职责；

②出现特殊或意外情况，短时间内不能妥善处理或解决时，可提前终止演练。

6. 现场点评会

演练组织单位在演练活动结束后，应组织针对本次演练的现场点评会，其中包括专家点评、领导点评、演练参与人员的现场信息反馈等。

## （四）评估总结

1. 评估

演练评估是指观察和记录演练活动、比较演练人员表现与演练目标要求并提出演练中发现问题的过程。演练评估目的是确定演练是否已经达到演练目标的要求，检验各应急组织指挥人员及应急响应人员完成任务的能力。要全面、正确地评估演练效果，必须在演练地域的关键地点和各参演应急组织的关键岗位上，派驻公正的评估人员。评估人员的作用主要是观察演练的进程，记录演练人员采取的每一项关键行动及其实施时间，访谈演练人员，要求参演应急组织提供文字材料，评估参演应急组织和演练人员表现并反馈演练发现。

应急演练评估方法是指演练评估过程中的程序和策略，主要包括评估组组成方式、评估目标与评估标准。评估人员较少时可仅成立一个评估小组并任命一名负责人。评估人员较多时，则应按演练目标、演练地点和演练组织进行适当的分组，除任命一名总负责人外，还应分别任命小组负责人。评估目标是指在演练过程中要求演练人员展示的活动和功能。评估标准是指供评估人员对演练人员各个主要行动及关键技巧的评判指标，这些指标应具有可测量性，或力求定量化，但是根据演练的特点，评判指标中可能出现相当数量的定性指标。

在情景设计时，策划人员应编制评估计划，列出必须进行评估的演练目标及相应的评估准则，并按演练目标进行分组，分别提供给相应的评估人员，同时给评估人员提供评价指标。

2. 总结报告

1）召开演练评估总结会议

在演练结束后一个月内，由演练组织单位召集评估组和所有演练参与单位，讨论本次演练的评估报告，并从各自的角度总结本次演练的经验教训，讨论确认评估报告内容，并讨论提出总结报告内容，拟定改进计划，落实改进责任和时限。

2）编写演练总结报告

在演练评估总结会议结束后，由文案组根据演练记录、演练评估报告、应急预案、现场总结等材料，对演练进行系统且全面的总结，并形成演练总结报告。演练参与单位也可对本单位的演练情况进行总结。

演练总结报告的内容包括：演练目的、时间和地点、参演单位和人员、演练方案概要、发现的问题与原因、经验和教训以及改进有关工作的建议、改进计划、落实改进责任和时限等。

3. 文件归档与备案

演练组织单位在演练结束后应将演练计划、演练方案、各种演练记录（包括各种音像资料）、演练评估报告、演练总结报告等资料归档保存。

对于由上级有关部门布置或参与组织的演练，或者法律、法规、规章要求备案的演练，演练组织单位应当将相关资料报有关部门备案。

（五）改进

1. 改进行动

对演练中暴露出来的问题，演练组织单位和参与单位应按照改进计划中规定的责任和时限要求，及时采取有效措施予以改进，其中包括修改完善应急预案、有针对性地加强应急人员的教育和培训、对应急物资装备有计划地更新等。

2. 跟踪检查与反馈

演练总结与讲评过程结束之后，演练组织单位和参与单位应指派专人，按规定时间对改进情况进行监督检查，确保本单位对自身暴露出的问题做出改进。

# 第九章　矿井开拓延伸与技术改造

## 第一节　矿井的采掘关系

采煤和掘进是矿井生产的两个重要环节，掘进为采煤做准备，采煤必须先掘进。"采掘并举、掘进先行"是煤炭行业的一项技术政策。必须认真制订开采和掘进计划，并且严格执行计划。

### 一、开采计划

根据实际情况，统筹安排采区及工作面的开采与接替称为开采计划，开采计划包括以下几个计划：

（1）回采工作面年度接替计划（生产计划）是根据回采工作面较长期接替计划与生产实际情况做出具体的安排。每年都要安排回采工作面的年度接替计划和掘进工程计划，落实具体的工作地点和时间。

（2）回采工作面较长期接替计划是指 5～10 a 的回采工作面接替规划，在规划中要考虑到采区与水平的接替，以确保矿井在长期生产过程中的采掘平衡与协调。

（3）采区接替计划。

#### （一）回采工作面接替计划

1，编制回采工作面接替计划的方法和步骤

（1）根据采区和工作面设计，在设计图上测算各工作面参数，并掌握煤层赋存特点和地质构造等情况。

（2）确定各工作面计划采用的采煤工艺方式，同时估算月进度、产量和可采期。

（3）根据生产工作面结束时间顺序，考虑采煤队力量的强弱，依次选择接替工作面。

（4）将计划年度内开采的所有回采工作面，按时间顺序编制成接替计划表。

（5）检查与接替有关的巷道掘进、设备安装能否按期完成，运输、通风等生产系统和能力能否适应。

2，编制回采工作面接替计划的原则及应注意的事项

（1）年度内所有进行生产的回采工作面产量总和加上掘进出煤量，必须确保矿井计划

产量的完成，并力求各月回采工作面产量均衡。

（2）矿井两翼配采的比例与两翼储量分布的比例大体一致，以防后期成单翼生产。

（3）上下煤层（包括分层）工作面之间，保持一定的错距和时间间隔；煤层之间，除间距较大或有特殊要求允许上行开采外，要按自上而下的顺序开采。

（4）在各煤层产量分配上，薄、厚煤层，缓、急倾斜煤层，煤质优劣煤层，生产条件好差煤层的工作面要保持适当的比例，并力求接替面与生产面面长一致。

（5）各回采工作面的接替时间，尽量不要重合，力求保持一定的时间间隔。特别是综采工作面，要防止两个工作面同时搬迁接替。

（6）为实现合理集中生产，尽量避免同时生产的采区数，避免工作面布置过于分散。

（7）考虑地质条件的复杂性及其他难以预测的问题，生产矿井至少要配备一个备用工作面，大型矿井需配备两个备用工作面。对需瓦斯抽放的工作面要充分瓦斯抽放时间。

### （二）采区接替计划

编制采区接替计划，应使投产采区或近期接替生产的采区准备工程量小；时间短；生产条件好；同时生产和准备的采区数目不要太多，多个采区同时生产的矿井，采区接替的时间应该错开，不宜安排在同一年度。

## 二、巷道掘进工程计划

巷道掘进工程计划是按照井田开拓方式以及采区准备方式，并根据开采计划规定的接替要求和掘进队的施工力量，安排各个巷道施工次序及时间，保证回采工作面、采区及水平的正常接替。在接替时间上要留有余地，以免发生意外情况时接替困难。具体要求如下：

（1）工作面接替提前 10~15d，完成接替工作面安装；

（2）采区减产前的 1~1.5 月，完成下个采区和接替工作面的安装；

（3）开采水平减产前的 1~1.5a，下个开采水平的安装。

### （一）方法和步骤

通常情况下，回采巷道与开拓、准备巷道分别编制掘进施工计划，原则上可按下述方法与步骤进行：

（1）根据已批准的开采水平、采区以及回采工作面设计，列出待掘进的巷道名称、类别、断面，并且在设计图上测出长度。

（2）根据掘进施工和设备安装的要求，编排各组巷道掘进必须遵循的先后顺序。

（3）依照开采计划的回采工作面、采区及开采水平接替时间的要求，再加上富余时间，确定各巷道掘完的最后期限，并根据这一要求编排各巷道的掘进先后顺序。

（4）根据现有巷道掘进情况，分派各掘进队的任务，编制各巷道掘进进度表。

（5）根据巷道掘进进度表，检查与施工有关的运输、通风、动力供应、供水等辅助生产系统能否保证，需采取什么措施，最后确定掘进工程计划。

## （二）编制巷道掘进工程计划的原则及注意事项

（1）确定连锁工程，分清各巷道掘进的先后、主次、确定施工顺序。

（2）尽快构成巷道掘进通风系统，改善施工中通风状况，便于多个掘进工作面施工工作的开展。

（3）尽快按岩巷、煤巷、半煤岩巷分别配置掘进队，施工条件要相对稳定，以利于掘进技术和速度的提高。

（4）巷道掘进工程量计算取值一般按图测算值增加10%～20%；

（5）根据当地及邻近矿井的具体条件选取巷道掘进速度，同时要考虑施工准备时间及设备安装时间，使计划切实可行。

# 第二节 矿井开拓延伸

为了确保矿井均衡生产，多水平开拓的矿井在上水平减产前就要提前完成井筒延深和下水平开拓准备工作。正确选择矿井延深方案，使矿井生产与井筒延深施工密切配合，切实处理好新旧水平的接替，是矿井延深工作中应解决的重要问题。

## 一、矿井延伸的原则和要求

新水平的开拓延伸应遵循以下原则：

### （一）提前做好准备工作

（1）地质资料。要了解和掌握新水平的煤层赋存情况、地质构造情况，要有精查地质报告。

（2）资金来源。要有经上级单位审批的新水平延深设计，列入计划并解决资金来源问题。

（3）落实队伍。完成施工场地、设备和材料的准备。

### （二）保证或扩大矿井生产能力

矿井开拓延伸时应结合矿井发展的长远规划，仔细研究煤层地质条件的变化和各生产环节之间的配合，保证维持矿井已有的生产能力，有需要和可能时，结合开拓延伸进行技术改造，提高矿井生产集中化水平，力求扩大矿井生产能力。

### （三）充分、合理地利用现有井巷设施

新水平开拓延伸应充分地利用现有井巷以及提升、运输、通风、排水等大型设备，力求减少开拓延伸的工程量和费用，缩短施工期。

### （四）积极采用新技术、新工艺和新设备

在新水平开拓延伸时，应选择先进的采掘技术，选用高效能的机械装备，使新水平技术经济效果有明显的提高。

### （五）尽可能缩短施工工期

正确选择延深施工方案，采取适当的技术措施，加强生产管理，尽可能地缩短水平延伸的施工工期，减轻正常生产与井筒延伸的相互干扰，集中有效地使用资金，以求得良好的技术经济效果。

## 二、矿井开拓延伸方案

### （一）直接延深原有井筒

这种延深方式是将主、副井直接延伸到下一开采水平。

其特点是可以充分地利用已有设备，投资少、提升单一、转换环节少、井底车场工程量小。但是延深与正常生产相互影响，矿井提升能力相对降低。

直接延深方式的适用条件如下：

（1）地质条件：地质构造及水文地质等条件不影响井筒直接延深及井底车场布置；

（2）井筒条件：井筒断面和提升设备能力均能满足延深水平生产要求；

（3）提升设备：提升设备不满足延深的需求时，可更换提升设备。

### （二）暗井延深

这种方式是利用暗立井或暗斜井开拓深部水平。

其特点是延深与生产互不干扰，原有井筒提升能力不降低，暗井的位置不受限制，可选在对开采下部煤层有利的位置上。

暗井延伸的使用条件如下：

（1）由于地质条件或技术经济等原因，原井筒不宜直接延深；

（2）用平嘛开拓的矿井，延深水平因地形限制没有开阶梯平硐的条件时，一般多采用暗斜井。

### （三）直接延深一个井筒，新打一个暗井

这种延深方式是直接延深原来的主井或副井，另一井筒采用暗井延深。介于直接延深和暗井延深方式之间。

延深，如果每个小井都各自向下延深，造成井口多、占用设备多、生产环节多、生产分散的情况，所以将几个矿井联合起来开拓延伸，进行矿井合并改造。

其特点是：深部多个矿井合并后集中延深，浅部井型小、分散，装备落后，深部储量丰富，并要改扩建的矿井。

## 三、生产水平过渡时期的技术措施

矿井的某一个开采水平开始减产直到结束,其下一个开采水平投产到全部接替生产,是矿井生产水平的过渡时期。水平过渡时期,上下两个水平同时生产,增加了提升、通风、排水的复杂性,应采取适当的技术措施,以确保矿井正常安全生产。

### (一)生产水平过渡时期的提升

生产水平过渡时期,上下两个水平都出煤,对于采用暗斜井延伸的矿井、新打井的矿井或多井筒多水平生产的矿井分别由两套提升设备担负提升任务,一般没有困难。对于延深原有井筒的矿井,尤其是用箕斗提升的矿井则不需采取下列必要的措施。

(1)利用通过式箕斗使两个水平同时出煤。通过式箕斗是指,提升上水平煤时悬臂伸出,提升下水平煤时悬臂收回让箕斗通过。这种方法提升系统单一,不增加提升工作量,但是每交换一次提升水平时,都需调整钢丝绳长度,增加了故障的概率。

(2)将上水平的煤经溜井放到下水平,在新水平集中提煤,这种方法提升系统单一,提升机运转维护条件好,但要增开溜煤井,增加了提升工程量和提升费用。

(3)上水平利用下山采区过渡。上水平开始减产时,开采1~2个下山采区,在主要生产转入下一水平后,经下山采区转为上山采区。这种方法可以推迟生产水平接替,有利于矿井延深,但采区提升运输系统前后要转换方向,要多掘进一些车场巷道。

(4)利用副井提升部分煤炭。采用这种方式时,要适当改变地面生产系统。

### (二)生产水平过渡时期的通风

生产水平过渡时期,是矿井塌方管理的关键。要保证上水平的进风和下水平的回风互不干扰,关键在于合理安排好下水平的回风系统。采取的办法如下:

(1)维护上水平的采区上山为下水平的相应采区回风;

(2)利用上水平运输大巷的配风巷作为过渡时期下水平的回风巷;

(3)采用分组集中大巷的矿井,可利用上水平上部分组集中大巷为下水平上煤组回风。

### (三)生产水平过渡时期的排水

一般采用如下排水措施:

(1)一段排水,上水平的涌水集中下水平水仓,排至地面;

(2)两段分别排水,两个水平分别设置排水系统排至地面;

(3)两段接力排水,下水平的水排到上水平水仓,然后上水平集中排至地面;

(4)两段联合排水,上下两个水平的排水管路联成一套系统,设三通阀门控制,上下水平均可利用,排水至地面。

# 第三节 矿井技术改造

技术改造的目的是：改变落后的技术面貌，提高矿井生产能力、劳动效率、资源采出率，降低成本，减轻工人劳动强度，改善劳动条件，使生产建立在更加安全的基础上，全面提高技术经济指标。

## 一、矿井改扩建

矿井改扩建的直接目的是在科学技术进步的基础上，提高矿井生产能力和技术经济指标。通常有以下几种方法：

（1）直接扩大井田范围

随着勘查工作的进行，矿井可以向深部发展，也可以向走向方向发展。

（2）相邻矿井合并改造

中小型矿井生产能力小且分散，有条件的应该合并进行改造，扩大井田储量，提高矿井生产能力。

（3）结合矿井开拓延伸进行合并改扩建

开采煤田浅部的矿井，井田范围小，当开采到深部时，结合开拓延伸，将几个中小型矿井合并改造为一个大型矿井，可以简化生产系统，减少设备使用量，有利于井上下集中生产，提高技术水平和经济效益。

## 二、合理集中生产

不断改革和创新生产矿井的开拓、准备与采煤系统，提高机械化程度，实现合理集中生产是我国煤炭生产的重要技术措施。生产集约化是指生产手段和劳动力在时间和空间上的集中。即在单位时间及较小空间上，用最少的劳动消耗，取得最大的产量和最佳的经济效果。

### （一）水平集中

水平集中主要包括两个方面：一是减少水平数目；二是开采水平内实现集中开拓。采用分组集中大巷开拓时，尽可能在一个分组内满足全矿产量。

水平合理集中生产，简化了巷道布置和生产系统，减少了初期的井巷工程量，便于生产管理，可取得很好的效果。

### （二）采区集中

提高采区生产能力，尽可能地减少矿井内同时生产的采区数目，同时应适当加大采区走向长度，增加采区的可采储量和服务年限，减少回采工作面搬迁次数，最终实现采区稳产和高产。

在开采水平内，减少矿井同采采区数，减少了大量人力、物力、财力投入，可以显著提高矿井的生产效益。

### （三）工作面集中

回采工作面合理集中生产时提高回采工作面的单产水平，尽可能地减少采区内同采工作面数目。综采采区一般以一个工作面保证采区产量，同时适当增加回采工作面长度，在条件适宜时使用对拉工作面也是回采工作面合理集中生产的有效措施。

## 三、矿井主要生产系统的技术改造

### （一）地面生产系统的改造

地面生产系统的改造主要是改善地面线路，优化地面运输和改造装载系统及地面主要设施的集中布置，提高外运能力。

### （二）矿井提升系统的改造

在矿井产量或开采深度增加后，主副井提升能力不足往往成为技术改造后矿井增加产量的瓶颈。为了提高矿井生产能力，采取如下改造措施：

（1）改装箕斗加大容量；
（2）罐笼提升改为箕斗提升；
（3）斜井串车提升改为箕斗提升或带式输送机运输；
（4）提升绞车由单机拖动改为双机拖动；
（5）加大提升速度或减少辅助时间；
（6）缩短一次提升时间和增加每日的提升时间；
（7）增加井筒数目，增加提升设备等。

### （三）大巷运输系统的改造

提高大巷运输能力的措施如下：

（1）增加机车或矿车的数目；
（2）单机牵引改双机牵引；
（3）加大机车黏着重量和矿车容积；
（4）将固定式矿车改为 3 t、5 t 容量的底卸式矿车；
（5）采用带式输送机连续运输；
（6）改换或增加电机，加快带式输送机运行速度等。

### （四）井底车场的改造及设置井底缓冲煤仓

当矿井生产能力增加而井底车场通过能力不够时，增加通过线或复线、设置新卸载线路等通过车场通过能力。

### （五）辅助运输环节的改造

煤矿采区辅助运输环节的运输能力低，占用设备和人员多，对矿井产量和效率的影响较大。采用新的技术装备，例如，采用单轨吊车、卡轨车以及齿轨车等新型辅助运输设备，可以大大地提高辅助运输能力。

### （六）通风系统的改造

通常采取如下技术措施：
（1）双通风机并联运转；
（2）更换高效主要通风机；
（3）改用大功率离心式通风机；
（4）改装叶片形状；
（5）离心式更换高效转子；
（6）优化系统，增加并联风路；
（7）改集中通风为分区式通风；
（8）修整和扩大巷道断面；
（9）开掘新风井，缩短通风风路长度；
（10）利用提升的箕斗井兼作风井等。

### （七）排水系统的改造

改造排水系统主要是简化排水系统，缩短排水管路，对两水平同时生产的矿井，改分水平排水为集中排水。下山开采涌水量较大时，改各采区单独排水为设置排水大巷集中排水或从地面打钻孔到采区实现直接排水。

## 第四节　露天开采技术

对于储量丰富、埋藏浅的煤田（或矿田）可采用剥离煤层上部覆盖岩土层的方法进行开采，这种开采方法称为露天开采。目前，我国大型的露天矿有山西平朔、内蒙古霍林河、准格尔、陕西神府等。

我国露天煤矿开采的技术发展方向是：开采规模大型化，工艺连续化，应用联合开拓方式，工艺设备大型化，加强计算机在露天矿设计、管理中的应用。

## 一、开采特点及工艺环节

1. 露天开采特点

露天开采的特点是采掘空间直接敞露于地表，为了采煤需剥离煤层上覆及其四周的土岩，采场内建立的露天沟道线路系统除担负着煤炭运输外，还需将比煤量多几倍的土岩运往指定的排土场。因而，露天开采是采煤和剥离两部分作业的总称。

2. 生产工艺环节

露天开采工艺分为主要生产环节和辅助生产环节。

主要生产环节包括以下内容：

（1）煤岩必须进行预先松碎后方能采掘。

（2）采装。利用采掘设备将工作面煤岩铲挖出来，并装入运输设备的过程。

（3）运输。采掘设备将煤岩装入运输设备后，煤被运至卸煤站或选煤厂，土岩运往指定的排土场。

（4）排土和卸煤。土岩按一定程序有计划地排弃在规定的排土场内，煤被卸至选煤厂或卸煤站。

辅助生产环节包括：动力供应、疏于及防排水、设备维修、线路修筑、移设和维修以及滑坡清理与防治等。

3. 露天开采的优缺点

露天开采与矿井开采相比较，有以下优缺点：

（1）生产规模大。

（2）生产效率高。

（3）生产成本低。露天开采成本的高低与所选择的工艺、煤岩运距、开采单位煤量所需剥离的土岩数量等有关。与矿井开采方式相比，露天开采的吨煤成本比较低。据相关数据统计，世界各地露天采煤吨煤成本约为矿井开采吨煤成本的1/2。

（4）煤炭采出率高。一般可达90%以上，还可对伴生矿产综合开发。

（5）作业空间不受限制。露天矿由于开采后形成的是敞露空间，可以选用大型或特大型的设备，因而开采强度较大。

（6）木材、电力消耗少。

（7）建设速度快，产量有保证，生产安全，劳动条件较好。

（8）占用土地多，污染环境。露天开采后的复田工程需花费相当数量的时间与资金。

（9）受气候影响大。严寒、风雪、酷暑、暴雨等外在因素会影响生产。

（10）对矿床赋存条件要求严格。露天开采范围受到经济条件限制，因此，覆盖层太厚或埋藏较深的煤层尚不能用露天开采法。

## 二、采场要素及开采工艺分类

### （一）采场要素

1. 露天开采境界及边帮要素

（1）露天开采境界

露天开采境界指露天开采终了时的空间状态。

（2）边帮

由采场四周坡面及平台组合成的表面总体。

（3）边帮角

①工作边帮角：工作帮最上台阶和最下台阶坡底线形成的假想平面与水平面的夹角。

②最终边帮角：露天采场终了时，最上台阶坡顶线和最下台阶坡底线组合成的假想平面与水平面的夹角。

2. 台阶要素

在开采过程中，为满足采运作业的需要，往往把露天采场划分为具有一定高度的水平分层，每一个分层称一个台阶。

（1）台阶坡面。台阶朝向采空区一侧的倾斜面。

（2）台阶坡面角。台阶坡面与水平面的夹角。

（3）台阶坡顶线。台阶上部平盘与坡面的交线。

（4）台阶坡底线。台阶下部平盘与坡面的交线。

（5）台阶高度：台阶上平盘与下平盘的垂直距离。

3. 开拓及开采要素

（1）出入沟：建立采场与地表运输通路的露天沟道。

（2）开段沟：开掘某标高采掘工作面的沟道。

（3）开采程序：采场内土岩的剥离和采煤工程，在空间与时间上合理配合的发展顺序。

### （二）开采工艺分类

无论是采煤或是剥离，其开采工艺都与所使用的设备有关。因此可以分为：机械开采工艺和水力开采工艺两大类。机械开采工艺在露天开采中占的比重较大，按主要采运设备的作业特征，又可以分为如下几种：

①间断式开采工艺：此种开采工艺中的采装、运输和排土作业是间断进行的。

②连续式开采工艺：该工艺在采装、运输和排卸三大主要生产环节中，物料的输送是连续的。

③半连续式开采工艺：在整个生产工艺中，一部分生产环节是间断的；另一部分生产环节是连续式的。

上述各种机械开采工艺各有其的适用条件和优点，主要是：间断式开采工艺适应于各种硬度的煤岩和赋存条件，故在我国及世界上得到广泛使用。而连续式开采工艺生产能力高，是开采工艺的发展方向，但对岩性有严格要求，一般适用于开采松软土岩。

半连续开采工艺是介于间断式和连续式工艺之间的一种方式，具有两种工艺的优点，在采深大及矿岩运送距离远的露天矿山中有很大的发展前途。

水力开采工艺主要是利用水枪冲采土岩进行剥离。运输可以是自流式，也可以利用管道加压运输至水力排土场。

上述各种开采工艺，在适宜的条件下都会产生较好的经济效益。所以，如何根据矿山条件来选择开采工艺是采矿工作者的一项重要任务。

# 第十章 煤矿环境保护

## 第一节 地表破坏及复田

### 一、地表的破坏

由于煤炭资源和土地资源在空间分布上同在一个垂直位置，地下煤层开采引起的地表沉陷、裂缝、坍塌和滑坡，使土地和农业生态受到不同程度的破坏。采煤排出的煤矸石，既压占土地，又污染环境。

煤层被采出之后形成采空区，其上覆岩层与底板岩层的原始应力平衡状态遭到破坏，从而发生移动、变形和破坏，这一过程称岩层移动。根据实际观测资料证明，上覆岩层移动稳定后，其移动、变形和破坏具有明显的分带性。采用长壁式垮落采煤法，当采深为采高的 25 倍或以上时，上覆岩层移动、变形与破坏可分为垮落带、裂缝带和弯曲下沉带。随着采空区面积的增大，岩层移动的范围也相应地增大。当采空区的面积扩大到一定范围时，岩层移动发展到地表，使地表产生移动与变形，这一过程与现象称为地表移动。当采煤工作面采完地表移动稳定后，在采空区上方地表形成沉陷的区域，称为最终移动盆地或最终下沉盆地。对于水平煤层、矩形采空区，最终移动盆地直接位于采空区上方呈椭圆形，并与采空区互相对称。当地表水位浅，地表下有隔水层时，土地塌陷会引起积水，形成人工湖，不仅村庄必须迁走，土地也无法耕作，因而开采这类村庄所压的煤炭将更加困难。

露天开采也可毁掉大量有价值的土地（露天开采时破坏土地面积为露采场的 2~11 倍，露天矿破坏的土地中排土场占到总面积的 40%~60%），使自然景观遭到破坏。所以，露天开采后的地表整治工作越来越受到人们的重视。

地下开采塌陷区由于煤矿所处的地形地貌、地下水位高低等条件的不同，塌陷后对地表破坏程度也不尽相同，一般可分为以下几种：

①丘陵地区。塌陷区地形地貌没有明显变化，不积水，塌陷影响小。我国的西北、东北和华北不少地区就属于此类地形。

②黄河以北平原区。该地区因地下水位较深，年降雨量较少，塌陷后只有局部季节性积水。例如：开滦煤矿塌陷面积中常年积水量约占 9%。

③黄淮海平原中、东部区。该区地势平坦，潜水位高，地下开采塌陷区对耕地的破坏尤为严重。由于潜水位高，地表塌陷后有大部分变成水面。

煤矿开采不仅使地表受到破坏，改变了环境景观，如平原变成高低不平的塌陷区、肥沃的农田变成沼泽等，而且生态平衡也遭到破坏，如改变了地下水系，粉尘飞扬，废水、废气渗溢等。

## 二、复田工作

所谓复田是指将已遭到破坏的土地，恢复到可供某种用途而做的工作。我国复田工作起步较晚。但是，目前复田工作已在许多矿区进行，并取得了一定成效。如山西潞安矿业集团公司王庄煤矿利用塌陷区、矸石山修建水上公园，供煤矿职工业余休闲娱乐。河北唐山、安徽淮北等坑口电站与当地煤矿合作，利用粉煤灰充填煤矿塌陷区覆土造田，在这种田地上所种的庄稼也获得好收成。

国外复田工作开展较早，矿业占用或破坏土地约有40%得到恢复，并且不少国家相继颁布了采矿环境保护的法令、条例和规程，这些法令限制了矿业对土地的侵占，并且规定由开采造成的土地破坏，必须由开采者负责恢复。

大量煤矸石除作为复田材料外，还有以下几个方面的利用途径：

1. 利用煤矸石做建筑材料

煤矸石做建筑材料，有广泛前途。煤矸石可用以代替黏土制造砖瓦，而且其中的可燃物在砖瓦制作的燃烧过程中也发挥作用，可节约煤炭。近几年来，我国在这方面发展很快，全国已有许多砖厂使用煤矸石，一年可节省因制砖所毁农田近667 hm²（1万亩），节约煤炭200万t以上。利用煤矸石做水泥，也是一项技术经济效果好的用途。这种水泥干缩率小，抗硫酸盐侵蚀能力强，水化热低，用这种水泥修建竖井井塔、矿区铁路桥梁、厂房、民用建筑工程等，效果良好。煤矸石还可代替黏土配料煅烧水泥熟料，既起黏土作用，又可节约燃料，而且水泥质量稳定。

2. 从煤矸石中提取化工产品

煤矸石除了含大量硅、铝等成分外，还含铁、钛以及微量的镓、锗、机等，同时还包括锆、铝、铀等稀有金属，由于这些元素含量极微，很难从中单独提取。比较现实的是生产硅铝材料，用盐酸和硫酸去浸渍煤矸石，从中制取结晶氧化铝、聚合铝、水玻璃和炭黑等多种产品，还可用于生产明矾、硫黄、硫酸等化工产品。

3. 利用煤矸石做燃料

对含碳量较高的煤矸石，应作为燃料充分利用。近年来随着燃烧技术的不断改善，煤矸石可用于沸腾炉和煤粉炉的燃料。燃烧后的残渣，仍有多种用途。

4. 利用煤矸石做肥料

利用煤矸石做肥料有两种途径：一种是以高温煅烧的煤矸石渣子直接做肥料；另一种

是以煤矸石为原料进行干馏造气。煤矸石在 400～600℃干馏还可回收硫黄、氨等有用物质。据研究长期施用氮、磷、钾的农田，土壤中缺乏硼、硅酸和氧化镁，而煤矸石中含有这类成分，用煤矸石制成基肥改良土壤，可提高农作物单位面积的产量。

## 第二节　煤矿大气污染与防治

### 一、煤矿大气污染与防治

#### （一）煤矿空气成分

1. 地面空气

地面空气又称为地表大气，是由于空气和水蒸气组成的混合气体，通常称为湿空气。一般将不含水蒸气的空气称为干空气。地面空气中水蒸气所占比例随地区和季节变化较大，但干空气组分相对稳定。

2. 井下空气

进入井下后的地面空气即称为矿井空气。由于受井下各种自然因素和人为因素的影响，与地面空气相比，其成分和状态将发生一系列变化，如氧气含量减少，二氧化碳含量增加，混入了各种有毒有害气体和矿尘，空气的温度、湿度、压力等物理参数发生变化等。在矿井通风中，一般把进入采掘工作面、硐室等用风地点之前，空气成分或状态变化较小的风流称为新鲜风流，简称新风，如进风井筒、水平进风大巷、采区进风上（下）山等处的风流；将经过用风地点后，空气成分或状态变化较大的风流称为污风风流，简称污风或乏风，如采掘工作面回风巷、采区回风上（下）山、矿井回风大巷、回风井筒等处的风流。尽管矿井中的空气成分有了一定的变化，但主要成分仍同地面一样，由氧气、氮气和二氧化碳等组成。

（1）氧气

氧气是一种无色、无味、无臭的气体，略重于空气（与空气的相对密度为 1.105）。氧是很活跃的化学元素，易使多种元素氧化，能助燃。更重要的是，人类要在地球上生存，就要不断地吸入氧气，呼出二氧化碳。人体维持正常生命过程所需的氧气量，取决于人的体质、精神状态和劳动强度等。

空气中的氧浓度直接影响着人体健康和生命安全。当氧浓度降低时，人体就会产生不良反应，出现各种不舒服的症状，严重时会因缺氧而死亡。

地面空气进入井下后氧气浓度降低的主要原因有：人员呼吸；煤岩、坑木和其他有机物的缓慢氧化；爆破工作；井下火灾和瓦斯、煤尘爆炸。此外，煤岩和生产过程中所产生的有毒有害气体，也会相对降低氧气浓度。

在井下通风不良的巷道中，应特别注意对氧气浓度的检查，严禁贸然进入，以防发生缺氧窒息事故。如平顶山矿区某小煤窑，因废弃巷道未及时密闭，一名矿工误入其中，导致缺氧而窒息死亡。

（2）二氧化碳

二氧化碳无色，略带酸臭味，不助燃也不能供人呼吸，微溶于水。二氧化碳比空气重（与空气的相对密度为1.52），常积聚在风速较小的巷道底板、水仓、溜煤眼、盲巷、采空区等通风不良处；在风速较大的巷道内，一般能与空气均匀混合。新鲜空气中微量二氧化碳对人体是有利的，二氧化碳对呼吸中枢神经有刺激作用，若空气中完全不含二氧化碳，则正常的呼吸功能就不能维持，所以为中毒或窒息人员输氧时，要在氧气中加入5%的二氧化碳，以刺激遇难者的呼吸机能。但是，当空气中的二氧化碳浓度过高时，将使空气中的氧气含量相对降低，轻则使人呼吸加快，呼吸量增加，严重时也能造成人员中毒或窒息。

矿井中二氧化碳的主要来源有：煤和有机物的氧化；人员呼吸；井下爆破；井下火灾；瓦斯、煤尘爆炸等。此外，在个别煤层和岩层中也能长期连续涌出二氧化碳，甚至与煤或岩石一起突然喷出，给安全生产造成严重影响。

（3）氮气

氮气是新鲜空气的主要成分，本身无色、无味、无臭，略轻于空气（与空气的相对密度为0.97），难溶于水，不助燃，无毒，不能供人呼吸。当空气中的氮气浓度增加时，会相应降低氧气浓度，人会因缺氧而窒息。在井下废弃旧巷或封闭的采空区中，有可能积存氮气。如1982年9月7日，我国某矿因矿井主要通风机停风，井下采空区的氮气大量涌出，致使采煤工作面支架安装人员缺氧窒息，造成多人伤亡事故。但利用氮气的惰性，可将其用于井下防灭火。实践证明，氮气防灭火是防治煤炭自燃的一项十分有效的技术，并得到广泛应用。

矿井中的氮气主要来源有：井下爆破和有机物的腐烂；个别煤岩层中也会有氮气涌出。

## 二、煤矿常见大气污染物性质及危害

### （一）煤矿大气污染物分类及其性质

煤矿大气污染物按其性质可分为气态污染物和气溶胶污染物两大类。

*1. 气态污染物*

气态污染物系指矿山在采矿、选矿、冶炼生产过程中产生的在常温常压下呈气态的污染物，它们以分子状态分散在空气中，并向空间的各个方向扩散，密度大于空气者下沉，密度小于空气者向上飘浮。

*2. 气溶胶污染物*

气溶胶系指沉降速度可以忽略的固体粒子、液体粒子或固体和液体粒子在气体介质中的悬浮体。按照其性质，气溶胶污染物属于气溶胶的物质有粉尘、烟尘、液滴、轻雾及雾等。矿区气溶胶成分极其复杂，含有数十种有害物质。

### （二）矿区大气污染物的危害

矿区大气污染物对人和物造成的危害是多方面的，污染物可以通过呼吸作用、水体、土壤、食物进入人体。

矿区大气污染对人体造成的危害可分为直接危害和间接危害两方面。

直接危害是进入大气中的污染物质直接通过人体的呼吸作用进入人体内，影响正常的生理功能。如人体吸入含 CO 的空气后，由于血红素与 CO 结合的亲和能力是与 $O_2$ 结合亲和能力的 250～300 倍，CO 会很快地散布到人体的各部分组织和细胞内，导致人因缺氧而引起窒息和血液中毒。

间接危害是影响矿区生态环境，破坏农作物生长，影响人们正常生活环境，对矿山造成经济损失。

## 三、煤矿井下大气污染防治

地下采矿是在有限的井巷空间内进行的，工作空间狭小，工作地点多变。矿内空气与地面相比大气对流性较差，在煤矿开采过程中产生的各种有毒有害物质对矿内空气的污染要比一般地区地面大气污染更为严重。它主要表现在粉尘的污染及有毒有害气体的污染。

### （一）井下空气中粉尘污染及危害

在煤矿井下的采煤、掘进、运输、提升等生产环节中，几乎所有的作业工序都产生着粉尘。目前，煤矿井下作业场所粉尘危害十分严重。

1. 煤矿粉尘的基本性质

（1）粉尘分散度。粉尘颗粒的大小的组成情况可以用分散度（即粒度分布）来表示。生产环境中空气动力直径小于 7.1 $\mu m$ 的尘粒，尤其是小于 2 $\mu m$ 的尘粒是引起尘肺病的主要有害粉尘。

（2）粉尘的吸附性。粉尘的吸附能力与粉尘颗粒的表面积有密切关系，分散度越大，表面积也越大，其吸附能力也增强，主要指标有吸湿性和吸毒性等。

（3）粉尘的荷电性。粉尘粒子可以带有电荷，其来源是煤岩在粉碎中因摩擦而带电，或与空气中的离子碰撞而带电。尘粒的电荷量取决于尘粒的大小，并与温度、湿度有关。温度升高时荷电量增多，湿度增高时荷电量降低。

（4）粉尘的密度。单位体积粉尘的质量称为粉尘的密度，这里指的粉尘体积，其中不包括尘粒之间的空隙，该密度称为粉尘的真密度。

（5）粉尘的安息角。又称休止角、（自然）堆积角、安置角等，是指粉尘自漏斗连续落到水平板上而堆积成的圆锥体的母线同水平面之间的夹角。粉尘的安息角是评价粉尘流动性的重要指标。

（6）煤尘的爆炸性。煤被破碎成细小的煤尘后，比表面积大大增加，系统的自由表面能也相应增加,提高了煤尘的化学活性,特别是提高了氧化发热的能力,在特定的条件下可发生爆炸。

2.煤矿粉尘的危害

煤炭行业职业危害主要包括粉尘、毒物、噪声、振动、高温高湿五大类,其中以粉尘危害造成的尘肺病最为严重。尘肺发病率高的原因:一是作业环境差,粉尘浓度普遍超标;二是接触粉尘工人多,患病人数总量大。

### (二)煤矿粉尘的防治措施

1.国外煤矿粉尘控制新技术简介

(1)国外煤尘控制技术介绍

在国外,煤矿生产作业时产生的煤尘,主要采取以下技术控制措施来降低煤尘污染的程度。

①煤层注水

煤层注水是利用水的压力,通过钻孔把水注入即将回采的煤层中,使媒体得到预先湿润,以便减少采煤时浮游煤尘的产生量。这种措施降尘效果较好,一般可降低粉尘浓度60%~90%。长钻孔注水方式具有媒体湿润均匀、湿润范围大等优点,国内外都作为主要的注水方式优先选用。国外采用注水降尘的工作面数量占总工作面数量的百分比很高,而我国采用煤层注水的工作面数量则较低。这一差距不是由于注水技术或设备所致,而是由于对治理粉尘的管理不严,对有效的注水技术措施推广不力所造成的。有些国家在煤层注水中加湿润剂或氯化钙,提高了湿润程度和降尘效果。苏联已研制出测定煤层注水前后的煤层水分的仪器。

②喷雾降尘

喷雾降尘是向浮游于空气中的粉尘喷射水雾,通过增加尘粒的重量达到降尘的目的。这一技术的关键是喷嘴要能形成具有良好降尘效果的雾流。有些国家研制出系列喷嘴,美国和苏联等国家还在确定雾流参数方面进行了大量研究,并建立了喷嘴检验中心,以确保喷嘴的生产质量和使用效果。

③除尘器除尘

采用除尘器将空气中的粉尘分离出来,从而达到净化空气的目的。目前,国外一些主要产煤国家都在煤矿井下广泛采用除尘器进行除尘。美国采用除尘风机、湿式纤维除尘器、小旋风除尘器等设备。英国在掘进巷道及掘进机上采用湿式洗涤除尘器和湿式过滤除尘器。苏联在掘进机、采煤机或急倾斜煤层、回风巷等处采用湿式旋流除尘器和吸尘泵。德国在破碎机、转载点、掘进机上采用干式布袋除尘器。国外的除尘设备一般体积大、较笨重,但除尘效率高,消音效果好,处理污染风量大。

④泡沫除尘

泡沫除尘效果好,一般可达90%以上,尤其对5 mm以下的呼吸性粉尘,除尘率可达

80%以上。泡沫除尘同喷雾洒水除尘相比，其耗水量减少 1/2 以上。这种除尘技术自 20 世纪 50 年代问世以来，在一些主要产煤国家如美国、苏联、波兰等生产中得到了广泛应用，并已研究出定型的符合安全卫生和使用要求的廉价发泡剂。根据不同的尘源要求，研究出了不同型号的泡沫除尘配套系列设备。

（2）不同作业岗位的防尘措施

①掘进机作业时的防尘

悬臂式掘进机在巷道作业时，主要的防尘措施有喷雾洒水和空气喷射器除尘。国外很多国家是将除尘器安装在掘进机上进行除尘，也有些国家如德国、奥地利是将除尘器安装在掘进机后面 20～30 m 处，当掘进机前移时，除尘器便可定期向前移动。

一般来说，在大断面巷道掘进时，采用除尘器滞后移动的方式。当工作面需要处理污染风量较少时，将除尘器安置在掘进机上的方式较多。采用这些方式，可使工作面粉尘浓度降低 90% 左右。

②打眼爆破作业的防尘

打眼爆破时能产生大量粉尘，粉尘浓度最高可达 600 mg/m³ 以上。国内外一般采用湿式打眼、爆破后喷雾洒水、水幕净化等措施。在国外，许多国家是采用湿式除尘器、水空气喷射器及环形洒水措施来净化爆破时产生的炮烟和粉尘。

③锚喷支护作业的防尘

在锚喷支护作业中可产生大量粉尘，有的高达 600 mg/m³ 以上。目前，国外多数国家是通过改进锚喷工艺来消除粉尘的产生。德国主要采用气力自动输送、机械搅拌、湿喷机喷射等措施来降低锚喷支护作业时的粉尘浓度，且都收到了较好的降尘效果。

④采煤工作面的防尘

为减少采煤工作面产生的粉尘量，除必须采用预先湿润媒体的措施外，还应采取以下防尘措施：

第一，对采煤机的截割结构选择合理的结构参数及工作参数。德国、英国等对此进行了大量的研究，找出了各参数之间的相互关系，控制了煤尘的产尘量。

第二，在采煤机上设置合理的喷雾系统。滚筒采煤机一般均安置内、外喷雾器，即从安装在滚筒上的喷嘴喷出水雾和从安装在截割部的固定箱、摇臂或挡板上的喷嘴喷出水雾进行降尘。喷嘴的布置方式及数量、喷嘴的选型、合理的喷嘴参数与降尘效果的关系都极为密切。国外对采煤机的喷嘴系统和降尘效果极为重视，严格按照喷雾参数的要求供水，因而降尘效果普遍较好。

第三，对自移式液压支架设置合理的喷雾系统。目前有些煤矿采用在控顶区内安设喷嘴的方法降低移架时产生的高粉尘浓度。在国外，有些国家已实现了降架时利用喷雾自动控制系统进行降尘。

第四，采用最佳排尘风速和合理的通风技术。最佳风速随煤的水分增加而升高，一般在 1.5～4 m/s 之间。采用下行通风可以有效地降低采煤工作面的粉尘浓度。

⑤炮采工作面的防尘

炮采工作面的防尘必须采用湿润煤体、湿式打眼、水炮泥、冲洗煤壁、转载点喷雾及采用最佳排尘风速等综合措施，才能降低作业面的粉尘浓度。

⑥装载运输时的防尘

国外一般在装岩机上安装自动喷雾洒水装置。在装车点安装自动喷雾装置．利用湿润管湿润溜煤眼中的煤，或者使用密闭罩、半密闭罩将尘源密封起来，从下部将含尘空气抽至除尘器中净化。国外一般采用康夫洛自动喷雾洒水装置，在下落煤高度大的地方，装设密闭罩或除尘器除尘，从而达到净化空气的目的。

⑦罐笼倒煤作业时的防尘

国外一般采用自动喷雾洒水措施，抑制煤尘的飞扬，还采用将产尘点完全密闭，从下部将含尘空气抽出进行净化处理，从而降低翻笼作业时扬起的大量粉尘。

（3）个体防护措施

目前，国外的个体防护用具有自吸式防尘口罩、过滤式送风防尘口罩、气流安全帽等，由于重点突出、使用面广，对保护矿工的健康起到了积极的促进作用。个体防护措施的阻尘效率高，是解决矿山粉尘危害问题的重要技术措施之一。

2.综合机械化放顶煤工作面粉尘防治技术

随着综采、综掘技术的迅猛发展，尤其是高产高效工作面和综放工作面的广泛应用，我国煤矿粉尘污染问题日趋严重，但经"八五"至"九五"期间的科技攻关，我国的防、降尘技术有了较大的发展，在综采工作面除尘及综掘面粉尘高效控制、呼吸性粉尘测试仪器的研究和推广应用等方面取得了突破性进展。

（1）综采工作面防尘技术

①煤层预湿注水技术

煤层注水是煤开采中一项有效的预防性减尘措施，早在20世纪40年代．国外已开始采用此法减尘，至今已成为美国、英国、德国、俄罗斯、比利时和波兰等主要采煤国家广泛采用的减尘措施。我国从1956年在本溪彩屯煤矿首次试验煤体预注水防尘技术，到1990年已有40%的采煤工作面实施煤体预注水防尘技术。经过多年科研实践，煤层注水预先湿润煤体已经成为我国综合防尘技术的核心，开发了长钻孔、短钻孔和深钻孔等煤层注水的成套技术，开发了水泥砂浆封孔泵．解决了封孔难的问题，提高了煤层注水降尘的效果，并研制了自动化控制的注水系统。

随着综采放顶煤技术在我国的推广应用（由于综放开采的开采厚度大多在5 m以上，最大厚度已达10 m，而一般煤层在垂直于顶板方向上的渗透性较差），传统的注水工艺已不能满足厚煤层开采的需要，"九五"期间，兖州矿业集团有限公司与煤炭科学研究总院重庆分院联合攻关，研究开发出了适合我国厚煤层开采的煤层注水技术，同时已在多个矿区取得了较好的成效。

在"九五"期间，煤炭科学研究总院与兖矿集团有限公司研制了由流量和压力传感器、比例控制阀、计算机、泵、液压系统组成的全自动控制的注水系统。煤层注水自动化控制系统与装备属于典型的机电液一体化设备，为了确保系统能够可靠工作，各子系统均具有手动和自动控制两种功能。

②采煤机防尘技术

自"八五"以来，重点开展了对采煤机、液压支架等高效治理技术的研究，先后研究出采煤机含尘气流控制、高压水外喷雾降尘技术，对液压支架、放煤口实施自动控制水喷雾降尘技术，使采煤机司机处空气中的含尘浓度在使用含尘气流控制技术和高压外喷雾降尘技术后分别下降了60%～70%和82%～93%，液压支架、放煤口自动喷雾降尘技术的使用，使放煤工操作处的总粉尘浓度和呼吸性粉尘浓度分别下降了84.7%和67.5%，使支架移架时下风流7 m处的总粉尘浓度和呼吸性粉尘浓度分别下降了74.6%和61.1%，较好地降低了含尘气流的粉尘浓度。已研究出了破碎机上使用的破碎机声波雾化降尘技术、磁化水降尘技术、预荷电喷雾降尘技术和高压喷雾降尘技术，对总粉尘和呼吸性粉尘的降尘效率分别高达85%～97.7%和87.1%～97.9%，极大地降低了破碎机工作时空气的粉尘污染。

（2）综掘工作面除尘技术

随着综掘水平的提高和掘进防尘技术的发展，粉尘治理的重点由治理总粉尘向治理呼吸性粉尘转移，先后研究成功了一些粉尘防治技术和装备。

由于湿式除尘技术与干式除尘技术相比具有投资少、体积较小的优点，因此，针对我国煤矿机掘巷道较小的特点，在进行干式除尘技术完善提高的同时，又与波兰KOMAG采矿机械化中心合作开展了适合我国煤矿机掘面生产技术条件的高效湿式除尘技术的研究，该技术主要包括高效涡流控尘装置、高效旋流除尘器及其配套移动系统。高效涡流控尘装置比原来的附壁风筒产生的附壁效应强7倍左右，控尘效果更好；高效旋流除尘器的处理风量为250～350 m³/min，工作阻力为1 800 Pa，它集多种除尘器原理于一体，对总粉尘和呼吸性粉尘除尘效率分别达到99%和94%～98%，其技术性能已接近袋式除尘器的水平，并且其脱水效果十分理想，它的研究成功使我国煤矿机掘湿式除尘技术水平上了一个新台阶。

（3）粉尘采样器

20世纪90年代以来，先后研究成功了ALN-95型粉尘粒度分布和浓度测定仪以及AZF-01型呼吸性粉尘采样器。

ALN-95型粉尘粒度分布和浓度测定仪集粉尘粒度分布和浓度测定于一体，它利用光吸收原理测定粉尘浓度，利用斯托克斯（Stokes）定律结合光吸收原理测定粉尘粒度分布，其粉尘采样、粉尘浓度和粒度分布测定的数据储存均实现了自动化。该测定仪的采样流量为15 L/min，粒度分布测定范围为1～150 m，浓度测定范围不限，目前已在我国部分煤矿中推广使用。

为了准确测定含尘空气中的呼吸性粉尘浓度，以评价呼吸性粉尘对环境污染的程度，成功研制出了 AZF-01 型呼吸性粉尘采样器,它是一种长周期呼吸性粉尘采样器,能连续工作 8 h。其呼吸性粉尘浓度测量范围达 1～300 mg/m³,采样流量为 3～4 L/min,负载阻力大于 1 000 Pa,采样准确度为 ±10%,分离效能符合 BMRC 国际标准曲线(各控测点允许偏差为 ±5%)。该仪器双薄膜泵加稳流装置的抽气系统具有采样流量稳定、负载能力大的特点,其旋转式压紧结构及水平布置的采样滤膜头解决了高浓度、长时间采集粉尘易脱落的难题。它的研究成功填补了我国便携式本质安全型、长周期定点呼吸性粉尘采样器的空白。

### (三)矿井内有毒有害气体的污染与防治

矿井内的有毒有害气体主要来源于爆破过程以及采用柴油机为动力的设备等,常见到的有一氧化碳、二氧化硫、二氧化氮、硫化氢、氨气和含氧碳氢等。对高浓度瓦斯矿井,若不及时抽放有害气体或遇上明火会发生爆炸、火灾。对矿井有毒有害气体的防治主要是改革开采工艺、加强监视和管理、减少炸药用量、及时抽采瓦斯、并做好井下作业人员的个体防护等各项工作。

## 四、煤矿地面大气污染防治

### (一)露天煤矿大气污染与防治

露天煤矿由于开采强度大、机械化程度高,在凿岩、爆破、装煤、运输等主要生产环节中,一般使用各种大型移动式机械设备,这些设备在生产过程中会产生大量的煤(粉)尘和有害气体。露天煤矿的规模越大,机械化程度越高,产生的污染物越多,矿区的污染越严重。露天采煤与井下采煤的主要不同点是:露天开采全部生产环节是在大气中进行的,所以受气象因素影响较大,有害物质易于扩散,因而影响范围较广。污染物主要是煤(粉)尘;其次是 CO 和 $NO_x$。污染源一是运输过程;二是钻机设备。

目前露天矿的运煤工具主要是火车和汽车。汽车行驶过程中造成的污染:一是汽车尾气,二是地面扬尘。其防治措施如下:

(1)沿路线铺设固定水管,每隔一定距离装设喷雾器,定时向路面喷雾洒水;

(2)利用洒水车定期向路面喷雾洒水;

(3)加强管理,定期清扫路面,定期清洗汽车;

(4)改善路面质量;

(5)运煤车辆上加盖篷布或喷洒抑尘剂;

(6)汽车装设废气净化器。

对钻机设备的防尘可采用干法、湿法除尘及干湿法除尘等。

## （二）煤矿地面贮煤场粉尘污染与防治

1. 贮煤场粉尘的产生

贮煤场广泛分布于煤炭生产、运输及使用的各个环节，受技术经济的制约，一般采用露天的形式。煤炭在堆放和装卸过程中，经常与空气产生相对运动，导致煤尘扬起，产生环境污染。

2. 贮煤场粉尘的防治

结合煤炭货场实际情况及企业的技术经济条件，对煤尘污染控制一般选择湿法防尘措施。

（1）煤堆扬尘抑制

根据煤炭货场贮量大、运转速度较快、煤堆表面经常更新的特点，采用投资较少、管理方便的喷雾洒水的防尘措施。

为提高抑尘效果，洒水雾粒直径应与煤尘颗粒相近，以便增加煤尘重量和微粒之间的相互黏结，以达到迅速沉降目的。

为保证煤堆喷洒覆盖率达到100%，喷头设置应根据煤堆形状、体积、风向、操作条件及喷头性能统筹考虑，固定布置在煤堆四周，安装高度一般为1.5 m。一般煤场喷头平面布置。

供水管网采用地下环状敷设，管径和供水压力根据煤堆堆高、喷头覆盖面积、供水量等参数计算确定，水泵流量则根据所选喷头数和喷头洒水量确定，水泵扬程应根据喷头工作压力、喷头安装高度、水泵吸水高度等参数确定。

（2）煤场设备防尘措施

煤炭货场对周围大气环境影响较大的设备是堆料机、取料机和胶带运输机。堆料机、取料机是移动设备，可采用水沟式移动洒水系统进行湿式喷雾除尘，堆料机、取料机上洒水喷头宜选用雾化喷头，以满足湿式喷雾除尘的需要。

（3）地面扬尘抑制

煤炭外运易引起煤炭撒落，从而引起地面扬尘。为杜绝或减少撒落，可在运煤车辆上加盖帆布，以阻断风力对煤的作用，以达到防尘目的。喷洒覆盖剂操作虽然方便，但成本较高，国内一般较少使用。

场内道路应经常清扫洒水，若煤炭货场场内道路较短，可采用皮管洒水，洒水抑尘效率一般可达70%~80%，若清扫后洒水，抑尘效率能达90%以上。若场内道路较长，则应配置洒水车进行防尘。

由煤场外出的汽车轮胎上携尘仅采取单一的淋水较难达到降尘要求，可在出场的必经咽喉地段采用自动冲洗槽设施。水槽宽度按单行车流量计，长度可控制在25 m左右，槽内积水厚度由溢流控制在30 cm左右为宜。在入水槽3~5 m处设置触点自动连锁喷洗装置，两侧喷嘴自动开启冲洗车轮，将轮胎携带的煤渣留在槽内，从而使车辆清洁出场，槽内煤渣由下水道排往煤场生产废水沉淀池回收。槽内储水可数日更换一次。

## 五、煤矿固体废物对大气的污染与防治

煤矿固体废物主要指采煤和选煤过程中的排弃物。

自燃对矿区大气环境影响最大，防治煤矸石山自燃的主要方法如下：

（1）降低矸石中硫铁矿和可燃物质的含量，方法是在煤矸石中筛选硫铁矿和回收低热值煤。

（2）正确选择矸石堆放形式，降低煤矸石的透气性。煤矸石堆放时最好分层堆放，层间铺上一些透气性较差的物料，层层压实，减少空气流入，控制硫铁的氧化。

（3）对已燃煤矸石山可采用注洒液法或覆盖法．扑灭燃烧火焰，然后覆土植被，以防止复燃。

（4）开展综合利用，减少矸石堆积量。

（5）煤矸石生物脱硫技术。煤矸石中广泛分布有硫化物矿物，它们在开采和选矿过程中被作为废弃物堆放在地表。由于其所赋存的环境由地下封闭的还原环境变为地表的氧化环境，易于自发发生氧化还原反应，在有雨水等液相介质作用下，其中的有害元素可以作为风化产物被淋滤、扩散、迁移而进入矿区环境水体和土壤中；另一方面，由于自燃释放的$SO_2$等气体是形成酸雨的主要物质，污染了矿区的环境。美国、英国、德国、加拿大、俄罗斯等世界主要产煤大国均十分关注煤系中硫化物矿物的环境污染问题，近年来加强了对煤矸石中硫化物中有害元素释放行为的研究。目前国内学者也从不同角度研究了硫化物矿物的氧化过程。国内外的学者在该领域主要关注的研究方向如下：

①含硫固废堆的微生态环境和结构对其中硫化物风化速率的影响；

②微生物参与下的煤矸石堆中硫化物重金属迁移机制；

③尝试对硫化物氧化的微生态环境进行人为的干涉。

# 第三节　煤矿水污染与治理

## 一、矿井水的来源

矿井水是煤矿废水的主体，在煤炭开采过程中，为确保采矿安全，需要对矿井排水和地下含水层进行预先的人工疏干。据不完全统计，目前全国煤矿矿井水的年排放量约为45亿$m^3$。

煤矿矿井水是伴随煤矿开采而产生的水体，其主要来源有以下三方面：

## （一）地下水

地下水包括煤系地层及其上覆及下伏地层中的含水层水和老窑积水，是矿井水的主要来源。矿井水的水量大小取决于煤田水文地质及地下水的补给、径流及排泄条件，与开采方法等也有一定的关系。

我国华北石炭—二叠纪煤系中的含水层以二叠系砂岩裂隙水为主，太原群薄层灰岩岩溶水次之，下伏奥陶系和寒武系灰岩中溶洞发育，富含岩溶地下水，成为采掘工程底板以下的承压含水层。含水层的水可经过断层、裂隙、天窗等途径涌入采掘巷道，涌水量一般较大，吨煤涌水量一般在 1～3m³ 之间，在大水矿区甚至造成淹井事故。

华南晚二叠煤系中主采煤层顶底板多有石灰岩，尤其是龙潭组，溶洞和裂隙发育，岩溶水是矿井水的主要来源。我国西北侏罗系为陆相沉积。煤矿区大多地处高原，大气降水和地表水向地下补给有限，矿井水较少，以裂隙水为主，孔隙水次之，无岩溶水。矿井吨煤涌水量一般在 1.6m³ 以下。

东北晚侏罗—早白垩统煤田也为陆相沉积，大部分矿井涌水主要来自第四系冲积层水和二叠系砂岩裂隙水。一般矿井吨煤涌水量在 2～3m³ 之间。

老窑积水又称为采空区水，开采历史悠久的矿区浅部分布有许多废弃的矿窑，赋存了大量积水，它们像一座座"小水库"分布于采区附近，一旦与矿井连通，短时间内便会有有大量水涌入矿井，其危害性极大。

## （二）大气降水

随着煤炭的大量开发，井下采空面积逐渐增大，围岩应力场也发生变化，顶板开始沉陷，地表出现裂缝和塌陷，大气降水有的直接通过裂缝灌入坑道，有的则沿有利于入渗的构造、裂隙及土壤等补给含水层，因此大气降水入渗补给是一种发生在流域面上的补给水源。

华北聚煤区为亚湿润—亚干旱气候带，大部分地区年降水量在 600～1 000 mm 之间，为矿井井下提供了补给水源。华南气候湿润，雨量丰沛，年降水量在 1 200～2 000 mm 之间。西北气候干旱，大部分地区年降水量在 25～100 mm 之间，地下水补给不足。

## （三）地表水

由于采矿活动进一步沟通原始构造，同时又产生了新裂隙与裂缝等次生构造，当矿区有河流、水库、水池、积水洼地等地表水体存在时，地表水就有可能沿河床沉积层、构造破碎带或产状有利于水体入渗的岩层层面补给浅层地下水，再补给煤系含水层，或通过采矿产生的裂隙直接补给矿井。

## 二、矿井水的分类

从水质处理的角度出发，可将煤矿矿井水分为洁净矿井水、高悬浮物矿井水、高矿化度矿井水、酸性矿井水和含特殊污染物矿井水五类。

## （一）洁净矿井水

洁净矿井水是相对于其他被污染的矿井水而言的，一般直接在井下涌水口通过管道抽出地表。洁净矿井水矿化度及总硬度低，pH 值接近中性，有害离子含量低微或未检出，各种理化指标符合国家饮用水标准，直接或经简单消毒即可饮用，甚至可开发为矿泉水。

## （二）高悬浮物矿井水

在煤炭开采过程中，矿井水一般含有煤粉、岩粉等固体颗粒，主要成分是煤粉。煤粉的密度一般只有 1.5 g/cm³ 远小于地表水系中泥沙颗粒物的密度（2.4 ~ 2.6 g/cm³），因此，煤矿矿井水中的悬浮物颗粒具有密度小、沉降速度慢等特点。悬浮物含量高，每升达到数千或数万毫克，但其总硬度和矿化度并不高。矿井水因含有大量的煤粉，颜色呈灰黑色。经处理后可作为饮用水源和其他用途。

## （三）高矿化度矿井水

高矿化度矿井水又称为苦咸水，含有较高的可溶性盐类及悬浮物质，含盐量大于 1 000 mg/L，甚至高达 10 000 mg/L。主要含有 $SO_4^{2-}$、$Cl^-$、$Ca^{2+}$、$K^+$、$Na^+$ 等离子，硬度较高，水质多数呈中性或偏碱，带苦涩味，少数为酸性。高矿化度矿井水又可以分为微咸水（矿化度为 1 000 ~ 10 000 mg/L）、咸水（矿化度为 10 000 ~ 50 000 mg/L）。据不完全统计，我国煤矿高矿化度矿井水含盐量一般为 1 000 ~ 4 000 mg/L，少数达 4 000 mg/L 以上。高矿化度矿井水主要分布在我国北方矿区、西部高原、黄淮海平原及华东沿海地区。

矿井水中矿化度高是由多种因素造成的，主要因素有：被采煤层中含有大量碳酸盐矿物及硫酸盐类矿物，使矿井水中 $Ca^{2+}$、$Mg^{2+}$、$SO_4^{2-}$、$Cl^-$ 等盐类离子增加；地区干旱，降雨量少，蒸发量大，地下水补给不足，促使矿井水盐分浓缩；当开采高硫煤层时，因硫化物氧化产生游离酸，再同碳酸盐矿物、碱性物质发生反应，使矿井水中 $Ca^{2+}$、$Mg^{2+}$、$SO_4^{2-}$ 等离子增加；矿区处于沿海地带，地下咸水侵入煤田。

## （四）酸性矿井水

煤矿酸性矿井水是指 pH 值小于 6.5 的矿井水，多出现在煤层及顶底板含硫量高的煤矿区。酸性矿井水不仅腐蚀排水设备，而且排到地面后还危害水生动植物及周围农作物的生长，影响水土环境。

煤层是在还原环境中聚集的，煤层及顶底板中往往含有黄铁矿（$FeS_2$），在山西阳泉的野外地质剖面中，可清晰地看到"猴石灰岩"之下煤层（线）底板中有大量的黄铁矿晶痕。酸性矿井水主要是由于开采含有黄铁矿的煤层时，黄铁矿被氧化生成亚硫酸和硫酸而使矿井水呈现酸性。

煤矿开采使得大量氧气进入井下环境，造成原处于还原状态的矿物发生氧化反应。这一过程在还原态矿物初露地表后同样发生。最常见的矿物就是硫化物类。黄铁矿是普遍存在的金属硫化物，煤层中也经常见到，与其他金属元素，如 $As, Bi, Cd, Co, Cu, Ga, In, Hg, Mo, Pb, Re, Sb, Se, Sn, Te, Zn$ 经常联系在一起。黄铁矿氧化经历了一个复杂的反应循环过程。

### （五）含特殊污染物矿井水

该类矿井水主要指含有毒、有害元素（氟和铅）或放射性元素（铀和镭）等当地煤矿特征污染物的矿井水。

## 三、煤矿废水的来源

### （一）矿井水

在矿井开拓、采掘过程中渗入、流入、涌入和溃入井巷或工作面的水，统称矿井水。矿井水的来源主要包括大气降水、地表水和地下水。地下水主要包括断层水、含水层水和采空区水等。

1. 大气降水

大气降水可沿岩石的孔隙和裂隙进入地下，或直接进入矿井。大气降水对矿井水量的影响随地区、季节、开采深度的差异而不同。一般来说，降水量小的地区，少雨的季节，开采深度较大的矿井，大气降水对矿井水量影响较小。

2. 地表水

位于矿井附近或直接分布在矿井上方的地表水体，如河流、湖泊、水库、水池等，是矿井充水的重要水源，可直接或间接地通过岩石的孔隙、裂隙等流入矿井，威胁矿井的生产安全。

3. 含水层水

在大多数情况下，大气降水与地表水先是补给含水层，然后再流入矿井。流入矿井的含水层水量包括静储量和动储量。静储量就是巷道未揭露含水层前，赋存在含水层中的地下水。如果大气降水、地表水等不断流入含水层中，使含水层的水得到新的补充，这些补给含水层的水量称为动储量。因此，属静储量的含水层水对矿井水产生初期有一定的影响，而后逐渐减弱，属动储量的含水层水对矿井生产的影响将长期存在。

4. 断层水

断层被碎带是地下水的通道和汇集带，沿断层破碎带可沟通各个含水层，并与地表水发生水力联系，形成断层水。由于巷道揭露或采掘活动破坏了围岩的隔水性能造成断层带的水涌入井下。断层水与地表水或承压含水层连通后，对矿井生产造成巨大威胁，特别是在断层交叉处最容易发生透水事故时。

5. 采空区水

采空区水又称老窑积水，就是前期生产形成的采空区及废弃巷道，由于长期停止排水而汇积的地下水。采空区水突水有以下特点：

（1）当揭露采空区水时，积水会倾泻而出，瞬时涌水量大，具有很大的破坏性。

（2）采空区水与其他水源无联系时，短期突水易于疏干；若与地表水有水力联系时，则形成稳定的充水水源，危害较大。

（3）采空区水由于长期处于停滞状态，含矿物质较多，有一定的腐蚀性。

### （二）废石场淋滤水

废石是矿山露天开采与矿井建设和开采以及选矿生产过程废弃的产物，数量巨大。煤矸石山堆放在自然环境中极易发生自燃、淋溶、扬尘等，对大气、水体以及土壤等造成严重污染，特别是大量含硫高的煤矸石由于内部黄铁矿的氧化产生酸性矿山废水，较强酸性的废水淋溶出煤矸石中的有毒重金属元素，一同渗入土壤和地下水源，对矿区及周围的居民和动植物带来直接危害。因此，控制废矿石和尾矿堆中的黄铁矿氧化、减少酸性矿山废水产生一直是有关矿业公司和环境保护工作者十分关注的问题。

煤矸石中普遍含有硫分及其他有害元素，如四川南桐煤矿矸石含硫量高达18.93%，贵州某煤矿矸石含硫量达8%~16.08%，煤矸石中的黄铁矿结核经过风化及大气降水的长期淋溶作用，形成的硫酸或酸性水及离解出的各种有毒有害元素如镉、汞、铅、砷等渗入地下，导致土壤、地表水及浅层地下水的污染；另外，自燃后的矸石山会产生$SO_2$等，遇水或淋溶后会形成亚硫酸，造成土壤酸化，严重影响植物的正常生长。在铀矿石的开采和冶炼加工中产生带有天然放射性元素如铀、镭等的废渣和尾矿等固体废物，它们是不容忽视的放射性污染源，同时与铀伴生的黄铁矿等硫化物与水、氧气等发生化学反应，特别是在氧化铁硫杆菌的作用下，生成硫酸盐和硫酸等，氧化黄铁矿等硫化物，将四价铀氧化成易溶的六价铀，同时溶解释放出许多重金属元素，从而形成酸性废水；另外，我国的铀矿山分布在全国15个省市、30多个地县境内，2/3以上的铀矿山位于山区和潮湿多雨的地方，很容易造成水环境污染。

### （三）选矿废水

选矿废水的主要来源如下：

（1）碎矿过程中湿法除尘的排水，碎矿及筛分车间、胶带走廊和矿石转运站的地面冲洗水。

（2）选矿废水。含大量悬浮物的选矿废水，通常经沉淀后澄清水回用于选矿，沉淀物根据其成分进入选矿系统后排入尾矿系统。有时选矿废水呈酸性并含有重金属离子，则需做进一步处理，其废水性质与矿山酸性废水相似，因而处理方法也相同。

（3）冷却水。碎、磨矿设备冷却器的冷却水和真空泵排水。这类废水只是水温较高，往往被直接外排或冷却后回用于选矿。

（4）石灰乳及药剂制备车间冲洗地面和设备的废水。这类废水主要含石灰或选矿药剂，应首先考虑回用于石灰乳或药剂制备，或进入尾矿系统与尾矿水一并处理。在有色金属选矿中，处理1t矿石浮选用水 4～7 m³，重浮联选用水 20～30m³，除去循环使用的水量，绝大部分消耗的水量伴随尾矿以尾矿浆的形式从选矿厂流出。尤其在浮选过程中，为了有效地将有用组分选出来，需要在不同的作业中加入大量的浮选药剂，主要有捕收剂、起泡剂、有机和无机的活化剂、抑制剂、分散剂等。其中，黄药作为选矿过程中常用的浮选药剂，是选矿废水中所含的主要污染物。黄药为淡黄色粉状物，有刺激性臭味、易分解、易溶于水，且在水中不稳定，尤其是在酸性条件下易分解；同时，部分金属离子、悬浮物、有机和无机药剂的分解物质等，都残存在选矿废弃溶液中，形成含有大量有害物质的选矿废水，直接排放该选矿废水，将对环境造成严重污染。我国矿山每年采矿与选矿排出的污水达12亿～15亿t，占有色金属工业废水的30%左右。

选矿废水中主要有害物质是重金属离子、矿石浮选时用的各种有机和无机浮选药剂。废水中还含有各种不溶解的粗粒及细粒分散杂质。选矿废水中往往含有有钠、钾、镁、钙等的硫酸盐、氯化物或氢氧化物。选矿废水中的酸主要是含硫矿物经空气氧化与水混合而形成的。选矿废水中的污染物主要有悬浮物、酸碱、重金属和砷、氟、选矿药剂、化学耗氧物质以及其他的一些污染物如油类、酚、铵等，其中重金属包括铜、铅、锌、铬、汞及砷等离子及其化合物。

## 四、煤矿废水的特点及主要污染物

### （一）煤矿废水的特点

1. 利用率低、排放量大、持续时间长

据统计，若不考虑回水利用时，每产1 t矿石，废水的排放量大约为1m³。由于我国矿山经济技术条件的制约和重视程度不够，矿井排水的处理率和利用率均较低，矿山废水的排放量大，且持续的时间也长。

2. 污染范围大，影响地区广

煤矿废水引起的污染，不仅局限于矿区本身，影响的范围远较矿区范围广。如日本足尾铜矿，由于矿山废水流出矿区，排入渡良濑川，又遇发生洪水泛滥，导致矿山的废水广为扩散，茨城、栃木、群马、埼玉四县数万公顷的农田遭受危害，废水流经之处，田园荒芜、鱼类窒息，沿岸数十万人民流离失所，无家可归。美国仅由选矿的尾矿池和废石堆所产生的化学及物理废水污染，致使14 000多千米长的河流水质恶化。在美国的阿肯色、加利福尼亚等十几个州内，主要河流都受到金属矿山废水的污染，河水中所含的有毒元素，如 $As$, $Cu$, $Pb$ 元素等，都超过了允许标准浓度。

3. 成分复杂，浓度极不稳定

煤矿废水中有害物质的化学成分比较复杂，含量变化也比较大。如选矿厂的废水中含有多种化学物质，是由于选矿时使用了大量且品种繁多的化学药剂所造成的。有的化学药剂属剧毒物质（如氰化物），有的化学药剂虽然毒性不大，但当用量过大时也会污染环境；

如大量使用捕收剂、起泡剂，会使废水中的生化耗氧量、化学需氧量急剧增高，使废水出现异臭；大量使用硫化二钠会使废水中的硫离子浓度增高；大量使用石灰等强碱性调整剂，会使废水中的 $pH$ 值超过排放标准。

## （二）煤矿废水中的主要污染物

煤矿废水中的主要污染物质，概括起来有以下四大类：

1. 有机污染物

有机污染物是指废水中所含的碳水化合物、蛋白质、脂肪、木质素等有机化合物。矿山废水池和尾矿池中植物的腐烂，可使废水中有机成分含量增高。矿山选矿厂、炼焦炉以及分析化验室排放的废水中含有酚、甲酚、萘酚等有机物，它们对水生物极为有害。

2. 油类污染物

油类污染物是矿山废水中较为普遍的污染物。当油膜厚度在 10~4cm 以上时，它会阻碍水面的复氧过程，阻碍水分蒸发及大气与水体间的物质交换，影响鱼类和其他水生物的生长繁殖。

3. 无机污染物

无机污染物主要包括 $Hg_2Cd,Pb,Cr,Cu$ 的化合物、放射性元素及砷、氟、氰化物等。

重金属的毒性大，被重金属污染的矿山排水随灌渠进入农田时，除流失一部分外，另一部分被植物吸收，剩余的大部分在泥土中聚积，当达到一定数量时，农作物就会出现病害。如土壤中含铜达 20 mg/kg 时，小麦会枯死；达到 200 mg/kg 时，水稻会枯死。此外，重金属污染了的水还会使土壤盐碱化。矿山废水中的氰化物主要来源于金属选矿及炼油、焦化、煤气工业等。例如，每吨锌、铅矿石进行浮选时，其排放的废水中割化物的平均浓度为 4~10 mg/L，高炉煤气洗涤水中盐化物的含量最高可达 31 mg/L；萤石矿的废水中含有氟化物，因为这种废水通常都是硬水，其中氟与钙或镁形成化合物沉淀下来，故毒性较小，而软水中的氟毒性却很大。

4. 酸、碱污染物

酸、碱污染是矿山水污染中较普遍的现象。如美国某水体中的酸有 70% 来自矿山排水，尤其是煤矿排放的酸性矿井水，在矿山酸性废水中，一般都含有金属和非金属离子，其质和量与矿物成分、含量、矿床埋藏条件、涌水量、采矿方法、气候变化等因素有关。

酸性废水排入水体后，使水体 pH 值发生变化，消灭或抑制细菌及微生物的生长，妨碍水体自净，还会腐蚀船舶和水中构筑物。若天然水体长期受酸碱污染，水质将逐渐酸化或碱化，从而产生生态影响。

酸、碱污染不仅改变了水体的 $pH$ 值，而且还大大地增加了水中一般无机盐和水的硬度。酸、碱与水体中的矿物相互作用产生某些盐类，水中无机盐的存在能增加水的渗透压，对淡水生物和植物生长有不良影响。

## 五、煤矿废水污染的危害

### （一）危及人体健康及动植物的生存

矿山废水对人体健康的危害主要来自两个方面：其一，水中含有的微生物和病毒，会引起各种传染病和疾病的蔓延；其二，当饮用水中含有氰化物、砷、铅、汞、有机磷等有害物质时，会引起中毒事故。如选矿后的尾矿水中所含的酚类化合物达到有害浓度时，会引起头痛、头昏、贫血、失眠以及其他神经系统症状；在含汞矿床排放的矿坑水中，汞含量若超过 0.05 mg/L 时，即能毒害人的神经系统，使脑部受损，引起四肢麻木、视野变窄、发音困难等症状；铅在水中的浓度过高，会引起淋巴癌和白血病等。

矿山水体污染严重时排入河流、湖泊，还会影响水生动植物的生长．甚至造成鱼虾绝迹。如我国江西某铜矿，由于矿区的酸性水大量排入附近的交集河，致使排放口以下 5 km 河段内，河水呈强酸性，河中鱼虾绝迹，水草不生，成为一条典型的"死河"。

### （二）危害工农业生产

矿山废水污染，对农业生产的危害也是相当严重的，尤其是酸性水侵入农田或用于灌溉会导致农作物不能正常生长，甚至枯萎死亡。如安徽某硫铁矿，雨季时从废石堆淋滤出来的酸性水，大量排入采石河并用于农田灌溉，致使河两岸农作物受到严重危害，造成绝产田 1 000 余亩，减产田 2 000 余亩。广东某铅锌矿，过去曾采用氰化钠作为铅锌分选的抑制剂，致使废水中含割浓度大大超过排放标准，先后污染农田数千余亩，并使数以万计的牲畜死亡。

矿山废水对工业生产也会带来严重危害。地面和地下水受到污染后，若使用污染水进行生产，往往会引起产品质量降低或造成设备腐蚀，如井下酸性水能严重腐蚀管道和通排设备；经酸性水长期侵蚀的混凝土或木质结构，其强度及稳定性将大大降低。

## 六、煤矿水污染处理与利用

### （一）含悬浮物矿井水的处理与利用

1. 水质特征

含悬浮物矿井水的主要污染物来自矿井水流经采掘工作面时带入的煤粒、煤粉、岩粒、岩粉等悬浮物。因此，这种矿井水多呈灰黑色，并有一定的异味，浑浊度也比较高，pH 值呈中性，含盐量小于 1 000 mg/L，金属离子含量微量或者未检出，不含有毒离子。在正常情况下，矿井水一般要在井下水仓停留 4~8 h，沉淀较大颗粒的煤粒、岩粒等。取地面蓄水池矿井水研究分析表明，其悬浮物的含量一般在 100~400 mg/L 范围内，粒径 50 $\mu$m 以下的约占 85%，颗粒物的平均密度为 1.2~1.3 g/cm³。

## （二）高矿化度矿井水的处理与利用

1. 概况

高矿化度矿井水又称苦咸水或矿井苦咸水，是指含盐量大于 1 000 mg/L 的矿井水。据不完全统计，我国煤矿高矿化度矿井水的含盐量一般在 1 000 ~ 3 000 mg/L 之间，少量达 4 000 mg/L 以上。如甘肃靖远矿务局大部分矿井的矿井水含盐量在 4 000 mg/L 以上。这类矿井水的含盐量主要来源于 $Ca^{2+}, Mg^{2+}, Na^+, K^+, SO_4^{2-} \cdot HCO_3^-, Cl^-$ 等离子，其硬度往往较高，有些矿井水硬度（以含 $CaO$ 计）可高达 1 000 mg/L。受采煤等作业的影响，这类矿井水还含有较高的煤粉、岩粉等悬浮物，浊度大。据调查分析，这类矿井水水量约占我国北方国有重点煤矿矿井涌水量的 30%，主要分布于甘肃、宁夏、内蒙古西部、新疆的大部分矿井及陕西的中部和东部、河南西部等矿区。产生高矿化度矿井水的主要原因有以下几点：

（1）西北地区降雨量少，蒸发量大，气候干旱，蒸发浓缩强烈，地层中盐分增高，地下水补给、径流、排泄条件差。

（2）当煤系地层中含有大量碳酸盐类岩层及硫酸盐薄层时，矿井水随煤层开采与地下水广泛接触，可溶性矿物溶解，使矿井水中 $Ca^{2+}, Mg^{2+}, HCO_3^-, CO_3^{2-}, SO_4^2$ 等离子含量增加。

（3）当开采高硫煤层时，因硫化物氧化产生游离酸，游离酸再与碳酸盐矿物、碱性物质发生中和反应，使矿井水中 $Ca^{2+}, Mg^{2+}, SO_4^{2-}$ 等离子含量增加。

（4）有的地区地下咸水侵入煤田，使矿井水呈高矿化度，如山东龙口一些矿井，因海水入侵，使矿井水呈高矿化度。

2. 脱盐方案的选择

高矿化度矿井水处理工艺除混凝、沉淀等工序外，其关键工序是脱盐。目前，在我国苦咸水脱盐方法主要有两种：电渗析脱盐技术和反渗透脱盐技术。电渗析脱盐技术自 20 世纪 50 年代末期引入我国以来，现已在苦咸水淡化、高中压锅炉给水处理、水污染控制等方面得到了广泛的利用。目前建成的矿井水处理站中均选择电渗析脱盐技术作为高矿化度矿井水的脱盐处理。

## （三）酸性矿井水的处理与利用

1. 酸性矿井水

酸性矿井水是指 pH 值小于 6.5 的矿井排水，一般 pH 值在 3.0 ~ 6.5 之间，总酸度高，化学组成极不稳定。在煤矿矿井水中，大约有 10% 的水是酸性水。我国南方煤矿的矿井水多呈酸性，pH 值一般在 4.5 ~ -6.5 之间，个别的 pH 值小于 3.0，这和我国南方煤的含硫量普遍较高有关。

酸性矿井水不仅腐蚀井下排水设备、钢轨及其他矿井设备，造成不应有的经济损失，而且影响井下工人的身体健康。随着酸度增高，矿井水中的某些重金属离子由不溶性化合物变为可溶性离子状态，毒性增大。煤矿的酸性矿井水中通常含有 $Fe^2$ 离子，当 $Fe^2$ 离子氧化时可消耗水中的溶解氧，降低水的自净能力，阻碍水生生物生长，降低水体的利用价值。当这些未经处理的酸性矿井水排至地面水体后，可导致地面水体的酸化。利用该类酸性矿井水灌溉时，可破坏土壤的团粒结构，使土壤板结，农作物枯黄。

酸性矿井水主要来自高硫煤的开采。空气进入煤巷后，在地下水的参与下，使煤层中或顶底板中的硫铁矿、有机硫经过化学的、生物的作用形成游离的硫酸，使矿井排水呈酸性。其主要原因有以下几点：

（1）在有氧和水的条件下，硫铁矿被氧化成硫酸和亚铁离子，在酸性条件下可进一步被氧化成三价铁离子，$Fe^{3+}$，$Fe^{3+}$，水解生成氢氧化铁，并使酸性增强。

（2）细菌对硫酸和高价铁离子的形成也有一定的促进作用，这些细菌主要包括硫杆菌、氧化亚铁硫杆菌、氧化铁硫杆菌、氧化铁的金属菌、嗜热嗜酸硫球菌及硫黄细菌等，它们在一定的 $pH$ 值和温度范围内有较强的催化氧化活力，在常温下能使硫铁矿的氧化速率提高几十倍。

（3）酸性矿井水主要是由硫酸引起的，有时也存在一些游离的二氧化碳，使矿井水呈酸性，尤其是在采空区出水和巷道墙壁渗水中 $CO_2$ 形成的酸度不能忽视。

（4）酸性矿井水的性质除和煤的存在状态、含硫量有关外，还和矿井的涌水量、密闭状态、空气流通状况、煤层倾角、开采的深度和面积、水的流动途径等地质条件及开采方法有关。矿井涌水量稳定，则水的酸性也稳定；密闭差，空气流通良好，则水的酸性较强，$Fe^{3+}$ 含量较多；开采越深，煤的含硫量越高，开采面积越大，水的流动途径越长，则氧化、水解等反应进行得越充分，水的酸性就越强，反之则弱。

2. 酸性矿井水处理方法

目前酸性矿井水几乎都是采用以石灰或石灰石作为中和剂的中和法处理，通常有直接投加石灰法、石灰石中和滚筒过滤法及升流式变滤速膨胀中和塔法、石灰石—石灰联合处理法。

（1）直接投加石灰法

石灰是一种来源方便、价格便宜的碱性物质，在煤矿酸性水中和处理中，常采用石灰为中和剂进行中和处理。

（2）石灰石中和滚筒过滤法

此法采用石灰石做中和剂与水中的硫酸在滚筒中发生反应，生成微溶的硫酸钙和易分解的碳酸，由于滤料处于不断的波动和摩擦状态，使滤料不断产生新的反应表面，从而使反应连续进行，随着水中硫酸的消耗，排水 $pH$ 值随之升高。其工艺流程如下：

①在滚筒机内石灰石和矿井水中的硫酸发生复分解反应：

$$CaCO_3 + 2H^+ + SO_4^{2-} = CaSO_4\downarrow + CO_2\uparrow + H_2O$$

②生成的石膏和氢氧化铁在沉渣池中沉降,此时上层的水实际是碳酸溶液,pH 值约为 5.0～5.7。

③酸性水在曝气池中曝气,以促使 $CO_2$ 气体从水中逸出,进一步降低其酸度,升高 pH 值。同时水中的 $Fe^{2+}$ 被氧化成 $Fe^{3+}$,后者再水解而沉淀去除。

④石膏和氢氧化铁在沉淀池中再次沉降。石灰石比石灰经济,生成浓稠的污泥便于处理,可除去水中的酸和 $Fe^{3+}$ 离子。

该法只能使排水的 pH 值升高到 6.5 左右,去除 $Fe^{2+}$ 离子很少,而且由于设备复杂、要求防腐措施、噪声大、工作环境条件差、二次污染严重等缺点,使其应用受到限制。

（3）升流式变滤速膨胀中和塔法

升流式变滤速膨胀中和塔法的化学原理同直接投加石灰法相同,其工艺是采用细小石灰石或白云石颗粒为滤料装入圆锥形的中和过滤塔中,当酸性水从滤塔底部自下而上通过时,水流将会浮起滤料,使滤料膨胀,在水流的作用下,滤塔中的颗粒将会处于相互摩擦运动的状态,在中和的过程中滤料被消耗,产生的硫酸钙被水及时带走,这就保证了中和剂反应表面免于结垢,使中和反应沿着水流方向连续不断地进行。

（4）石灰石—石灰联合处理法

此法是综合石灰石和石灰两种处理工艺优点的一种方法。在第一阶段采用石灰石中和酸性矿井水中的 $H^+$ 离子,使酸性水的 pH 值接近 6.0,然后投加石灰到 pH 值为 8 左右。进一步中和 $H^+$ 离子,同时将 $Fe^{2+}$ 离子氧化成 $Fe^{3+}$ 离子,抑制 $Fe^{3+}$ 离子的水解,该工艺适合各种性质的酸性矿井水的处理,对高价及低价铁离子的去除都比较完全,而且污泥的沉降速度要比直接投加石灰法快。

（5）湿地生态工程处理法

人工湿地的单元结构是在一定面积的土地上构筑一个透水或不透水的塘,然后在塘内填充各种介质。介质材料可以是土壤、砂、卵石、碎石、煤渣等,或者是这些材料的混合物。在有污水通过的介质上种植各种水生植物或花草。常用湿地植物有香蒲、马尾草、芦苇及泥炭藓等。

①湿地生态工程处理法机理

湿地生态工程处理法具有投资省、运行费用低、易于管理等突出的优点,目前已用于煤矿酸性水处理。如美国已在煤矿系统建设了 400 多座人工湿地处理系统,能使酸性水 pH 值提高到 6～9,达到排放标准,出水平均总铁不大于 3 mg/L,总锰不大于 2 mg/L。

②我国开展湿地生态工程处理酸性矿井水的可能性

在煤矿区,随着地下煤炭资源大量采出,岩体原有平衡遭到破坏,在采空区上方地表造成大面积的塌陷。湿地生态工程处理酸性水在技术上是可行的,可以在土地利用价值较低的煤矿塌陷区建设。

③湿地生态工程处理法存在的问题

湿地生态工程处理系统处理煤矿酸性矿井水在工程上实现仍存在一定困难,主要表现在下列几个问题上:

a. 要求进水理想的 $pH$ 值高于 4.0,当 pH 值低于 4.0 时,意味着要改善基质和腐殖土层并有必要添加石灰石。煤矿酸性水 pH 值一般为 3.0 ~ 4.0,为了保持湿地系统中基质和腐殖层特性,以满足植物生长要求,必须添加石灰石层,以增加一定的成本。

b. 水流速度非常慢,停留时间长。

c. 将大片的塌陷区改造成具有处理能力的湿地工程,占地面积较大,在人口稠密、土地利用价值较高的煤矿区有困难。

(6) 生物化学处理法

生物化学法处理含铁酸性水是目前国内外研究比较活跃的处理方法,在美国、日本等国家已进行了实际应用。

## 第四节　煤矿噪声及其控制

噪声简单地讲,就是人们不需要的声音。它不仅包括杂乱无章不协调的声音,而且还包括影响人工作、休息、睡眠的各种音乐声,甚至于谈话声、脚步声以及一切飞行、行驶中发出的马达声和机械的撞击声等。煤矿噪声是指煤矿生产地面和井下的所有噪声。

### 一、煤矿主要噪声源

煤矿噪声存在于生产中的各个环节。声源分布于煤矿地面、矿井巷道、采掘工作面和机械硐室,对这些噪声源若不进行有效地控制,必将影响矿区环境,影响职工的身体健康。

1. 煤矿地面固定设备的噪声

煤矿地面设备噪声源主要有提升机、运输机、通风机、空气压缩机、选煤机械(如振动筛、选煤机等)以及电锯、锻钎机等。在这些设备中,空气压缩机和通风机噪声最为强烈,应作为重点噪声控制对象,但对振动筛及电锯噪声也应注意控制。

2. 煤矿矿井中固定设备的噪声

煤矿井下固定设备主要噪声源是空气压缩机、水泵与井下绞车房内的提升机等。

3. 采煤工作面的噪声

采煤工作面的噪声主要来自采煤机械、运输机械和爆破作业。虽然这些噪声声压级基本不超过《煤矿安全规程》的规定,但是对工作面输送机运行时机头处噪声、爆破噪声等,应采取必要的控制或防护措施。

4. 掘进工作面噪声

掘进工作面的噪声源以凿岩机械和局部通风机最为强烈，同时也是煤炭工业有代表性的强噪声源，因此对其进行控制的问题已引起国内外普遍关注。装岩、运输及支护机械的噪声也不应忽视。

## 二、煤矿噪声源的特点

①煤矿强噪声源设备多是以空气动力性噪声为主的机械设备。例如，空气压缩机、主要通风机、局部通风机、气动凿岩机等。

②煤矿噪声源产生于有冲击振动动作或工作对象与钢材有严重摩擦的机械设备。例如，振动筛、刮板输送机、电锯、采煤机、装岩机和液压凿岩机等。

③煤矿噪声中，井下噪声强度大。井下噪声中凿岩机械噪声最强。

④煤矿地面噪声既关系到工人劳动安全卫生，同时又影响矿区地面环境保护。煤矿井下噪声不仅影响工人劳动效率，而且危及工人健康和安全。

⑤急待治理的煤矿噪声源有通风机、空气压缩机及凿岩机械。对于井下使用的机械设备，必须考虑井下空间狭小的因素，采取有效措施，进行综合防治。

## 三、噪声的危害

噪声广泛地影响着人们的各种活动，它是影响面最广的一种环境污染。噪声的危害主要表现在以下几方面：

1. 听力损伤

噪声对听力的损害是认识得最早的一种影响。

2. 噪声对睡眠的干扰

适当睡眠是保证人体健康的重要因素。但是，噪声会影响人的睡眠，老年人和病人对噪声干扰更敏感。当睡眠受到噪声干扰后，工作效率和健康都会受到影响。

3. 噪声对交谈、通讯、思考的干扰

在噪声环境下，妨碍人们之间的交谈、通讯是常见的，思考也是语言思维活动，其受噪声干扰的影响与交谈是一致的。

4. 噪声对人体的生理影响

许多实例说明，大量心脏病的发展和恶化与噪声有着密切的联系。实验研究证明，噪声会引起人体紧张的反应，使肾上腺素增加，引起心率改变和血压升高。对一些工业噪声调查的结果显示，在高噪声条件下劳动的钢铁工人和机械车间工人比安静条件下工作的工人的循环系统的发病率要高，患高血压的病人也多。有这样一个实验，把兔子放在非常吵的工业噪声环境下10个星期，发现兔子的血胆固醇比同样饮食条件下未做实验的兔子要高得多。对小学生的调查还发现，暴露于飞机噪声下的儿童比安静环境的儿童血压要高。

不少人认为，20世纪生活中的噪声是造成心脏病的一个重要原因。

噪声还能引起消化系统方面的疾病。早在20世纪30年代，就有人注意到长期处在噪声环境下工作的工人消化功能有明显的改变。一些研究者指出，某些吵闹的工业行业里，溃疡症的发病率比在安静环境高5倍。

在神经系统方面，神经衰弱症人群是最明显的，噪声能够引起失眠、疲劳、头晕、头痛、记忆力减退。

此外，强噪声会刺激耳腔的前庭，使人产生眩晕、恶心、呕吐.超过140 dB的噪声会引起眼球的振动、视觉模糊、呼吸、脉搏、血压都会发生波动，甚至会使全身血管收缩，供血减少，说话能力受到影响。

5. 噪声对心理的影响

噪声引起的心理影响主要是烦恼，使人激动、易怒，甚至失去理智。因噪声干扰发生民间纠纷的事件也是时有发生。

噪声也容易使人疲劳，因此往往会影响精力集中和工作效率，尤其是对一些做非重复性动作的劳动者，影响更为明显。另外，由于噪声的掩蔽效应，往往使人不易察觉一些危险信号，从而容易造成工伤事故。在煤矿井下更应注意。

## 四、煤矿噪声控制措施

由上述可知，对煤矿强噪声源，如煤矿通风机与局部通风机、煤矿空气压缩机、凿岩机、跳汰机、振动筛等引起的煤矿噪声，必须利用噪声控制的基本原理与方法，进行综合性防治。煤矿噪声的控制，行政管理措施和合理的规划固然都是重要的，但控制技术是不容忽视的基本手段。

所有的噪声问题基本上都可以分为声源、传播途径和被危害人三部分。因此，一般噪声控制问题都是分为三部分来考虑：首先是降低声源本身的噪声强度，如果技术上办不到，或者技术上可行而经济上不合算，则考虑从传播的途径上采取措施，切断噪声源与被危害人员的联系，如果这种考虑还达不到要求或不合算，则可考虑被危害人的个人防护。

降低声源本身的噪声是治本的方法。比如用液压代替冲压，用斜齿轮代替直齿轮，用焊接代替铆接以及研究低噪声的发动机等。但是，从目前的科学技术水平来说，要想使得一切机器设备都是低噪声的，还是不可能的。这就需要在传播的途径和个人防护上来考虑，常用的办法有吸声、隔声、消声、隔振、阻尼、耳塞和耳罩等。

1. 吸声

吸声主要是利用吸声材料或吸声结构来吸收声能，它主要用在室内空间，如厂房、会议室、办公室、剧场等。因为在室内，壁面会使声源发出的声音来回反射，结果使得噪声比同一声源在空旷的露天里（自由空间）要高。如果使用吸声材料，就会吸收反射声，使室内的噪声下降。

2. 隔声

隔声是用屏蔽物将声音挡住，隔离开来。它是控制噪声最有效的措施之一，如墙壁、门窗，可以把室外的噪声挡住，不让它传到室内来。但是，由于声波是弹性波，作用在屏蔽物上，总会激发起屏蔽物的振动。因此，会向室内辐射声波，使声音从一边传到另一边。如果做成双层或多层结构，可以大大地改善墙和门窗的隔声效果。

隔声罩用于控制机器噪声，它是由隔声材料、阻尼材料和吸声材料构成。隔声材料多用钢板，钢板做成的罩子上要涂上阻尼材料，以防罩子的共振，不然会降低效果。罩内加吸声材料，做成吸声层，以降低罩内的混响，提高隔声效果。

用隔声障板来降低噪声也是当前环境噪声控制中广泛采用的一种隔声措施。

3. 消声

所谓消声，是利用消声器来降低噪声的传播。通常用在气流噪声控制方面的有风机噪声、通风管道噪声、排气噪声等。广泛采用的传统消声器有阻性消声器、抗性消声器、抗阻复合式消声器。近年来，小孔消声器和多孔扩散消声器在排气噪声的控制中逐渐得到广泛应用。

4. 隔振与阻尼

当噪声是由于机械引起时，降低机械振动是降低噪声的一种重要手段。隔振通常是防止机器与其他结构的刚性连接，通过弹簧等弹性连接，降低振动的传递。隔振要求机械系统的固有频率要远离隔振系统的固有频率，以免发生振动。对于大型的机械设备，现在都有专门设计制造的减振器，不仅安装方便，而且效果良好。阻尼材料通常都由高黏滞性的高分子材料做成，具有较高的损耗因子。将阻尼材料涂在金属板材上，当板材弯曲振动时，阻尼材料也随之弯曲振动，由于阻尼材料有很高的损耗因子，因此在做剪切运动时，内摩擦损耗就大，使一部分振动能量变为热量而消耗掉，从而抑制板材的振动，使辐射的噪声减小。

目前，在减振方面，一种新型的约束阻尼结构已广泛应用，它的阻尼性能比一般的阻尼材料优越，可以使振动幅度降低 20 dB。

5. 个人防护

在许多场合下，采取个人防护，消除噪声危害还是最有效、最经济的办法。个人防护用品有耳塞、耳罩、耳棉等。耳塞的平均隔声一般可达 20 dB，性能良好的耳罩可达 30 dB。

# 参考文献

[1] 宋子岭著. 露天煤矿生态环境恢复与开采一体化理论与技术 [M]. 北京：煤炭工业出版社.2019.

[2] 路学忠著. 煤炭井工开采技术研究 [M]. 银川：宁夏人民出版社.2019.

[3] 霍丙杰著. 煤矿特殊开采方法 [M]. 北京：煤炭工业出版社.2019.

[4] 沈铭华. 王清虎. 赵振飞著. 煤矿水文地质及水害防治技术研究 [M]. 哈尔滨：黑龙江科学技术出版社.2019.

[5] 宋子岭. 范军富. 王东著. 露天开采工艺 [M]. 徐州：中国矿业大学出版社.2018.

[6] 崔建军. 赵岩峰. 付书俊. 牛剑峰著. 高瓦斯复杂地质条件煤矿智能化开采 [M]. 徐州：中国矿业大学出版社.2018.

[7] 马金伟. 宁尚根. 曹广远著. 煤矿防治水实用技术 [M]. 徐州：中国矿业大学出版社.2018.

[8] 李培现. 谭志祥著. 深部开采地表沉陷规律及应用 [M]. 北京：测绘出版社.2018.

[9] 张美香著. 安全生产专业实务煤矿安全技术 [M]. 北京：中国市场出版社.2018.

[10] 李桂臣. 张农. 刘爱华著. 固体矿床开采 [M]. 徐州：中国矿业大学出版社.2018.

[11] 郑西贵. 汪理全. 刘洪洋. 常庆粮著. 煤矿矿井设计 [M]. 中国矿业大学出版社有限责任公司.2018.

[12] 时国庆著. 深部开采条件下瓦斯与煤层自燃防控关键技术研究 [M]. 徐州：中国矿业大学出版社.2018.

[13] 韩红强著. 煤矿开采技术与安全管理 [M]. 延吉：延边大学出版社.2017.

[14] 肖蕾著. 煤矿安全绿色高效开采技术研究 [M]. 北京：煤炭工业出版社.2017.

[15] 杨汉宏. 张铁毅. 张勇等著. 露天煤矿开采扰动效应 [M]. 北京：煤炭工业出版社.2017.

[16] 孙希奎. 赵庆民. 李秀山. 施现院. 常庆粮著. 煤充填开采技术与实践 [M]. 中国矿业大学出版社有限责任公司.2017.

[17] 许延春. 戴华阳著. 沉陷控制与特殊开采 [M]. 徐州：中国矿业大学出版社.2017.

[18] 王海涛. 沈斌. 刘新蕾著. 煤矿安全技术 [M]. 长春：吉林大学出版社.2017.

[19] 王志骅. 常松岭. 张磊. 郎文霞著. 煤矿地质 [M]. 北京：煤炭工业出版社.2017.

[20] 谢小平著. 薄煤层保护层卸压开采技术 [M]. 徐州：中国矿业大学出版社.2017.